高等院校计算机应用系列教材

U0211958

Java 程序设计教程

(第三版)(微课版)

林巧民　主　编

张苏伟　姜　玻　张台国　副主编

清华大学出版社

北　京

内 容 简 介

本书以 Java 语言为基础，详细介绍计算机语言的结构化编程和面向对象编程。全书共分 12 章，主要内容包括 Java 入门、Java 编程基础、Java 程序基本结构、方法与数组、类和对象、继承、多态与接口、字符串和常用库类、多线程和异常机制、图形用户界面、Java I/O、Java 游戏开发基础，以及药店药品管理系统开发实例。如果说结构化编程的特征是方法，那么面向对象编程的体现就是类的设计和使用，全书对这两种不同的程序设计思想都做了充分介绍。此外，每章的最后都配有思考练习，习题有选择题、填空题、简答题、编程题等多种类型，选择题、填空题和简答题有助于读者对所学知识的理解和掌握，编程题则可以提高读者的动手和实践能力。

本书结构清晰、内容翔实，可作为高等院校相关专业的教材，也可作为从事软件开发工作的专业技术人员的参考书。

本书配套的电子课件、实例源程序和习题答案可以到 http://www.tupwk.com.cn/downpage 网站下载，也可以扫描前言中的二维码下载。读者扫描前言中的视频二维码可以观看视频进行学习。

本书封面贴有清华大学出版社防伪标签，无标签者不得销售。
版权所有，侵权必究。举报：010-62782989，beiqinquan@tup.tsinghua.edu.cn

图书在版编目(CIP)数据

Java 程序设计教程：微课版 / 林巧民主编. —3 版. —北京：清华大学出版社，2022.5
高等院校计算机应用系列教材
ISBN 978-7-302-60574-4

Ⅰ. ①J⋯ Ⅱ. ①林⋯ Ⅲ. ①JAVA 语言—程序设计—高等学校—教材 Ⅳ. ①TP312.8

中国版本图书馆 CIP 数据核字(2022)第 064248 号

责任编辑：胡辰浩
封面设计：高娟妮
版式设计：孔祥峰
责任校对：马遥遥
责任印制：宋 林

出版发行：清华大学出版社
    网　　　址：http://www.tup.com.cn，http://www.wqbook.com
    地　　　址：北京清华大学学研大厦 A 座　　　邮　　编：100084
    社 总 机：010-83470000　　　邮　　购：010-62786544
    投稿与读者服务：010-62776969，c-service@tup.tsinghua.edu.cn
    质 量 反 馈：010-62772015，zhiliang@tup.tsinghua.edu.cn
印 装 者：天津安泰印刷有限公司
经　　销：全国新华书店
开　　本：185mm×260mm　　　印　张：21.5　　　字　数：551 千字
版　　次：2008 年 9 月第 1 版　　2022 年 6 月第 3 版　　印　次：2022 年 6 月第 1 次印刷
定　　价：79.00 元

产品编号：095595-01

前　言

　　Java语言自面世以来，一直受到大学生和广大软件研发人员的青睐。目前，许多高校已改变先讲授 Pascal 语言或 C 语言，再让学生选修 Java 语言的惯例，而开始尝试让学生在大学低年级就学习 Java 语言。还有不少高校甚至对非计算机专业的大一新生开设了 Java 课程。但目前，市面上大多数的 Java 教程在讲述面向对象技术时几乎都忽视了对 Java 语言基础的介绍，片面追求技术的新、奇、特，无法满足编程初学者的入门需要。

　　本书旨在突破市面上大多数 Java 教材的局限，尝试用一种语言来充分阐述两种编程思想，即结构化程序设计和面向对象程序设计，以满足普通初学者的需要。事实上，结构化程序设计是面向对象程序设计的基础，面向对象程序的基本组成还是结构化程序。面向对象程序设计引入了类的概念，使得程序设计人员可以站在设计类(而不是方法)的高度，对程序进行设计和实现，同时必须重视结构化程序设计基本功的锻炼，因为类的设计恰恰是建立在结构化程序设计的基础之上的。因此，本书以 Java 语言为工具，从结构化程序设计和面向对象程序设计两种不同编程思想的角度，分别对 Java 编程的相关基础知识予以介绍，希望能对广大编程爱好者尤其是初学者有所裨益。

　　全书共分 12 章，各章的主要内容如下。

　　第 1 章是 Java 入门，简要介绍 Java 的诞生、Java 语言的特点、Java 开发工具以及具体的开发步骤等。

　　第 2 章是 Java 编程基础，主要介绍 Java 的基本数据类型、赋值语句、条件表达式、运算等。

　　第 3 章是 Java 程序基本结构，详细介绍程序的 3 种基本流程结构：顺序结构、分支结构和循环结构。

　　第 4 章是方法与数组，主要介绍方法的概念与定义、方法的调用、变量的作用域、数组以及数组与方法的关系等。

　　第 5 章是类和对象，详细介绍类的概念和定义、对象的创建与使用、访问控制符和包等。

　　第 6 章是继承、多态与接口，详细介绍继承与多态技术、抽象类和接口等知识。

　　第 7 章是字符串和常用库类，主要介绍 Java 提供的 String、StringBuffer 类和部分常用库类。

　　第 8 章是多线程和异常机制，详细介绍线程的概念、创建、生命周期及状态、线程同步、优先级和调度等；还对 Java 的异常机制做了简要介绍。

　　第 9 章是图形用户界面，详细介绍 AWT 组件集中的常用组件，包括容器类组件、布局类组件、普通组件以及事件处理机制等。此外，本章最后还简要介绍 Swing 组件集。

　　第 10 章是 Java I/O，即 Java 输入输出，详细介绍 Java 输入输出流的概念、字节流类、字符流类、File 类以及 RandomAccessFile 类等。

第 11 章是 Java 游戏开发基础，介绍游戏编程的相关知识，包括图形环境的坐标体系、图形图像的绘制、各种坐标变换、动画的生成和动画闪烁的消除等。

第 12 章是药品管理系统开发实例，以 SQL Server 为数据库，详细介绍基于 Java 的药店药品管理系统的开发过程，完成了药店药品管理系统的基本页面布局、数据库存储以及部件的应用，实现了基本的药品信息存储、购进药品、出售药品、药品保质期预警、进货价格曲线图等功能。

本书在编写过程中力求做到概念清楚、由浅入深、通俗易懂、论述详尽、实例丰富，以方便读者自学。全书内容具有较强的实用性。

本书由林巧民、张苏伟、姜玻和张台国共同编著，燕城成、周斌、吕民军、黄业林和沈慧琳制作了部分微课视频。由于作者水平所限，书中难免会有不足之处，敬请广大同行和读者给予批评和指正。我们的邮箱是 992116@qq.com，电话是 010-62796045。

本书配套的电子课件、实例源程序、习题答案可以到 http://www.tupwk.com.cn/downpage 网站下载，也可以扫描下方的二维码下载。读者扫描下方的视频二维码可以观看视频进行学习。

学习资源

视频

作者

2022 年 1 月

目　录

第 1 章

Java入门

本章学习目标：
- 了解 Java 语言的历史和特点
- 理解 Java 与其他编程语言的关系
- 掌握 Java 语言开发环境的配置
- 掌握 Java 程序的基本结构及其编译运行过程
- 了解流行的 Java 语言集成开发环境

1.1 概述

    Java 是由美国 Sun 公司(现已被 Oracle 公司收购)开发的支持面向对象程序设计的计算机语言。它的最大优势在于借助虚拟机机制实现了跨平台特性，即实现所谓的 "一次编译，随处运行"，使代码的移植工作变得不再复杂。也正因为如此，Java 语言迅速流行起来，成为深受广大开发者喜爱的编程语言之一。目前，随着 Java ME、Java SE 和 Java EE 的发展，Java 已经不仅仅是一门计算机开发语言了——以 Java 为核心，开发者已经拓展出了一系列先进的技术。

    从应用的角度来看，Microsoft、IBM、DEC、Adobe、SiliconGraphics、HP、Toshiba、Netscape 和 Apple 等大公司均已购买了 Java 许可证，Microsoft 还在其 IE 浏览器中增加了对 Java 的支持。通过 Java 编写的应用程序可以在各种主流平台上运行。另外，对于开发者，众多软件开发商都设计了许多支持 Java 开发的 IDE(Integrated Development Environment，集成开发环境)工具软件，如免费开源的 Java IDE：Eclipse(推荐使用)、Genuitec 公司的 MyEclipse、JetBrains 公司的 Intellij IDEA(推荐使用)、计算机 Java 二级考试指定的 NetBeans、Oracle 公司的 JDeveloper、Sourceforge 上的开源 Dr Java 以及以教育为目的的开源 BlueJ 等。Java 编程语言有 4 种平台：Java 标准版(Java SE)、Java 企业版(Java EE)、Java 微型版(Java ME)和 JavaFX。所有 Java 都由 Java 虚拟机(VM) 和应用程序编程接口(API)组成。Java 虚拟机是一个用于特定硬件和软件平台的程序，它运行 Java 技术应用程序。API 是一组软件组件，可用于创建其他软件组件或应用程序。每个 Java 平台都提供了一个虚拟机和一个 API，这使得为该平台编写的应用程序可以在具有 Java 编程语言所有优点的任何兼容系统上运行。

- **Java SE：**当大多数人想到 Java 编程语言时，他们会想到 Java SE API。Java SE 的 API 提供了 Java 编程语言的核心功能。它定义了从 Java 编程语言的基本类型和对象到用于网络、安全、数据库访问、图形用户界面(GUI)开发和 XML 解析的高级类的所有内容。除了核心 API 之外,Java SE 平台还包括虚拟机、开发工具、部署技术,以及 Java 技术应用程序中常用的其他类库和工具包。

- **Java EE**:Java EE 平台构建在 Java SE 平台之上。Java EE 平台为开发和运行大规模、多层、可扩展、可靠和安全的网络应用程序提供了 API 和运行时环境。

- **Java ME**:Java ME 平台提供了一个 API 和一个小型虚拟机,用于在小型设备(如手机)上运行 Java 编程语言应用程序。该 API 是 Java SE API 的一个子集,是对小型设备应用程序开发有用的特殊类库。Java ME 应用程序通常是 Java EE 平台服务的客户端。

- **JavaFX**:JavaFX 是一个使用轻量级用户界面 API 创建富 Internet 应用程序的平台。JavaFX 应用程序使用硬件加速的图形和媒体引擎来利用更高性能的客户端和现代外观,以及用于连接到网络数据源的高级 API。JavaFX 应用程序可以是 Java EE 平台服务的客户端。

Java SE、Java EE、Java ME 和 JavaFX 是 Java 针对不同的应用领域而提供的不同服务,即提供不同类型的类库。初学者一般可以从 Java SE 入手学习 Java 语言。Java SE 是一个优秀的开发库,开发者可以基于这一环境创建功能丰富的交互式应用程序,并且可以把这些应用部署到不同的平台上。本书将以目前最新的 Java SE Development Kit 17.0.1 版本(JDK 17)为例进行讲述。该版本是 Oracle 公司推出的 LTS 长期支持版,但对于初学者的学习而言,其实 JDK 11 或 JDK 8 等版本也是可以的。Java SE Development Kit 17 提供了不少新特性和增强功能。不过对于大多数项目而言,往往需要更改代码才能利用到这些新变化,但性能除外——开发者只需要升级 JDK 版本,就能免费获得性能提升。Java SE 是多种不同风格软件的开发基础,例如,客户端 Java 小程序和应用程序,以及独立的服务器应用程序等。同时,Java SE 也是 Java ME 和 Java EE 的基础。事实上,大部分非企业级软件几乎都是在 Java SE 上开发部署的。首先,多数开发者选择 Java SE 进行应用软件的开发;其次,Java SE 和 Java EE 是兼容的,企业版是在标准版基础上进行扩充的,在 Java SE 上开发的软件可以在企业版平台无缝运行;最后,通常情况下手机及嵌入式设备上的应用开发和调试也是在 Java SE 环境中完成的。

1.1.1 Java 语言的诞生

早在 1990 年 12 月,Patrick Naughton、Mike Sheridan 和 James Gosling 成立了一个名为 Green Team 的小组(此即 Sun 公司的前身)。该小组的主要目标是发展一种分散式系统架构,使其能在消费级电子产品平台上执行,如 PDA(个人数字助理)、手机、家用电器等。1992 年 9 月 3 日,Green Team 发布了一款名为 Star Seven(*7)的机器。它有点像早期的 PDA 产品,不过有着比 PDA 更强大的功能,如无线通信(Wireless Network)、5 寸彩色 LCD、PCMCIA 界面等。

Java 语言的前身 Oak 就是在那个时候诞生的,其主要目的是用来撰写在 Star 7 上运行的应用程序。为什么取名 Oak 呢?因为在 James Gosling 办公室的窗外,正好有一棵橡胶树(Oak),于是顺手就取了这个名字。Java 所提供的一些特性,在 Oak 中就已经具备了,例如安全性、网络通信、面向对象、垃圾收集(Garbage Collection)、多线程等。Oak 已经是一个相当优秀的程序设计语言,为什么 Oak 会改名为 Java 呢?因为当 Oak 要去注册商标时,发现已经有另外一家公司先使用了 Oak 这个名字。既然 Oak 不能用,那要取什么新名字呢?工程师们边喝咖啡边讨论着，看看手上的咖啡，灵机一动，就叫 Java 好了。Java 是印度尼西亚爪哇岛的英文名称，因盛产咖啡而闻名。就这样，它就变成了业界所熟知的 Java 语言了。

1995 年 5 月 23 日，JDK(Java Development Kits) 1.0 版本正式对外发布，它标志着 Java 语言的正式诞生。2014 年 3 月 18 日，Oracle 正式发布了 Java SE 8。Java 8 是一个非常流行的版本。之后，Java 11 和 Java 17(均为长期支持版本)相继推出。

1.1.2　Java 语言的特点

Java 语言之所以流行并得到广泛应用，这和它的优秀特性是分不开的。

1. 平台独立性

平台独立性意味着 Java 程序可以在任何支持 Java 语言的平台上运行。Java 虚拟机独立于所有其他软硬件而运行。因此，不管操作系统是 Windows、Linux、UNIX 还是 macOS，也不管计算机是大型机、小型机还是普通 PC，甚至是 PDA 或手机、智能家电，Java 程序都能运行。当然，在这些平台上都要装有相应版本的 JVM(Java 虚拟机)，即运行平台必须支持 Java 语言。

现在，绝大部分手机都支持 Java，很多手机应用也采用 Java 开发。这样，任何支持 Java 的手机都能运行这些应用，这就是平台独立性所带来的好处，如图 1-1 所示。

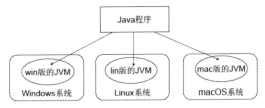

图 1-1　Java 应用程序可以跨平台运行

平台独立性保证了软件的可移植性，而软件的可移植性是软件投资在未来的保证。运用 Java 开发的软件，保证了程序在将来移植时的便捷性。其他语言，如 C 和 C++也宣称其是可移植的，但其移植工作仍然需要花费大量的时间和精力来适配不同的平台和硬件。

2. 安全性

目前，用 Java 语言开发的应用程序很多都属于网络应用程序，因此对软件的安全性有很高的要求。如果没有安全保证，用户运行从网络上下载的 Java 应用程序将会是十分危险的行为。Java 语言通过一系列安全措施，在很大程度上避免了病毒程序的产生和网络程序对本地系统的破坏，具体体现在如下几点。

(1) 去除指针这种数据类型，简化了编程，避免了程序对内存可能的非法访问。

(2) Java 是一种强类型的程序设计语言，要求显式的声明。这样，可以保证编译器提前发现程序错误，提高程序的可靠性。

(3) 垃圾自动回收机制。这一机制可让程序员从烦琐的内存管理工作中解脱出来，专注于程序逻辑本身的开发。更重要的是，通过这种内存自动回收机制，可以很好地保证内存管理的正确性，避免出现"内存泄漏"等问题。

(4) Java 语言提供了异常处理机制。

(5) Java 程序运行时，解释器会对其进行数组和字符串等的越界检查，确保程序的安全执行。运行时堆栈溢出是被 Java 所禁止的(它是蠕虫等病毒常用的袭击手段)。

3. 多线程

在以前的 DOS 时代，人们一次只能运行一个程序，运行完一个程序后才能运行另一个。后来出现了视窗系统，如 Windows 之后，人们可以同时运行几个程序，并且可以在各个运行的程序之间进行切换，如一边听音乐一边编辑 Word 文档。这时的操作系统引入了进程的概念，每个运行中的程序都是一个进程。再后来，为了提高程序的并发性，又引入了线程的技术。

线程也称为轻量级的进程。进程是系统分配资源的基本单位，而线程则是 CPU 调度执行的基本单位。一个进程可以只有一个线程，也可以有多个线程。在很多情况下，开发多线程程序是很有必要的。例如，在早期单线程程序时代，安装程序在开始执行安装操作后，就只能一路安装下去，而现在的软件安装程序一般都提供了"取消"操作，允许安装者在安装过程中随时取消安装，这是安装程序"多线程"化后的一个表现。

多线程的目的就是分散总程序的执行调度，让子程序们"同时"并发地执行。这里的"同时"只是为了强调 CPU 执行各个子程序的速度很快，从宏观上看，像是同时在执行。如果要实现真正的并发同时，就要借助多核甚至多处理器，如现在广泛流行的四核、八核 CPU。另外，随着程序规模的扩大以及对效率的重视，在线程之后又出现了纤程技术。纤程对线程又做了进一步细分，成为 CPU 调度的基本单位，使程序员在设计并发程序时可以更加灵活。

Java 是支持多线程程序开发的，它提供的 Thread 类，负责线程的启动运行、终止等，并可测试线程状态。后面章节会有关于多线程的专门介绍。

4. 网络化

在网络环境中，程序可以在本地或远程机器上执行。Java 程序可以通过网络来打开和访问对象，就像访问本地系统一样简单。Java 语言提供了丰富的类库，保证其可以在 HTTP、FTP 和 TCP/IP 协议中良好运行。

5. 面向对象

随着软件业的蓬勃发展，面向对象程序设计方法已经流行开来，出现了很多面向对象的程序设计语言，如 C++、SmallTalk 和 Ruby 等。Java 也属于面向对象程序设计语言。简单地说，面向对象主要是通过引入类的概念，使得原本面向过程的程序设计方法有了质的飞跃。类中不仅包含数据部分，而且还包含操作方法。这个囊括了数据和方法的类，成为面向对象程序设计中最关键的要素。可以说，所有功能的实现都是围绕类展开的。同样，面向对象技术的特征也是由类体现出来的。面向对象技术主要有三大特征。

(1) 封闭性。类定义的一般形式如下：

```
class 类名
{
    类的细节
};
```

其中，"类的细节"以类的形式封装起来了，该细节就是类的成员。它可以是数据，也可以是操作这些数据的方法(在面向过程程序设计中被称为函数)。当这些数据和方法的访问权限被设置为私有后，它们就不能被其他对象从外部访问，像是被隐藏了起来。而对外部只暴露那些访问权限被设置为公有的成员。

(2) 继承性。类是可继承的，就像遗产一样。一个已经设计好的类，可以被其他类继承，并扩充数据和方法部分，成为功能更为强大的新类。这样可以大大提高代码的可复用性，提高程序的开发效率，同时也能降低系统复杂性，提升代码的可读性。

(3) 多态性。在传统的面向过程程序设计中，函数一般是不能重名的。即便功能类似而只是处理的数据类型不同的函数也需要不同的函数名，这就大大增加了程序的复杂性和维护的难度。而在面向对象程序设计中允许同名方法的存在，只是形式参数不同，执行程序时，根据实际参数的不同，自动调用对应的(同名)方法。多态性是面向对象技术的三大特征之一。

1.1.3　Java 与其他编程语言间的关系

程序开发语言可以分为 4 代：机器语言、汇编语言、高级语言和面向对象程序设计语言。机器语言指机器最终执行时所能识别的二进制 0、1 序列，任何其他语言编写的程序最终都要转换为相应的机器语言才能运行。在电子计算机刚刚诞生的一小段时间内，人们只能用 0、1 序列进行编程，难度可想而知。后来为了提高编程效率，引入了英文助记符，这样就出现了汇编语言。汇编语言的出现，大大提升了代码的编写速度，同时也使代码的可读性和可维护性大大提高。直到今天，仍然有人在用汇编语言进行编程，这主要是为了保证程序性能的缘故。系统底层应用，如一些硬件驱动程序的编写，使用汇编语言编程，其执行效率一般会更高。但是，汇编语言仍然不容易被快速理解，对程序员水平有很高的要求，这就限制了其他领域的科技工作者们利用计算机编程辅助工作的普及。为了推广计算机编程，使之成为社会各行各业的一种工具，这就需要开发语法简单、编写容易的编程语言。比尔•盖茨的第一桶金据说就是从这个需求中赚到的。他在大学时代成功移植了 BASIC 语言，并将其出售给 IBM 公司，预装到 IBM 的计算机中。BASIC 语言是由达特茅斯学院院长 John G. Kemeny 与数学系教师 Thomas E. Kurtz 共同研制出来的。1964 年 BASIC 语言正式发布；1975 年比尔•盖茨把它移植到计算机上。BASIC 语言本来是为校园的大学生们创造的高级语言，目的是使大学生容易使用计算机，虽然初期的 BASIC 语言功能弱、语句少，只有 14 条语句(后来发展到 17 条语句)，但由于 BASIC 在当时比较容易学习，它很快从校园走向社会，成为初学者学习计算机程序设计的首选语言。除了 BASIC，还有很多其他高级语言，如 Pascal、FORTRAN、C 等陆续面世。随着软件行业的不断发展，软件的规模变得越来越大，迫切需要更高效的编程语言——面向对象程序设计语言，于是 Java、C++、Visual Basic 和 Delphi 等应运而生。除此之外，世界上还有很多其他编程语言，只是它们不是很流行，所以不为人们所熟知而已。事实上，每一种流行的开发语言也都有其优缺点：C 语言适合开发系统程序，很多操作系统及驱动程序都是用 C 语言编写的；FORTRAN 适合用来进行数值计算；Pascal 语言结构严谨，适合作为教学语言；Visual Basic 和 Delphi 适合用来快速开发中小型可视化应用软件；C++适合开发大型系统级应用程序；Java 适合开发跨平台的应用程序。

总之，每种语言各有其特色，至于选用什么语言作为开发工具，要依据具体的开发需求。没有最好的，只有相对合适的。不少开发任务可能需要同时使用几种语言共同来完成。本书主要面向没有任何编程基础的初学者学习 Java 语言而编写。下面就开始简单的 Java 学习之旅吧！

1.2　Java 开发环境配置

如果只是想运行 Java 编写好的程序，则只需下载 Java 运行时库 JRE(Java Runtime Environment)即可。但如果要用 Java 语言进行开发、编译和运行 Java 程序，则需要下载并安装 JDK(Java Development Kits)。

1.2.1　软件安装

从 Oracle 的官方网站(https://www.oracle.com/java/technologies/downloads/)上可以下载所需要的 JDK 安装包。下载时，读者需要根据自己计算机的系统，如 Linux、macOS 或 Windows，选择相应的 JDK。目前可以下载的最新版本是 Java SE Development Kit 17.0.1(JDK 17)。如果想下载老版本的 Java，可以在打开的页面中单击 Java archive 查找。下面以编者的 Windows 10 64 位系统为例，从上述网址中单击 x64　Installer 的链接 https://download.oracle.com/java/17/latest/jdk-17_windows-x64_bin.exe，下载安装包 jdk-17_windows-x64_bin.exe。该文件是一个可执行程序，双击即可进行安装。安装程序首先收集一些信息，用于安装的选择，如设置安装路径，然后才开始复制文件、设置环境变量等。安装过程中，只需按照提示操作即可。假设安装路径为默认的 C:\Program Files\Java\jdk-17.0.1，安装完毕后，切换到该目录，可以发现有如下一些子目录。

(1) bin 文件夹：该文件夹包含 Java 编译器(javac.exe)、解释器(java.exe)等 Java 命令，如图 1-2 所示。

图 1-2　Java 安装目录中的 bin 文件夹

(2) conf 文件夹：存放配置文件，可配置 Java 访问权限，密码。

(3) include 文件夹：头文件，支持源代码编辑。

(4) jmods 文件夹：存放 JDK 的各种模块。

(5) legal 文件夹：存放 Java 及各类模块的 license。

(6) lib 文件夹：存放 JDK 使用的类库。

注意目录 C:\Program Files\Common Files\Oracle\Java\javapath，这个目录中提供了编译器 (javac.exe)、解释器(java.exe) 等，它们是后面编译运行程序时需要用到的，而且这个目录的路径在安装 JDK 过程中会被自动设置到操作系统的环境(系统)变量 path 中。这样，在进入 cmd 命令行窗口后系统就可以自动找到它们，便于用户直接调用。

1.2.2　环境变量配置

由于程序开发过程中需要经常用到各种头文件、库文件和编译器文件等，一种比较方便的做法是把这些文件对应的路径添加到系统环境变量中，以方便开发环境找到所需要的文件。

不同的操作系统，其设置系统环境变量的方法也各不相同，这里我们以 Windows 10 操作系统为例，设置环境变量的具体操作如下。

(1) 右击"此电脑"或"我的电脑"图标，从弹出的快捷菜单中选择"属性"命令，单击左上角的"高级系统设置"文字链接，打开"系统属性"对话框，选择"高级"选项卡，如图 1-3 所示。

(2) 从打开的"系统属性"对话框的"高级"选项卡里，单击"环境变量"按钮，打开"环境变量"对话框，如图 1-4 所示。

图 1-3　"系统属性"对话框

图 1-4　"环境变量"对话框

(3) 在"环境变量"对话框中，"××的用户变量"选项组中的内容是用户个人的环境变量，而"系统变量"列表框中的内容是系统环境变量。它们的区别是：用户变量只对本用户有效；而系统变量则对任何用户均有效。设置用户变量或系统变量后均需重新启动 cmd 命令窗口才能生效。一般情况下，只需要配置两个环境变量：Path 和 classpath。

(4) 观察一下，Path 环境变量在用户变量和系统变量中均存在，双击系统变量中的 Path 环境变量，弹出如图 1-5 所示的"编辑环境变量"对话框。可以发现，路径 C:\Program Files\Common Files\Oracle\Java\javapath 在安装 JDK 时已经被自动添加，此时打开命令行窗口，输入 javac 命令，然后按回车键，将有如图 1-6 所示的信息，该信息表明 JDK 已经安装成功。

图 1-5　"编辑环境变量"对话框　　　　　图 1-6　JDK 安装好后可直接调用 javac 命令

(5) classpath 环境变量则需要新建一个，在用户变量或系统变量中新建均可，并将变量值设置为 C:\Program Files\Java\jdk-17.0.1\lib 这个路径。此外，当运行读者自己编写的 Java 程序时，一般还需要将相应的工作目录(即存放 Java 源程序及编译过的字节码文件的目录)添加到 classpath 变量值中，以便程序运行时系统能自动找到读者所编写 Java 源代码(*.java)编译后生成的字节码文件(*.class)。这一点一定要格外注意，很多人在初学 Java 时会忘记，导致程序运行失败。

设置完 classpath 环境变量后，在屏幕左下角的搜索框中输入 cmd，然后按回车键，在打开的命令行窗口中输入 set 命令，验证刚才的设置是否成功，如图 1-7 所示。

图 1-7　通过 set 命令查看环境变量设置情况

1.3 第一个 Java 程序

1.3.1 Java 程序的结构

运用 Java 编写的程序有两种类型：Java 应用程序(Java Application)和 Java 小应用程序(Java Applet)。虽然二者的语法是完全一样的，但后者需要客户端浏览器的支持才能运行，并且运行前须将其嵌入 HTML 文件的<applet>和</applet>标签对中。当用户浏览该 HTML 页面时，首先从服务器端下载 Java 小应用程序，然后客户端已安装的 Java 虚拟机解释并执行该程序。由于 Java 小应用程序安全性差，JDK 从很早的版本中就将其删除了，不再支持其开发，因此，这里只对 Java 应用程序的结构进行介绍。下面看一个简单的 Java 程序。

```
public class Hello {
    public static void main(String args[])
    {
        System.out.println("Hello, welcome to Java programming.");
    }
}
```

Java 源程序是以文本文件的形式存放的，文件扩展名必须为 java。可将上面的程序代码保存为 Hello.java 文件。这里有一个非常细小但一定要注意的问题：文件名必须与(主)类名一致，包括字母大小写也要一致，因为 Java 语言是大小写敏感的。通常在定义类时，类名的第一个字母都大写。在正确编辑以上代码后，保存时应确保文件名正确，否则后面将不能通过编译，更无法运行。

所有的 Java 语句都必须以英文的分号";"结束。编辑程序时千万注意不要输入中文的";"，因为中文";"不能被编译器识别。此外，既然 Java 语言是大小写敏感的，编辑程序时还应该注意区分关键字及标识符中的大小写字母。

下面通过图 1-8 对该程序的结构做简要介绍。

图 1-8 第一个 Java 程序

上述程序中，首先用关键字 class 声明一个新类，类名为 Hello，它是一个公共类(public)。整个类的定义由一对大括号{}括起来。在该类中定义了一个 main()方法。其中，public 表示访问权限，指明所有类都可以调用(使用)这一方法；static 指明该方法是一个静态类方法，它可以通过类名被直接调用；void 则指明 main()方法不返回任何值。对于一个应用程序来说，main()方法是必需的，而且必须按照如上格式定义。Java 解释器在没有生成任何实例的情况下，以 main()方法作为入口来执行程序。一个 Java 源文件中可以定义多个类，每个类中也可以定义多个方法，但最多只能有一个公共类，main()方法也只能有一个。

在main()方法的定义中，括号()中的String args[ ]是传递给main()方法的参数，参数名为args，它是类String的一个实例，参数可以为0个或多个。每个参数用"类名 参数名"来指定，多个参数之间用逗号分隔。在main()方法的实现(大括号中)部分，只有一条语句："System.out.println ("Hello, welcome to Java programming.");"，它用来实现字符串的输出。这条语句与C语言中的printf 语句和C++中std::cout＜＜语句的功能相同。

在图 1-8 中，除了类名的定义和唯一的一条语句外，其他部分都可以被看成编写程序时的模板，但要注意字母大小写问题和大括号的配对。

简单 Java 程序的模板如下：

```
public class  类名  {
    public static void main(String args[])
    {
        //程序代码
    }
}
```

提示：

- 类名后面的大括号对标识着类定义的开始和结束，而 main()方法后面的大括号对则标识着方法体的开始和结束。Java 程序中的大括号都是成对出现的，因而在输入左大括号后，最好也把右大括号写上，这样可以避免遗漏；否则，可能会给程序编译、调试带来不便。初学者经常犯此类错误，花了很多时间查错，最后发现原来是大括号不配对。
- 一般将类名的首字母大写，而变量名则以小写字母开头，变量名由多个单词组成时，第一个单词后边的每个单词首字母均大写。
- 程序中应适当使用空格符和空白行对程序语句元素进行间隔，增加程序的可读性。一般在方法体中，将整个方法体的内容部分缩进，这样可以使程序的结构清晰，一目了然。编译器会自动忽略这些间隔用的空格符和空白行。也就是说，它们仅起到提高程序可读性的作用，而不对程序的编译和运行产生任何影响。
- 在编辑程序时，最好一条语句占一行。虽然 Java 允许一条长语句分开写在几行中，但前提是不能从标识符或字符串的中间进行分割。另外，文件名与 public 类名在拼写和大小写上必须保持一致。
- 一个 Java 应用程序有且仅有一个 main()方法，它是程序的执行入口。除了 main()方法外，程序还可以有其他方法，后面章节将会详细介绍。

1.3.2 编译运行

设置好环境变量并编辑好 Java 程序源代码后，就可以在命令行模式下进行编译和运行了。下面以上述的第一个 Java 程序为例，说明编译过程。假定程序 Hello.java 存放在 "C:\工作目录" 文件夹中，如图 1-9 所示。

图 1-9　存放 Java 程序的目录

打开命令行窗口，输入"javac Hello.java"命令，试图对源程序进行编译操作，出现如图 1-10 所示的错误提示。

图 1-10　找不到源程序错误

通过图 1-10 可以看到，由于找不到源程序，编译出错。解决的办法是切换到源程序所在的工作目录，然后再运行"javac Hello.java"命令，如图 1-11 所示。

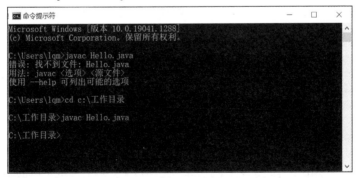

图 1-11　编译 Java 源程序

此时，源程序编译成功。系统自动在工作目录下生成一个字节码文件 Hello.class。这是一个二进制格式的文件，供解释器运行时使用。

对于初学者而言，程序一般都不太可能一次编写成功。因此，当试图编译带错误(如语法错误)的源程序时，系统不会生成二进制的字节码文件，而是在命令行窗口中用"^"符号将可能出错的地方标示出来，并给出适当的信息提示程序员去改正。图 1-12 所示就是一种编译失败的情形。

图 1-12　编译失败

图 1-12 中的出错信息提示方法名 printl 不能被识别。原因是编辑源程序时漏掉了 println 最后面的字符 n。有些时候，程序前面的一个错误会导致后面出现一系列的连锁错误。因此，当编译程序出现非常多的错误时，不要慌张，应从第一个错误处开始纠正。

编译成功后就可以执行该程序了。运行该 Java 程序的命令是"java Hello"。这里要注意，java 命令和字节码文件名(不含扩展名.class)之间至少要有一个空格隔开。然后按回车键，如图 1-13 所示。

图 1-13　执行 Java 字节码程序

程序中仅有一条 System.out.println()输出语句，输出内容为"Hello, welcome to Java programming."。图 1-13 中显示了该字符串的原样输出。

有些初学者可能会碰到这样的情形，上次编译运行成功的程序，后来再运行却失败了，如图 1-14 所示。而程序一点也没改动！这是为什么呢？

图 1-14　程序执行失败

在图 1-14 中，试图运行 Hello 字节码文件，却失败了。细心的读者可能会发现，这次执行命令的路径变成了"C:\Users\lqm>"，与原来"C:\工作目录>"不一样。原来的路径保证可以找到本路径下的字节码文件，而现在当前路径不一样了，就找不到了，因此系统提示**错误: 找不到或无法加载主类 Hello**。解决上述问题的有效办法是将工作目录的路径添加到 classpath 环境变量中，这样，不管当前路径是什么，就都能找到相应的 class 字节码文件。

提示：
- 源程序文件名的扩展名必须为.java，这点初学者须牢记。有些人直接通过 Windows 系统的右键进行文本文件的创建，然后对该文本文件进行重命名，但是他的 Windows 系统可能是不显示已知文件类型的扩展名的。例如，本来想命名为 Hello.java，却由于对 Windows 系统不熟悉，实际的文件名为 Hello.java.txt，其中 txt 扩展名被系统隐藏了。对于这种情况，可以通过修改 Windows 系统的配置来解决。在窗口中单击"查看"命令，选中"文件扩展名"复选框，如图 1-15 箭头所示，再对文件扩展名进行修改即可，如图 1-16 所示。

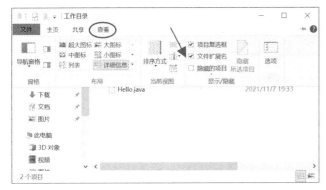

图 1-15　选中"文件扩展名"复选框

图 1-16　修改扩展名为 java

- 开发 Java 程序时，必须安装 JDK，而只运行 Java 程序时，用户只需要安装 JRE(Java Run-time Environment，Java 运行时环境)即可。安装 JDK 后，JRE 也就自动安装上了，较低版本的 JDK 安装完，会有一个单独的 jre 目录，而 JDK11 以上则没有。
- 编译型语言 C/C++直接可以编译成操作系统可以识别的可执行文件，而 Java 只编译成 Java 自己的可执行文件格式(.class 字节码文件)，.class 文件在执行时还需要 Java 虚拟机对.class 文件中的代码一句一句地进行解释、再执行。
- Java 虚拟机负责对字节码进行解释，对于不同运行平台，有不同的虚拟机。正是虚拟机屏蔽了底层平台的差异性，才实现了"一次编译，随处运行"。

1.3.3　中文问题

前面 Hello 实例代码中，若"System.out.println("Hello, welcome to Java programming.");"语句改写为"System.out.println("嗨, welcome to Java programming.");"，即程序代码中出现中文，这时再编译会报错：编码 GBK 的不可映射字符(0xA8)。解决办法有两种：一种是采用"javac -encoding UTF-8 Hello.java"命令来编译，即添加"-encoding UTF-8"告知编译器源文件编码格式；另一种是将源文件另存为 ANSI 编码格式，即可成功编译。

1.4　Java 开发工具

编写 Java 源程序的工具软件有很多，只要是能编辑纯文本的工具都可以，如 Windows 自带的 Notepad(记事本)或 Notepad++(免费)、UltraEidt 和 EditPlus 等商业软件。然而，如上一节所述，编辑完的源代码还需要用户自己执行编译、运行等操作，一旦遇到编译错误或执行结果错误，调试也是一件很麻烦的事情。因此，Java 开发人员一般会使用一些 IDE 工具软件来编写和调试程序，以提高开发效率、缩短开发周期。下面介绍一些比较流行的 IDE 工具软件及其特点，如当下最流行的两款工具 Eclipse 和 IDEA 等。

1. Eclipse IDE

Eclipse 是一个著名的跨平台自由集成开发环境，它可扩展、开放源代码、免费，深受开发人员和软件开发公司的喜爱，是目前最流行的 Java 集成开发环境。图 1-17 是 Eclipse 官网的下载界面。

图 1-17　Eclipse 官网的下载界面

2. MyEclipse

MyEclipse 是对 Eclipse IDE 的扩展，增加了许多功能。相对于 Eclipse 来说，MyEclipse 更像是将 Eclipse 中好多插件都集成起来了，性能方面也有更好的考虑，不过这款 IDE 是收费的。因为 MyEclipse 属于收费软件，所以大公司很少使用。

3. Intellij IDEA

Intellij IDEA 简称 IDEA，具有美观、高效等众多特点。IDEA 是 JetBrains 公司的产品，这家公司总部位于捷克共和国的首都布拉格，开发人员以严谨著称的东欧程序员为主。它的旗舰版本还支持 HTML、CSS、PHP、MySQL、Python 等。免费版只支持 Java 等少数语言。据传它有"最智慧的 Java IDE"之称，它能帮助开发人员拿出最具有创造性的解决方案，它的 Smart Code Completion 和 On-the-fly Code Analysis 功能等可以提高开发人员的工作效率。IDEA 是目前最流行的商业 Java 集成开发环境，对社区版、学生以及开源项目开发者免费。

4. NetBeans

NetBeans 是业界第一款支持创新型 Java 开发的开放源代码 IDE，可以方便地在 Windows、macOS、Linux 和 Solaris 中运行。它是计算机 Java 二级考试指定软件，但相对于 IDEA 和 Eclipse，其市场还是偏小的。

5. JDeveloper

Oracle 公司的 JDeveloper 是一款涵盖整个开发生命周期的开源式免费 IDE。JDeveloper 可以轻松地与 Oracle 应用开发框架(Oracle ADF)相集成，并通过提供可视化和声明性的开发方法，来简化应用程序开发。除了 Java，它也可以被用于开发 JavaScript、PHP、SQL 和 XML 等应用程序。

6. Dr Java

Dr Java 是一个在 Sourceforge(全球最大的开源软件平台)上不断完善的轻量级 Java IDE。Dr Java 为初学者精心设计，采用 Swing 工具包进行开发，有很漂亮的界面。

7. BlueJ

BlueJ 是以教育为目的的开源 Java IDE。BlueJ 常用于小型软件项目的开发，它有很基础的用户界面，因此初学者可以很好地使用它。值得一提的是，BlueJ 以干净的可视化的方式提供了类和对象的显示，这对于那些以前没有接触过这一类知识的初学者是一个很棒的体验。

此外，jCreator、jGrasp、Greenfoot、Codenvy 和 Xcode 等，都可以用来开发 Java。Java 初学者们如初入大观园的刘姥姥，看花了眼，不知该如何选择，其实这些工具各有所长，没有绝对完美的，读者不妨多试用下。但要记住的是，它们仅仅是集成开发环境，在这些环境中，有一样东西是共同的，那就是 JDK(Java Development Kits)。JDK 是整个 Java 的核心，包括了 Java 运行时环境(Java Runtime Environment)、一些 Java 工具和 Java 的基础类库等，所有的集成开发环境都需要 JDK。对于初学者的建议是：通过"JDK+记事本"的模式来熟悉 Java 简单程序的开发，即用记事本编写代码，然后利用 JDK 编译、运行它，这种开发方式虽然简陋，但不失为初学 Java 语言的可选途径。学习一段时间后，建议改用 Notepad++、UltraEidt 或 EditPlus 等高级记事本类编辑软件，可提高效率。熟悉以上软件后，应试用不同的 IDE，挑选主流的、顺手的 IDE，作为后续开发的利器。

1.5　小结

本章对 Java 语言的相关内容做了初步介绍，让读者对 Java 的历史和特点有所了解。通过一个简单的 Java 应用程序，读者应当掌握 Java 的开发环境配置、程序编写、编译运行等步骤。

下面对 Java 应用程序的开发步骤做一下归纳，主要步骤如下。

(1) 下载 JDK 软件并安装。

(2) 配置相应的环境变量(path 和 classpath)，注意，安装采用压缩包时才需配置 path。

(3) 编写 Java 源程序(使用文本编辑器或集成开发环境)。

(4) 编译 Java 源程序，得到字节码文件(javac *.java)。

(5) 执行字节码文件(java 字节码文件名)。

1.6　思考练习

1. Java 语言有哪些主要特点？
2. Java 编程语言有哪四种不同的平台？
3. Java 应用程序的开发步骤有哪些？

4. 什么是环境变量？设置环境变量的主要目的是什么？

5. 试着编写一个简单的Java应用程序，实现在屏幕上输出"Welcome to Java"字符串，并对该程序进行编译和运行。

6. 编写一个 Java 应用程序，实现分行显示字符串"Welcome to Java"中的 3 个单词。

第 2 章

Java编程基础

本章学习目标：

- 掌握 Java 语言的基本语法
- 理解数据类型及变量的含义
- 学会定义和正确使用变量
- 理解简单的程序语句

2.1 引言

每一个 Java 程序都是按照一定规则编写的，这些规则称为语法。只有语法正确了，程序才能通过编译系统的编译并被执行。本章重点介绍 Java 程序的基本概念和语法。

2.1.1 符号

1. 基本符号

字母：A~Z，a~z。

数字：0~9。

算术运算符：+，-，*，/，%。

关系运算符：>，>=，<=，!=，==。

逻辑运算符：!，&&和||。

位运算符：~，&，|，^，<<，>>，>>>。

赋值运算符：=。

其他符号：()，[]，{}，$(美元符号)和_(下画线)等。

2. 标识符

本书中的标识符特指用户自定义的标识符。在 Java 中，标识符必须以字母、美元符号或者下画线开头，后接字母、数字、下画线或美元符号等。另外，标识符不能是 Java 关键字。Java 语言对标识符的有效字符个数不做限定。

合法的标识符如 a、b、c、x、y、z、result、sum、value、a2、x3、_a、$b 等。

非法的标识符如 2a、3x、byte、class、&a、x-value、new、true、@www 等。

为了提高程序的可读性，有几个较为流行的标识符命名约定。

(1) 一般标识符定义应尽可能达意，如 value、result、number、getColor、getNum、setColor、setNum 等。

(2) final 变量的标识符一般全部用大写字母，如 final double PI=3.1415。

(3) 类名一般用大写字母开头，如 Test、Demo。

3. 关键字

关键字是 Java 语言内置的标识符，有特定的作用，所有 Java 关键字都不能被用作用户的自定义标识符。关键字一般采用英文小写字母表示。

Java 的关键字有：

public	class	static	void
boolean	extends	long	switch
break	false	native	synchronized
byte	final	new	this
case	finally	null	throw
catch	float	package	throws
char	for	private	transient
else	if	protected	true
continue	implements	abstract	try
default	import	return	super
do	instanceof	short	while
double	int	interface	

初学者不必刻意记忆这些关键字，可以在学习 Java 的过程中逐步熟悉它们。

2.1.2 分隔符

Java 中的分隔符可分为两大类：空白符和可见分隔符。

1. 空白符

空白符在程序中主要起间隔作用，编译系统利用它来区分程序的不同元素。空白符包括空格、制表符、回车和换行符等，程序各基本元素之间通常用一个或多个空白符进行间隔。

2. 可见分隔符

可见分隔符也是用来间隔程序基本元素的，这一点同空白符类似，但是不同的可见分隔符有不同的用法。在 Java 语言中，主要有 6 种可见分隔符。

(1) "//"：单行注释符，该符号以后的本行内容均为注释，辅助程序员理解程序，注释内容会被编译系统忽略。

(2) "/*" 和 "*/"："/*" 和 "*/" 是配对使用的多行注释符，以 "/*" 开始，至 "*/" 结束的部分均为注释内容。

(3) ";"：分号用来标识一条程序语句的结束，在编写完一条语句之后，一定要记得添加语句结束标志——分号，这一点是多数初学者容易遗忘的，且注意不能用中文分号。

(4) ",": 逗号一般用来间隔同一类型的多个变量的声明,或者间隔方法中的多个参数。

(5) ":": 冒号可以用来说明语句标号,也用于 switch 语句中的 case 分句。

(6) "{"和"}": 大括号须成对出现,"{"标识开始,"}"标识结束,可以用来定义类体、方法体、复合语句或者进行数组的初始化等。

2.1.3 常量

在 Java 程序中使用的直接量称为常量。它是用户在程序中"写死"的量,这个量在程序执行过程中不会改变。下面介绍几种基本数据类型的常量。

1. 布尔值

布尔类型的取值范围只有 true 和 false 两个值,因而其常量值只能是 true 或 false,而且 true 或 false 只能赋值给布尔类型的变量。

2. 整数值

整数常量在程序中是经常出现的,一般以十进制表示,如 10、100 等,但同时也可以以其他进制,如八进制或十六进制进行表示。用八进制表示时,需要在数字前加 0 标示,用十六进制时则需加 0x(或 0X)标识,如 010(十进制值 8)、070(十进制值 56)、0x10(十进制值 16)、0Xf0(十进制值 240)。程序中出现的整数值一般默认分配 4 字节的空间进行存储,即其数据类型为 int,但当整数值超出 int 的取值范围(详见表 2-2)时,系统会自动用 8 字节空间来存储,即其类型为 long 型。若要将数值不大的整数常量也用 long 类型来存储,可以在数值后添加 L (或小写 l)后缀,如 22L。

3. 浮点数

浮点数即实数,它包含小数点,可以用两种方式表示:标准式和科学记数法。标准式由整数部分、小数点和小数部分构成,如 1.5、2.2、80.5 等都是标准式的浮点数。科学记数法由一个标准式和一个以 10 为底的幂构成,两者之间用 E(或 e)间隔开,如 1.2e+6、5e-8 和 3E10 等都是以科学记数法表示的浮点数。在程序中,一般浮点数的默认数据类型为 double,即用 8 字节空间来存放,也可以用 F(或 f)后缀来限定其类型为 float,如 55.5F、22.2f 等。

4. 字符常量

字符常量是指用一对单引号括起来的单个字符,如'A'、'a'、'1'、和'*'等。所有的可见 ASCII 码字符都可以用单引号括起来作为字符常量。此外,Java 语言还规定了一些转义字符,这些转义字符以反斜杠开头,如表 2-1 所示。需要注意的是,\u 后的数字表示 Unicode 字符集中的第几号字符,它扩展了 ASCII 码字符集,可以表示汉字,如\u4e2d 对应"中"。

表 2-1 Java 的转义字符

转义字符	描述
\ooo	1 到 3 位八进制数表示的字符,如\042 或\42 表示双引号(ASCII 码值 34)
\uhhhh	4 位十六进制数表示的 Unicode 字符,如\u0022 也表示双引号,不能写成\u22
\'	单引号字符

(续表)

转义字符	描述
\"	双引号字符
\r	回车，将光标从当前位置移到本行开头
\\	反斜杠
\n	换行，将光标从当前位置移到下一行开头
\b	退格，将光标从当前位置移到前一列
\f	换页，将光标从当前位置移到下页开头
\t	跳格，使光标跳到下一个 Tab 位置

5. 字符串常量

字符串常量在第 1 章中就接触过了：

```
System.out.println("Hello,welcome to Java programming.");
```

上述语句中，用双引号括起来的"Hello,welcome to Java programming."就是一个字符串常量。再例如：

```
"Nice to meet you! "
"你好"
"1\n2\n3 "    //1、2、3 各占据一行
```

这些都是字符串常量。尤其需要注意的是，单个的字符加上双引号，也是字符串常量，例如：

```
"N"           //字符串常量
'N'           //字符常量
```

字符串常量可以用来给字符串变量赋初值，关于字符串，后面章节有专门介绍，这里只要知道字符串就是指多个连续的字符(包括控制字符)即可。

2.1.4 变量

在程序执行过程中其值可以改变的量，称为变量。每个变量都必须有唯一的名称来标识它，即变量名。变量名由程序设计者命名，但要注意必须是合法的标识符。为了提高程序的可读性，建议根据变量的实际意义进行命名。一般地，一个变量只能属于某一种数据类型，并应在定义该变量时就给出声明，数据类型确定了该变量的取值范围，同时也确定了对该变量所能执行的操作或运算。Java 语言提供了 8 种基本的数据类型：byte、short、int、long、char、boolean、float 和 double。下面是一些定义变量的例子：

```
byte age;           //存放某人的年龄
short number;       //存放某大学的人数
char gender;        //存放某人的性别
double balance;     //存放某账户的余额
boolean flag;       //存放布尔值
```

从上述语句可见，变量的定义方式很简单：在数据类型后给出变量名，并在结尾添加分号";"即可，但要注意数据类型和变量名之间至少要间隔一个空格。如果要同时定义同一数据类型的多个变量，可以在多个变量名之间用逗号分隔，如：

```
byte my_age,his_age,her_age;
```

提示：

变量一经定义，系统将为其分配一定字节数内存来存储数据，当程序使用该变量时，就会在对应的内存中进行读数据或写数据操作，通常称这种操作为对变量的访问。

2.1.5　final 变量

final 变量的定义与普通变量类似，但其所起的作用却类似于前面讲的常量。定义 final 变量的方式有两种：定义的同时初始化和先定义后初始化。

(1) 定义的同时初始化，如下所示：

```
final double PI = 3.14;
```

(2) 先定义后初始化，如下所示：

```
final double PI ;
…
PI = 3.14;
…
```

在程序设计时，一般将程序中多次用到的常量值定义为 final 变量，这样，在程序中就可以通过 final 变量名来引用该常量值，将来如果常量值发生变化只需修改一处即可，减少了程序的出错概率。final 变量与普通变量的区别在于：后者在初始化赋值后仍能对其进行再赋值，而前者在初始化赋值后就不能再赋值改变了。

2.1.6　变量类型转换

一般情况下，不同数据类型的变量之间最好不要互相赋值。但在特定情况下，存在变量类型转换的需要，例如将一个 int 类型的值赋给一个 long 类型的变量，或将一个 double 类型的值赋给一个 float 类型的变量，前者的转换不会有精度损失，故这种转换程序一般会自动进行，而后者的转换很可能会带来精度损失，所以这种转换需要程序员在程序中明确指出，即进行强制类型转换。

对于变宽转换，如 byte 到 short 或 int、short 到 int、float 到 double 等，程序都能自动进行转换。而对于变窄转换，如 long 到 short、double 到 float，以及其他不兼容转换，如 float 到 short、char 到 short 等，则需要进行强制转换。如下例所示：

```
long a = 10;            //常量 10 的默认类型为 int，程序会自动将其转换为 long 类型并存至 a 中
float f = 11.5;         //编译会报错：不兼容的类型，从 double 转换到 float 可能会有损失
float f = (float)11.5;  //必须进行强制转换，也可以写成：float f = 11.5f;
short b ;
b = (short)f;           //必须进行强制转换
```

上述语句中 b 为短整型，f 为单精度浮点型，(short)告诉编译器要把单精度浮点型 f 变量的值转换为短整型，并把它赋值给变量 b。需要指出的是，强制类型转换仅在一些特定情况下使用，前提是它必须符合程序的需要。

2.2　基本数据类型

Java 提供了 8 种基本数据类型，它们在内存中所占据的存储空间如表 2-2 所示。这 8 种基本数据类型可以分为以下 4 组。

(1) 布尔型：boolean。

(2) 整型：byte、short、int 和 long。

(3) 浮点型(实型)：float 和 double。

(4) 字符型：char。

表 2-2　Java 的基本数据类型

数据类型名称	数据类型标识关键字	占据存储空间/ bit	取值范围
布尔型	boolean	1	true(非 0)，或 false(0)
整型	byte	8	$-128 \sim +127$
	short	16	$-32768 \sim +32767$
	int	32	-21 亿 $\sim +21$ 亿
	long	64	$-9.2 \times 10^{18} \sim +9.2 \times 10^{18}$
浮点型	float	32	7 位精度
	double	64	15 位精度
字符型	char	16	Unicode 字符

下面对这 8 种基本数据类型进行介绍。

2.2.1　布尔型

布尔类型用关键字 boolean 来标识，其取值只有两种：true(逻辑真)和 false(逻辑假)。它是最简单的数据类型。布尔类型的数据可以参加逻辑运算，并构成逻辑表达式，其结果也是布尔值，常用作分支、循环结构中的条件式。关于分支、循环结构，后文有详细介绍。

例如：

```
boolean flag1 = true;
boolean flag2 = 3>5;
boolean flag3 = 0;   //编译会出错，Java 禁止这种用法，而 C/C++等其他语言允许
```

上面的代码定义了 3 个布尔类型的变量 flag1、flag2 和 flag3。其中，flag1 直接初始化为 true 值，而 flag2 的初值为 false(因为关系运算 3>5 的结果为假)。

2.2.2　整型

用关键字 byte、short、int 和 long 声明的数据类型都是整数类型，简称整型。整型的值可以是正整数、负整数或者零。例如，222、–211、0、2000、–2000 等都是合法的整型值；而 222.2、2a2 等是非法的，222.2 有小数点，不是整型(而是浮点型)，2a2 含有非数字字符，也不是整型值。在 Java 语言(包括大多数编程语言)中，整型常量值一般默认以十进制形式给出。由于各种数据类型的存储空间大小都是有限的，因而其所能存储的数值大小也都是有限的，即每一种数据类型都对应有一个取值范围(值域)，存储空间越大，其值域越大，如整型的 4 种数据类型中，byte 的取值范围最小，而 long 类型最大。

1. byte

byte 类型是整型中占内存最少的，它只占据 1 字节的存储空间。由于采用补码方式存储，其取值范围为–128~127，适合用来存储人的年龄、定期存款的整数年限、图书馆借书册数、房屋楼层数等，因为这类数据的取值一般都在范围内。若用 byte 变量来存放偏大的数，则会产生溢出错误。例如：

```
byte rs = 10000；//定义 rs 变量存放某大学的教师人数
```

就会产生溢出错误，因为 byte 变量无法存放 10000 这么大的数，解决的办法是用更大的空间来存放，即要将 rs 变量定义为较大数据类型，如 short 类型。

2. short

short 类型可以存放的数值范围为–32768 ~ +32767，因此如下语句是正确的。

```
short rs = 10000；//正确
```

一个 short 类型的整型变量占据 2 字节的存储空间，占据的空间大了，其取值范围就大了。同样地，假如变量 rs 是要用来存放当前全国高校的所有在读大学生的数量，则 short 类型又不够了，需要用更大的 int 类型。

3. int

int 类型占据 4 字节的存储空间，可以存储范围为–21 亿~21 亿的任意整数。该类型在程序设计中是较常用的数据类型之一，且程序中整型常量的默认数据类型就是 int。一般情况下，int 已足够使用，但在现实生活中，还是有不少情况需要用到更大的数，如世界人口数、银行的存款总额、世界巨富的个人资产、股票的市值等，故 Java 还提供了更大的整型：long 类型。

4. long

long 类型占据 8 字节的存储空间，能表示的数值范围为-9.2×10^{18} ~$+9.2 \times 10^{18}$。若非应用需要，应尽量少用，可以减少存储空间的占用。在一些特殊领域，如航空航天领域，long 类型的数值范围也无法满足，这时，可以通过定义多个整型变量来组合表示这样的数据，即对数据进行分段表示。但实践中，这些领域的计算任务一般会由支持更大数据类型的计算机系统来执行，如大型机、巨型机。

若对变量赋了超出其取值范围的值，Java 编译系统会给出相应的错误提示，如例 2-1。

【例 2-1】数据溢出演示。

```
public class Test
{
    public static void main(String[] args)
    {
        byte a = 30;
        short b = 30000;
        short c = 300000;
        System.out.println("清华大学的院系数量： "+a);
        System.out.println("清华大学的在校本科生人数： "+b);
        System.out.println("海淀区高校在校本科生人数： "+c);
    }
}
```

编译程序，会出现如下错误信息：

```
Test.java:7: 错误: 不兼容的类型: 从 int 转换到 short 可能会有损失
        short c = 300000;
                  ^
1 个错误
```

解决办法是将变量 c 的数据类型改为 int，保存程序，再编译运行，结果如下：

```
清华大学的院系数量：30
清华大学的在校本科生人数：30000
海淀区高校在校本科生人数：300000
```

前面提过，程序中的常量值一般默认为十进制，但也可以用八进制或十六进制进行表示，如例 2-2。

【例 2-2】演示常量的不同进制表示。

```
public class Test
{
    public static void main(String[] args)
    {
        byte a = 10;        //十进制
        short b = 010;      //八进制
        int c = 0x10;       //十六进制
        System.out.println("a 的值： "+a);
        System.out.println("b 的值： "+b);
        System.out.println("c 的值： "+c);
    }
}
```

编译运行，结果如下：

```
a 的值：10
b 的值：8
c 的值：16
```

2.2.3 浮点型

浮点型有两种，用关键字 float 和 double 来标识，double 的精度更高，取值范围也更大。

1. float

float 为单精度浮点型，它的用法可结合例 2-3 进行学习。

【例 2-3】演示单精度浮点型的使用。

```
public class Test
{
    public static void main(String[] args)
    {
        float pi = 3.1415f;
        float r = 6.5f;
        float v = 2*pi*r;
        System.out.println("该圆周长为:"+v);
    }
}
```

请读者自行上机编译运行上述代码，查看程序的输出。

2. double

double 为双精度浮点型，程序中浮点数常量默认为 double 类型。

【例 2-4】演示双精度浮点型的使用。

```
public class Test
{
    public static void main(String[] args)
    {
        double pi = 3.14159265358;
        double r =6.5;
        double v = 2*pi*r;
        System.out.println("该圆周长为:"+v);
    }
}
```

请比较本例与例 2-3 的运行结果，为何不同？

2.2.4 字符型

Java 用关键字 char 来定义字符，每个字符占 2 字节，而 C/C++的 char 类型只占 1 字节。字符常量前面介绍过，下面看字符型变量的定义。

```
char ch;     //定义字符型变量 ch
ch = '1';    //给 ch 赋值为'1'
ch = '中';    //给 ch 赋值为汉字'中'
```

字符型变量在程序中可用作各种指代，如 ch 为'1'代表成功，为'0'代表失败；'F'表示女性，'M'表示男性；或者'优'表示优秀，'良'表示良好，'中'表示中等，'及'表示及格等。

2.3　程序语句

目前为止，前面出现过的程序语句有输出语句变量声明语句。每一条程序语句的末尾都必须加上英文分号结束标志。本节介绍一些其他常用语句。

2.3.1　赋值语句

赋值语句的一般形式如下：

```
variable = expression;
```

这里的"="不是数学中的等号，而是赋值运算符，其功能是将右边表达式的值赋值给左边的变量，传递存入变量存储空间，如：

```
int i, j;
char c;
i = 100;
c = 'a';
j = i + 100;
i = j * 10;
```

第一个赋值语句将整数 100 存入 i 变量的存储空间，第二个赋值语句将字符常量'a'存入字符变量 c，第三个赋值语句首先计算表达式 i+100 的值，i 变量此时存放的值为 100，因此该表达式的值为 100+100，即 200，然后再将 200 存入变量 j 的存储空间中，第四个赋值语句同样先计算右边表达式的值，计算后值为 2000，然后再将其存入 i 变量的存储空间。

注意：

此时，i 变量的值变为 2000，原值 100 不复存在，即旧值被新值覆盖了。

特别地，对于形如"i=i+1;"这样的赋值语句，可以将其简写为"i++;"或者"++i;"，并称之为自增语句，同样还有自减语句"i--;"或者"--i;"，它们等价于"i=i-1;"语句。"++"和"--"叫作自增和自减运算符，它们写在变量的前面或后面是有区别的。

【例 2-5】自增赋值语句。

```java
public class Test
{
    public static void main(String[] args)
    {
        int i, j, k = 1;
        i = k++;
        j = ++k;
        System.out.println("i="+i);
        System.out.println("j="+j);
    }
}
```

程序编译运行输出如下：

```
i = 1
j = 3
```

当自增符号"++"写在变量后面时，先访问后自增，即"i = k++;"等价于"i=k;"和"k++;"两条语句；而自增符号"++"写在变量前面时，则先自增后访问，即"j = ++k;"语句相当于"++k;"和"j=k;"两条语句，因此，得到上述程序的运行结果。这点对于自减语句也是一样的。

下面再介绍一些复合赋值语句，常用的复合赋值运算有：

```
+=      //加后赋值
-=      //减后赋值
*=      //乘后赋值
/=      //除后赋值
%=      //取模后赋值
```

【例 2-6】复合赋值语句的使用。

```java
public class Test
{
    public static void main(String[] args)
    {
        int i=0, j=30 , k = 10;
        i += k;         //相当于 i = i+k;
        j -= k;         //相当于 j=j-k;
        i *= k;         //相当于 i=i*k;
        j /= k;         //相当于 j=j/k;
        k %=i+j;        //相当于 k=k%(i+j);
        System.out.println("i="+i);
        System.out.println("j="+j);
        System.out.println("k="+k);
    }
}
```

编译运行结果如下：

```
i=100
j=2
k=10
```

上述"k %=i+j;"语句等价于"k=k%(i+j);"，初学者常犯的错误是，将其等价于没有小括号的"k=k%i+j;"，而二者结果截然不同。复合赋值语句是程序的一种简写方式，建议初学者等到熟练掌握编程后再使用。

2.3.2　条件表达式

条件表达式的一般形式如下：

```
Exp1? Exp2:Exp3
```

首先计算表达式 Exp1，当表达式 Exp1 的值为 true 时，只计算表达式 Exp2，并将结果作为整个表达式的值；当表达式 Exp1 值为 false 时，则只计算表达式 Exp3，并将结果作为整个表达式的值。

【例 2-7】条件表达式示例。

```
public class Test
{
    public static void main(String[] args)
    {
        int i, j=30 , k = 10;
        i = j= =k*3?1:0;
        System.out.println("i="+i);
    }
}
```

程序编译运行结果：

```
i=1
```

条件表达式中 Exp1 为 j= =k*3，其值 true，故整个条件表达式的取值为 Exp2 值，即 1。

2.3.3 运算

1. 算术运算

Java 的算术运算有加(+)、减(-)、乘(*)、除(/)和取模(%)运算。前 3 种运算比较简单，后两种则需要注意：当除运算符号两边的操作数均为整数时，其结果也为整数，否则为浮点数。例如：

```
3/2        //结果为 1
3/2.0      //结果为 1.5
```

因此当参与运算的操作数为变量时，需要注意变量数据类型对结果的影响。

"%" 为取模运算，即求余数运算。例如：

```
5%2        //结果为 1
11%3       //结果为 2
```

取模运算要求参与运算的操作数必须均为整数类型。

2. 关系运算

关系运算的结果为布尔值，即 true 或 false。Java 语言中共有 6 种关系运算：>(大于)、>=(大于或等于)、<(小于)、<=(小于或等于)、= =(等于)和! =(不等于)。

【例 2-8】关系运算示例。

```
public class Test
{
    public static void main(String[] args)
    {
        int i=0, j=30 , k = 10;
        boolean b1,b2,b3;
        b1 = i>k;
        b2 = i<=j;
```

```
        b3 = j/3!=k;
        System.out.println("b1="+b1+",b2="+b2+",b3="+b3);
    }
}
```

编译运行结果如下：

```
b1=false,b2=true,b3=false
```

3. 逻辑运算

Java 语言中有 3 种逻辑运算：&&(与)、||(或)、!(非)，参与逻辑运算的操作数必须为布尔值，最终结果也为布尔值，其真值表如表 2-3 所示。

表 2-3　逻辑运算真值表

x	y	x&&y	x||y	!x
true	false	false	true	false
true	true	true	true	false
false	true	false	true	true
false	false	false	false	true

对于逻辑与运算，当左边表达式的值为 false，则整个逻辑表达式的值即为 false，右边表达式不会被计算。同样，对于逻辑或运算，只要左边表达式的值为 true，则整个逻辑表达式的值即为 true，不会再计算右边的表达式。

4. 位运算

位运算指的是对二进制位进行计算，其操作数必须为整数类型或者字符类型。Java 提供的位运算如表 2-4 所示。

表 2-4　位运算

运算符	用法	功能
&	ope1 &ope2	按位与
|	ope1 |ope2	按位或
~	~ ope1	按位取反
^	ope1 ^ope2	按位异或
<<	ope1<<ope2	左移
>>	ope1>>ope2	带符号右移
>>>	ope1>>>ope2	不带符号右移

按位与、按位或、按位取反运算都相对简单；按位异或运算的规则为：0^0=0，0^1=1，1^0=1，1^1=0；左移运算是将一个二进制数的各个位全部左移若干位，高位溢出丢弃，低位补 0；带符号右移运算中，低位溢出丢弃，高位补上操作数的符号位，即正数补 0，负数补 1；不带符号右移运算，低位丢弃，高位一概补 0。在计算机系统中，数值一律用补码来表示和存储，进行位运算时要注意。

5. 运算优先级

赋值和条件表达式也属于运算，各运算按照优先级递增排序为：赋值运算、条件运算、逻辑运算、按位运算、关系运算、移位运算、算术运算。

2.4 举例

【例 2-9】分析下面的程序有哪些错误。

```
public class Test
{
    public static void main(String[] args)
    {
        short i, j;
        i = 50000;
        j = 2.5;
        System.out.println("i="+i+", j="+j);
    }
}
```

编译程序，出错信息如下：

```
Test.java:6: 错误: 不兼容的类型: 从 int 转换到 short 可能会有损失
    i = 50000;
        ^
Test.java:7: 错误: 不兼容的类型: 从 double 转换到 short 可能会有损失
    j = 2.5;
        ^
2 个错误
```

出现上述错误的原因是变量赋值时值溢出和类型不匹配，解决办法：将变量 i 定义为 int 或 long 类型，将变量 j 定义为 double 类型。也可以将变量 j 定义为 float 类型，但要在 2.5 后面加 "f" 标识，或用 "(float)" 进行强制类型转换：

```
float j;
j = 2.5f;
```

或者：

```
j = (float)2.5;    //前面讲类型强制转换时已有提及
```

【例 2-10】假设整型变量 x 的当前值为 2，则复合赋值语句 x/=x+1 执行后 x 的值为多少？
复合赋值语句 x/=x+1 等价于：x=x/(x+1)，即 x=2/3，因此执行后，x 的值为 0。
【例 2-11】分析以下程序段的功能。

```
int x,y,z,result;
... //x,y,z 分别被赋值
result = (x>y)?x:y;
result =(result>z)?result:z;
```

该例主要考察对条件表达式的掌握，通过分析知道，上述程序段的功能为获取 x、y、z 三者中的最大值。

2.5 小结

本章主要讲述 Java 程序的基本组成元素及其基本语法，这是编程的基础，内容不难，但要掌握好也不易，尤其需要理解变量以及不同数据类型的含义。对于初学者，学习一门编程语言好比学习一门外语，首先要掌握它的语法，因此很多学好外语的规律同样适用于学习编程语言，如记忆、模仿、循序渐进等。

2.6 思考练习

1. Java 语言对于合法标识符的规定是什么？指出下列哪些为合法的标识符。

| a | a2 | 3a | *a | _a | $a | int | a% |

2. 变量的含义是什么？变量名与变量值有什么关系？
3. Java 语言提供了哪些基本的数据类型，为什么要提供这些不同的数据类型？
4. 赋值语句的含义是什么？
5. 强制数据类型转换的情形有哪些？如何转换？
6. 每一条程序语句都以分号结束，该分号能否用中文输入模式下输入的分号？为何？
7. float 或 double 变量能否精确存储 0.1 这个小数？为什么？

第 3 章

Java程序基本结构

本章学习目标：

- 理解复合语句的概念
- 掌握 if 语句、if-else 语句以及 switch 语句等分支结构
- 掌握 while 语句、do-while 语句以及 for 语句等循环结构
- 掌握 break 和 continue 等跳转语句
- 掌握分支及循环结构的相互嵌套编程
- 学会分析较复杂程序的执行流程

3.1 复合语句

　　语句(statement)是程序的基本组成单元。在 Java 语言中，语句有简单语句和复合语句之分。一条简单语句总是以分号结束。它代表一个要执行的操作，可以是赋值、判断或者跳转等语句，甚至可以是只有分号的空语句。空语句表示不执行任何操作。而复合语句是指用大括号括起来的语句块(block)。它一般由多条语句构成，也允许只有一条简单语句。复合语句的基本格式如下：

```
{
    简单语句 1;
    简单语句 2;
    …
    简单语句 n;
}
```

以下例子均为复合语句。

```
{
    a = 1;
    b = 2;
}
```

或：

```
{
    S = 0;
}
```

在后面要学习的流程控制结构中会经常用到复合语句。需要多条语句作为一个"整体"出现时，就必须用大括号将其括起来作为一条复合语句。Java 程序的语句流程分为以下 3 种基本结构：顺序结构、分支(选择)结构和循环结构。对于分支结构和循环结构，当条件语句或循环体语句多于一条时，必须采用复合语句的形式，即用大括号将其括起来，否则系统将默认条件语句或循环体语句仅有一条，即最近的那一条。反过来，当条件语句或者循环体语句只有一条时，则可以使用也可以不使用大括号{ }，这点需注意。

提示：

复合语句一般包含多条语句，但当条件语句或循环体语句仅有一条语句时，建议仍以复合语句的形式将该单条语句用大括号括起来。复合语句体现了程序的层次结构，可以提高程序的可读性。

下面对 3 种基本流程结构做介绍。

3.2 顺序结构

由赋值语句及输入输出语句构成的程序，运行时按其编写顺序自上而下，从左到右依次执行，这种结构称为顺序结构，是计算机程序执行的最普遍流程。下面举几个顺序结构的程序示例。

【例 3-1】交换两个变量的值。

```java
public class Test
{
    public static void main(String[] args)
    {
        int a=5,b=8,c;
        System.out.println("a,b 的初始值");
        System.out.println("a="+a);
        System.out.println("b="+b);
        c = a;
        a = b;
        b = c;
        System.out.println("a,b 的新值");
        System.out.println("a="+a);
        System.out.println("b="+b);
    }
}
```

编译并运行以上程序，输出如下：

```
a,b 的初始值
a=5
b=8
a,b 的新值
a=8
b=5
```

从结果可见，a、b 两个整型变量的值发生了对调，其中起作用的是如下 3 条语句：

```
c = a;
a = b;
b = c;
```

变量 c 起到了辅助空间的作用。先将 a 变量的值保存到 c，然后将 a 变量赋值为 b 的值，再通过 c 变量对 b 赋值为原 a 变量的值。在程序设计中，常会引入像 c 这类中间变量来实现变量值的互换。

事实上，不用辅助中间变量也可以实现变量值的对调。代码如下：

```
a = a + b;
b = a − b;
a = a − b;
```

这 3 条语句与前面 3 条语句的作用是一样的，都实现了变量值的对调，且这 3 条语句"似乎"还更好，因为节省了中间变量，但是，这样的代码可读性不行。随着软件规模越来越大，程序员间的协作越来越多，让别人读懂自己写的代码是非常重要的，故并不提倡这样编写代码。

下面是一个根据边长求三角形面积的示例。

【例 3-2】已知三角形的三条边长，求它的面积。提示：面积 $= \sqrt{s(s-a)(s-b)(s-c)}$ ，其中，$s = \dfrac{a+b+c}{2}$ 。

```
public class Test
{
    public static void main(String[] args)
    {
        double    a=3,b=4,c=5,s; //三角形的三条边
        double area;             //三角形的面积
        s = (a+b+c)/2;
        area = Math.sqrt(s*(s-a)*(s-b)*(s-c));
        System.out.println("该三角形的面积为："+area);
    }
}
```

运行结果：

```
该三角形的面积为：6.0
```

从该例可见，利用 Java 编写程序可以让计算机帮助我们进行数学计算。对于例 3-2，可能会有读者想：如果三角形的三条边长可以改变就好了。这个采用 Java 提供的标准输入输出功能即可实现，如下例所示。

【例 3-3】通过交互式输入三角形的边长，并计算其面积。

```
//导入 java.io 包中的类，其实就是标明标准输入类的位置，以便能找到类
import java.io.*;
public class Test
{
    //输入输出异常必须被捕获或者进行抛出声明，关于异常将在 8.8 节进行介绍
```

```
    public static void main(String[] args) throws IOException
    {
        double a,b,c,s;
        double area;
        //以下代码为通过控制台交互输入三角形的三条边长
        InputStreamReader reader=new InputStreamReader(System.in);
        BufferedReader input=new BufferedReader(reader);
        System.out.println("请输入三角形的边长 a:");
        //readLine( )方法读取用户从键盘输入的一行字符并赋值给字符串对象 temp
        String temp=input.readLine();      //以字符串形式读入 a 边长
        a = Double.parseDouble(temp);      //字符串转换为双精度浮点型
        System.out.println("请输入三角形的边长 b:");
        temp=input.readLine();       //以字符串形式读入 b 边长
        b = Double.parseDouble(temp);
        System.out.println("请输入三角形的边长 c:");
        temp=input.readLine();       //以字符串形式读入 c 边长
        c = Double.parseDouble(temp);
        //以上代码为通过控制台交互式输入三角形的三条边长
        s = (a+b+c)/2;
        area = Math.sqrt(s*(s-a)*(s-b)*(s-c));
        System.out.println("该三角形的面积为： "+area);
    }
}
```

程序执行结果：

```
请输入三角形的边长 a:
3(回车)
请输入三角形的边长 b:
4(回车)
请输入三角形的边长 c:
5(回车)
该三角形的面积为：6.0
```

关于上述程序，有以下几点说明。

(1) import 语句的作用是告诉程序到哪些路径去寻找类，当程序用到一些系统提供的或用户自定义的类时，必须添加相应的 import 语句。当例 3-3 中删除 import 语句后，再编译，将会出现下面的错误提示。

```
c:\工作目录>javac Test.java
Test.java:5: 错误: 找不到符号
        public static void main(String[] args) throws IOException
                                                       ^
  符号:   类 IOException
  位置: 类 Test
Test.java:10: 错误: 找不到符号
        InputStreamReader reader=new InputStreamReader(System.in);
        ^
  符号:   类 InputStreamReader
  位置: 类 Test
```

```
Test.java:10: 错误: 找不到符号
        InputStreamReader reader=new InputStreamReader(System.in);
                                 ^
   符号:   类 InputStreamReader
   位置: 类 Test
Test.java:11: 错误: 找不到符号
        BufferedReader input=new BufferedReader(reader);
        ^
   符号:   类 BufferedReader
   位置: 类 Test
Test.java:11: 错误: 找不到符号
        BufferedReader input=new BufferedReader(reader);
                             ^
   符号:   类 BufferedReader
   位置: 类 Test
5 个错误
```

该程序出现了 5 个错误，每个都用"^"标识。缺少了 import 语句，编译时就会报类找不到的错误。

(2) 在调用有些方法时，必须对其进行抛出相应异常的声明或者对其进行异常捕获，如例 3-3 中 BufferedReader 类的 readLine()方法。如果例 3-3 中删除"throws IOException"，编译时将会出现下面的报错信息：

```
c:\工作目录>javac Test.java
Test.java:14: 错误: 未报告的异常错误 IOException; 必须对其进行捕获或声明以便抛出
        String temp=input.readLine();        //以字符串形式读入 a 边长
                         ^
Test.java:17: 错误: 未报告的异常错误 IOException; 必须对其进行捕获或声明以便抛出
        temp=input.readLine();               //以字符串形式读入 b 边长
                  ^
Test.java:20: 错误: 未报告的异常错误 IOException; 必须对其进行捕获或声明以便抛出
        temp=input.readLine();               //以字符串形式读入 c 边长
                  ^
3 个错误
```

(3) 对于语句 InputStreamReader reader=new InputStreamReader(System.in); 和 BufferedReader input=new BufferedReader(reader); ，System.in 代表系统默认的标准输入(即键盘)，首先把它创建为 InputStreamReader 类的对象 reader，然后再创建为 BufferedReader 类的对象 input，将原来的 bit 输入变成缓冲字符输入，以接收字符串。读者目前只要了解并记住写法即可。

(4) 语句 String temp=input.readLine();的作用是从控制台获取一行字符串，语句 a = Double.parseDouble(temp); 先将字符串转换为双精度浮点数，然后赋值给变量 a，parseDouble() 方法是 Double 类中的静态方法，必须通过"Double."调用。

读者可能会觉得 Java 的交互输入有些麻烦，本节只要求会模仿即可，后面第 10 章将详细介绍相关内容。以上举了 3 个顺序结构的例子，下面介绍分支结构。

3.3　分支结构

分支结构表示程序中存在分支语句，这些语句根据条件的不同，可能执行，也可能不执行，这取决于条件表达式的取值。如银行系统中的存取款程序就是分支结构设计，当取款人输入的密码正确时，程序进入正常的取款流程；如果密码不正确，系统可能会提醒重新输入密码或者进行锁卡(输入次数过多)。根据分支的多少，分支结构可分为单分支结构、双分支结构及多分支结构。Java 语言的单分支语句是 if 语句，双分支语句是 if-else 语句，多分支语句是 switch 语句，也可以用 switch 语句构成双分支结构，或者用 if-else 语句嵌套构成多分支结构。下面对不同的分支语句进行介绍。

3.3.1　单分支 if 语句

单分支 if 语句的格式如下：

```
if(布尔表达式)
{
    语句;
}
```

图 3-1 所示为单分支语句的流程图。

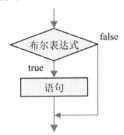

图 3-1　单分支语句的流程

当其中的语句仅为一条时，大括号对可以省略不写(但建议要写)，若为多条语句，则必须要有大括号对，否则程序含义会发生改变。请看如下程序片段：

```
int i=0,j=0;
if (i!=j)
{   i++;
    j++;
}
```

该程序段执行后 i 和 j 的值仍为 0，但将 if 条件语句的大括号去掉：

```
int i=0,j=0;
if (i!=j)
  i++;
  j++;
```

没有大括号后，if 的条件语句只由“i++;”单条语句构成，正确缩进为：

```
int i=0,j=0;
if (i!=j)
    i++;
j++;
```

"j++;"语句无论条件如何都会被执行。

【例3-4】乘坐飞机时，每位顾客可以免费托运 20kg 以内的行李，超过部分按 1.2 元/kg 收费，试编写计算收费的程序。

程序的设计步骤如下。

(1) 数据变量：

w——行李重量(以 kg 为单位)

fee——收费(单位：元)

根据数据的特点，变量的数据类型必须为浮点型，不妨都定义为 float 型。

(2) 算法：

$$fee = \begin{cases} 0 & w <= 20 \\ 1.2 * (w\text{-}20) & w > 20 \end{cases}$$

(3) 由"System.out.println();"语句提示用户输入行李重量，调用前面学习的交互式输入方法读取输入的行李重量并赋值给 temp 字符串，再将字符串转换为 float 型并赋值给 w。

(4) 用单分支结构对行李重量 w 进行判断，若超重，则按标准计费，程序片段如下：

```
         .
         .
         .
fee = 0;
if (w>20)
    fee = 1.2 * (w-20);
         .
         .
         .
```

给 fee 变量赋初值为 0，当重量超出 20kg 时，执行条件语句"fee = 1.2 * (w-20);"，计算收费金额，若重量 w<=20kg，则条件语句"fee = 1.2 * (w-20);"不会被执行，从而保持 fee 变量值为 0，即免费托运。

完整的程序代码如下：

```
import java.io.*;
public class Test
{
    public static void main(String[] args) throws IOException
    {
        float w,fee;
        //以下代码为通过控制台交互输入行李重量
        InputStreamReader reader=new InputStreamReader(System.in);
        BufferedReader input=new BufferedReader(reader);
        System.out.println("请输入旅客的行李重量:");
        String temp=input.readLine();
        w = Float.parseFloat(temp);    //字符串转换为单精度浮点型
        fee = 0;
```

```
        if ( w > 20)
        {   fee = (float)1.2 * (w-20);   }   //建议要写大括号对!
        System.out.println("该旅客需交纳的托运费用: "+fee+"元");
    }
}
```

程序编译和运行:

```
C:\工作目录>javac Test.java
(第一次执行)
C:\工作目录>java Test
请输入旅客的行李重量:
22.5(回车)
该旅客需交纳的托运费用: 3.0 元
(第二次执行)
C:\工作目录>java Test
请输入旅客的行李重量:
18(回车)
该旅客需交纳的托运费用: 0.0 元
(第三次执行)
C:\工作目录>java Test
请输入旅客的行李重量:
50.8(回车)
该旅客需交纳的托运费用: 36.96 元
```

注意观察程序代码中的 "fee = (float)1.2 * (w-20);" 语句, 虽然 w 是 float 类型, 但由于常量 1.2 的默认类型是 double, 因此整个表达式 1.2 * (w-20)的类型为 double, 所以必须进行强制类型转换。

从上述程序的三次执行过程可以发现一个问题: 每次执行程序, 只能对一个旅客的行李进行计费, 若要计算多位旅客的行李收费需要反复运行程序, 此问题可用循环结构解决, 详见后文例 3-19。

下面再看两个单分支结构的例子。

【例 3-5】根据年龄判断某人是否成年。

```
public class Test
{
    public static void main(String[] args)
    {
        byte age=20;
        if (age>=18)
            {System.out.println("成年");   }
        if (age<18)
            {System.out.println("未成年");   }
    }
}
```

【例 3-6】已知鸡和兔的总数, 以及鸡脚、兔脚的总数, 求鸡和兔的各自数量。

```
public class Test
{
```

```java
public static void main(String[] args)
{
    double chick,rabbit;
    short heads=10,feet=32;
    chick = (heads*4-feet)/2.0;
    rabbit = heads - chick;
    if (chick==(short)chick && chick>=0 && rabbit>=0)
    {
        System.out.println("鸡有"+chick+"只");
        System.out.println("兔有"+rabbit+"只");
    }
}
```

程序编译和运行，输出结果：

```
鸡有 4.0 只
兔有 6.0 只
```

本例将数据写死：总数量 heads 为 10，总脚数 feet 为 32，请读者试着将其改写成能交互输入数据的版本。假如编辑例 3-6 中的代码时，不小心将 32 写成了 33，那么程序会有什么反应呢？

```
C:\工作目录>javac Test.java
C:\工作目录>java Test
C:\工作目录>
```

从上可见，程序没有任何输出，而此时程序应该给出错误提示，如"请确认数据输入是否正确？"。那么，该如何改写程序呢？

3.3.2　双分支 if-else 语句

Java 语言的双分支结构由 if-else 语句实现，其格式如下：

```
if(布尔表达式)
    {
        语句 1；
    }
    else
    {
        语句 2；
    }
```

其流程如图 3-2 所示。

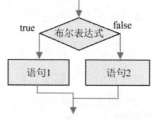

图 3-2　双分支语句的流程

双分支结构在单分支结构的基础上，增加了 else 结构，当布尔表达式为真，则执行语句 1，若为假则执行语句 2，语句 1 和语句 2 都可以是多条语句，若为多条语句，必须用{}括起来作为一条复合语句。请看程序片段：

```
int i=0,j=0;
if(i==j)
{    i++;
     j++;
}
else
{    i--;
     j--;
}
```

该程序段执行后，i，j 的值均为 1，如果将 else 分支的大括号去掉，即：

```
int i=0,j=0;
if(i==j)
{    i++;
     j++;
}
else
i--;
j--;
```

则程序段的执行结果就变为 i 的值为 1，而 j 的值仍为 0。if 后面的大括号绝对不能漏掉，否则程序如下：

```
int i=0,j=0;
if(i==j)
     i++;
     j++;
else
{    i--;
     j--;
}
```

编译将会出错：有 'if'，但是没有 'else'。下面对例 3-6 进行改进。

【例 3-7】鸡兔问题的改进。

```
public class Test
{
    public static void main(String[] args)
    {
        double chick,rabbit;
        short heads=10,feet=33;
        chick = (heads*4-feet)/2.0;
        rabbit = heads - chick;
        if (chick==(short)chick&&chick>=0&&rabbit>=0)
        {
            System.out.println("鸡有"+chick+"只");
```

```
                System.out.println("兔有"+rabbit+"只");
            }
            else
            {
                System.out.println("数据输入可能有误!");
            }
        }
    }
```

程序运行结果:

```
C:\工作目录>javac Test.java
C:\工作目录>java Test
数据输入可能有误!
```

【例3-8】根据年龄判断某人是否成年,用双分支结构实现。

```
public class Test
{
    public static void main(String[] args)
    {
        byte age=20;
        if (age>=18)
            {  System.out.println("成年");    }
        else
            {  System.out.println("未成年");  }
    }
}
```

【例3-9】判断 2020 的奇偶性,并输出结果。

```
public class Test
{
    public static void main(String[] args)
    {
        short n = 2020;
        if (n%2==0)
            {  System.out.println("2020 是偶数。");  }
        else
            {  System.out.println("2020 是奇数。");  }
    }
}
```

【例3-10】判断并输出 2020 年是否为闰年。

闰年的判断:能被 4 整除但又不能被 100 整除,或者能被 400 整除的公元年。

```
public class Test
{
    public static void main(String[] args)
    {
        boolean leapYear;
        short year = 2020;
```

```
leapYear = (year%4==0&&year%100!=0) || (year%400==0);
if (leapYear)
    {   System.out.println("2020 是闰年。");   }
else
    {   System.out.println("2020 不是闰年。"); }
    }
}
```

请读者尝试改写该例，将程序中的年份数字由固定数值改由用户交互输入。

3.3.3　分支结构嵌套

Java 语言允许对 if-else 条件语句进行嵌套，常见的嵌套结构如下：

```
if (布尔表达式 1)
    { if (布尔表达式 2)
        {   语句；  }
    }
```

或：

```
if (布尔表达式 1)
    { 语句 1；}
else if (布尔表达式 2)
    { 语句 2；}
else
    { 语句 3；}
```

或：

```
if (布尔表达式 1)
    { if (布尔表达式 2)
        {   语句 1；}
        else
            {   语句 2；}
    }
    else
        { 语句 3；}
```

根据需求的不同，嵌套还可以设计成其他结构。例 3-7 中的分支结构语句：

```
if (chick==(short)chick&&chick>=0&&rabbit>=0)
{
    System.out.println("鸡有"+chick+"只");
    System.out.println("兔有"+rabbit+"只");
    }
```

可以改写成如下嵌套结构：

```
if (chick==(short)chick)
{ if (chick>=0&&rabbit>=0)
    {
        System.out.println("鸡有"+chick+"只");
```

```
            System.out.println("兔有"+rabbit+"只");
        }
}
```

请分析下面分支嵌套的程序片段:

```
int i=1,j=2;
if (i!=j)                ---------①
{
    if (i>j)             ---------②
        { i--; }         ---------③
    else
        { j--; }         ---------④
    System.out.println("i="+i+",j="+j);    ---------⑤
}
else
    {   System.out.println("i="+i+",j="+j);  }   ---------⑥
...         ---------⑦
```

该程序片段中,条件表达式①成立,执行流程进入该 if 的分支语句块,而与该 if 配对的 else 分支⑥不会被执行;条件表达式②不成立,其条件语句③不被执行,与其配对的 else 语句④被执行;接着执行输出语句⑤,最后程序流程转移至语句⑦处,继续往下执行。该程序片段的执行结果为:

```
    i=1,  j=1
```

下面再看几个分支结构嵌套的实例。

【例 3-11】根据某位同学的分数成绩,判断其等级:优秀(90 分以上)、良好(80 分以上 90 分以下)、中等(70 分以上 80 分以下)、及格(60 分以上 70 分以下)、不及格(60 分以下)。

```
import java.io.*;
public class Test
{
    public static void main(String[] args) throws IOException
    {
        float score;
        InputStreamReader reader=new InputStreamReader(System.in);
        BufferedReader input=new BufferedReader(reader);
        System.out.println("请输入分数:");
        String temp=input.readLine();
        score = Float.parseFloat(temp);
        if ( score < 90)
          {   if ( score < 80)
            {   if ( score < 70)
                {   if ( score < 60)
                    {   System.out.println("该同学的分数等级为:不及格");    }
                    else
                    {   System.out.println("该同学的分数等级为:及格");    }
                }
                else
```

```
                        { System.out.println("该同学的分数等级为:中等");  }
                }
            else
                { System.out.println("该同学的分数等级为:良好");  }
            }
        else
            { System.out.println("该同学的分数等级为:优秀");  }
        }
    }
```

程序的执行结果如下:

```
C:\工作目录>javac Test.java
(第一次执行)
C:\工作目录>java Test
请输入分数:
98(回车)
该同学的分数等级为:优秀
(第二次执行)
C:\工作目录>java Test
请输入分数:
87(回车)
该同学的分数等级为:良好
(第三次执行)
C:\工作目录>java Test
请输入分数:
56(回车)
该同学的分数等级为:不及格
```

上述程序中条件分支的嵌套较多,在编辑代码时最好进行适当缩进,以凸显 if-else 之间的配对和层次结构。Java 规定,else 总是与离它最近的 if 进行配对,但不包括大括号 {} 中的 if,如例 3-12 所示。

【例 3-12】假定用一个字符来代表性别:'m'代表男性;'f'代表女性;'u'代表未知。试编写程序,根据输入字符判断并输出某人的性别。

```
import java.io.*;
public class Test
{
    public static void main(String[] args) throws IOException
    {
        char sex;
        System.out.println("请输入性别代号:");
        sex = (char)System.in.read();
        if ( sex != 'u' )          //①
            {
                if ( sex == 'm' )
                    { System.out.println("男性"); }
                if ( sex == 'f' )          //②
                    { System.out.println("女性"); }

            }
```

```
    else        //③
        {      System.out.println("未知");   }
    }
}
```

程序运行：

```
C:\工作目录>java Test
请输入性别代号:
m(回车)
男性
```

注意： 程序③处的 else 并不是与离它最近的②处的 if 进行配对，而是与①处的 if 配对，代码的缩进应能清晰凸显配对关系。

【例 3-13】假设个人收入所得税的计算方式：当收入额小于或等于 1800 元时，免征个人所得税；超出 1800 元但在 5000 元以内的部分，以 20%的税率征税；超出 5000 元但在 10 000 元以内的部分，按 35%的税率征税；超出 10 000 元的部分一律按 50%征税。试编写相应的征税程序。

```
import java.io.*;
public class Test
{
    public static void main(String[] args) throws IOException
    {
        double income,tax;
        InputStreamReader reader=new InputStreamReader(System.in);
        BufferedReader input=new BufferedReader(reader);
        System.out.println("请输入个人收入所得:");
        String temp=input.readLine();
        income = Double.parseDouble(temp);
        tax = 0;
        if ( income <= 1800)
            {   System.out.println("免征个税."); }
        else if (income<=5000)
            {   tax = (income-1800)*0.2; }
        else if (income<=10000)
            { tax = (5000-1800)*0.2+(income-5000)*0.35; }
        else
            { tax = (5000-1800)*0.2+(10000-5000)*0.35+(income-10000)*0.5; }
        System.out.println("您的个人收入所得税额为:"+tax);
    }
}
```

程序的运行如下：

```
(第一次运行)
C:\工作目录>java Test
请输入个人收入所得:
1500(回车)
免征个税.
您的个人收入所得税额为:0.0
(第二次运行)
```

```
C:\工作目录>java Test
请输入个人收入所得:
8000(回车)
您的个人收入所得税额为:1690.0
```

查找下面程序片段中的错误:

```
if ( income <= 1800)
    { System.out.println("免征个税."); }
else if (income<=5000)
    { tax = (income-1800)*0.2; }
else if (income<=10000);
    { tax = (5000-1800)*0.2+(income-5000)*0.35; }
else
    { tax = (5000-1800)*0.2+(10000-5000)*0.35+(income-10000)*0.5; }
```

错误为:第 5 行的末尾多了一个分号";"。编译时会出现如下错误信息:

```
F:\工作目录>javac Test.java
Test.java:19: 错误: 有 'if', 但是没有 'else'
    else
    ^
1 个错误
```

此时,程序结构被";"改变成如下结构:

```
if ( income <= 1800)
    {  System.out.println("免征个税.");}
else if (income<=5000)
    {  tax = (income-1800)*0.2;}
else if (income<=10000);
```

这个程序片段成了一个完整的 if-else 结构,可将其书写格式变动如下:

```
if ( income <= 1800)
    {  System.out.println("免征个税.");}
else if (income<=5000)
    {  tax = (income-1800)*0.2;}
else
    if (income<=10000)
        ;
```

程序段中最后一个单独的分号";"是一条空语句,else if 语句变成了 else 语句。到此,代码在语法上还不会出错,但接着往下:

```
    { tax = (5000-1800)*0.2+(income-5000)*0.35; }
else
    { tax = (5000-1800)*0.2+(10000-5000)*0.35+(income-10000)*0.5; }
```

这里出现语法错误,第 2 行的 else 找不到配对的 if。代码编辑时的误输入是初学者编程时常犯的,需要引起注意。

3.3.4 switch 语句

Java 语言多分支结构的实现语句是 switch。switch 语句的一般语法格式如下：

```
switch(表达式)
{    case 判断值 1:    语句 1;
     case 判断值 2:    语句 2;
     ...
     case 判断值 n:    语句 n;
     [default:  语句 n+1;  ]
}
```

其中，表达式的值必须为有序数值(如整型数或字符等)，不能为浮点数；case 语句中的判断值必须为常量值，可称之为标号，代表一个 case 分支的入口，每一个 case 分支的语句可以是单条，也可以是多条，当有多条语句时，可以不用大括号{}括起来；default 子句是可选的，并且其位置必须在 switch 结构的末尾，当表达式的值与任何 case 常量值均不匹配时，就执行 default 子句，然后退出 switch 结构。如果表达式的值与任何 case 常量值均不匹配，且无 default 子句，则程序不执行任何语句，直接跳出 switch 结构，继续执行后面的程序。下面请看一个例子。

【例 3-14】在控制台输入 0~6 的数字，输出对应的星期数(0 对应星期天，1 对应星期一，以此类推)。

```java
import java.io.* ;
class Test
{
    public static void main(String args[])throws IOException
    {  int day;
        System.out.print("请输入星期数(0-6):") ;
        day=(int)(System.in.read())-'0';
        switch(day)
        {  case 0:  System.out.println(day +"表示是星期日");
           case 1:  System.out.println(day +"表示是星期一");
           case 2:  System.out.println(day +"表示是星期二");
           case 3:  System.out.println(day +"表示是星期三");
           case 4:  System.out.println(day +"表示是星期四");
           case 5:  System.out.println(day +"表示是星期五");
           case 6:  System.out.println(day +"表示是星期六");
           default: System.out.println(day+"是无效数!") ;
        }
    }
}
```

程序运行结果：

```
(第一次运行)
C:\工作目录>java Test
请输入星期数(0-6):0(回车)
0 表示是星期日
0 表示是星期一
0 表示是星期二
```

0 表示是星期三
0 表示是星期四
0 表示是星期五
0 表示是星期六
0 是无效数!
(第二次运行)
C:\工作目录>java Test
请输入星期数(0-6):5(回车)
5 表示是星期五
5 表示是星期六
5 是无效数!

上面程序的运行结果并不是我们所期望的。输入 0 时，应该只输出"0 表示是星期日"，而输入 5 时，应该仅输出"5 表示是星期五"。通过分析，发现原来 switch 结构有这样一个特点：当表达式的值与某个 case 常量匹配时，该 case 子句就成为 switch 结构的执行入口，并且执行完入口 case 子句后，程序会继续执行后续的所有语句，包括 default 子句(若有的话)。这时，可用 break 语句来解决这个问题，break 语句是 Java 提供的流程跳转语句，执行 break 语句，可以使程序跳出当前的 switch 结构或循环结构。

【例 3-15】在例 3-14 中引入 break 语句。

```java
import java.io.* ;
class Test
{
    public static void main(String args[])throws IOException
    {  int day;
        System.out.print("请输入星期数(0-6):") ;
        day=(int)(System.in.read())-'0';
        switch(day)
        {  case 0:  System.out.println(day +"表示是星期日");
                break;
           case 1:  System.out.println(day +"表示是星期一");
                break;
           case 2:  System.out.println(day +"表示是星期二");
                break;
           case 3:  System.out.println(day +"表示是星期三");
                break;
           case 4:  System.out.println(day +"表示是星期四");
                break;
           case 5:  System.out.println(day +"表示是星期五");
                break;
           case 6:  System.out.println(day +"表示是星期六");
                break;
           default: System.out.println(day+"是无效数!") ;
        }
    }
}
```

改进后的程序运行如下：

```
(第一次运行)
C:\工作目录>java Test
请输入星期数(0-6):0
0 表示是星期日
(第二次运行)
C:\工作目录>java Test
请输入星期数(0-6):5
5 表示是星期五
```

引入 break 语句后，程序的运行才是我们所期待的。该例中，最后的 default 子句没有必要再添加 break 语句，因为它已经是 switch 结构的末尾了。一般情况下，switch 结构与 break 是配套使用的。使用 switch 结构还需注意几个问题。

(1) 允许多个不同的 case 标号执行相同的语句，如以下格式：

```
    ...
case 常量 i:
    case 常量 j:
        语句;
    break;
    ...
```

(2) 每个 case 子句的常量值必须各不相同。

此外，需要指出的是，switch 结构的程序通常也可以用 if-else 语句来实现，读者可以试着将上述程序改写为 if-else 结构，并对比一下二者的区别。但反过来，if-else 的结构则不一定能用 switch 结构来实现。例 3-7、例 3-8、例 3-9、例 3-10、例 3-11、例 3-13 都无法用 switch 结构来改写，但例 3-12 是可以的。

【例 3-16】用 switch 结构改写例 3-12。

```
import java.io.*;
public class Test
{
    public static void main(String[] args) throws IOException
    {
        char sex;
        System.out.println("请输入性别代号:");
        sex = (char)System.in.read();
        switch (sex)
            {
            case 'm': System.out.println("男性");
                    break;
            case 'f': System.out.println("女性");
                    break;
            case 'u': System.out.println("未知");
        }
    }
}
```

3.4 循环结构

程序设计时，常会遇到一些并不复杂、但要反复进行的计算，比如：

(1) 计算累加和 1+2+3+…+100。

(2) 计算阶乘，如 10!。

(3) 计算一笔钱在银行存了若干年后，连本带息有多少？

题(1)可用一条语句实现计算：sum = 1+2+3+…+100，但赋值表达式太长，改成多条赋值语句：sum +=1; sum +=2; sum +=3; …; sum +=100;，则赋值语句多达 100 条。因此，Java 语言引入了 3 种循环结构：while、do-while 和 for 语句来进行这类计算，其流程如图 3-3 所示。

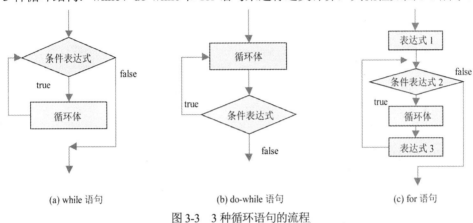

(a) while 语句   (b) do-while 语句   (c) for 语句

图 3-3 3 种循环语句的流程

3.4.1 while 语句

while 语句的一般语法格式如下：

```
while(条件表达式)
    { 循环体; }
```

其流程如图 3-3(a)所示。while 是关键字，首先计算条件表达式的布尔值，若为 true 则执行循环体，然后再次计算条件表达式的布尔值，只要是 true 就循环往复一直执行，直到条件表达式的布尔值为 false，才退出 while 结构。其中，循环体可以是复合语句、简单语句，甚至是空语句。一般情况下，循环体中会有修改条件表达式取值的语句，否则就可能出现"死循环"(无限循环)。例如，while(true); 语句中循环体为空语句，而条件表达式为常量 true，这就是一个死循环。

【例 3-17】利用 while 语句实现 1～100 的累加。

```java
public class Test
{
    public static void main(String[] args)
    {
        int sum=0;          //累加和变量 sum
        int i=1;            //控制变量 i
        while(i<=100)
```

```
        {
            sum+=i;
            i++;
        }
        System.out.println("累加和为："+sum);
    }
}
```

程序的运行结果：

累加和为：5050

该程序中有几点需注意：

(1) 存放累加和的变量初始值一般赋为 0。

(2) 变量 i 既是累加数，同时又用来控制循环条件。

(3) 循环体语句可以合并，简写为：sum+=i++;。鉴于代码可读性，不建议这么写。

(4) while 循环体语句多于一条，因此必须以复合语句形式出现，千万不能漏掉大括号。下面看一个计算阶乘的例子。

【例 3-18】利用 while 语句计算 10 的阶乘。

```
public class Test
{
    public static void main(String[] args)
    {
        long jc=1;
        int i=1;
        while(i<=10)
        {
            jc*=i;
            i++;
        }
        System.out.println((i-1)+"!结果："+jc);
    }
}
```

程序运行结果：

10!结果：3628800

本程序需注意以下两点：

(1) 求阶乘的积时，变量 jc 的初始值应赋值为 1。

(2) 由于阶乘的积往往比较大，要注意防止溢出，可选用取值范围大的 long 型。

【例 3-19】改进例 3-4 的程序，使之可以计算不同旅客的行李托运费。

```
import java.io.*;
public class Test
{
    public static void main(String[] args) throws IOException
    {
        float w, fee;
```

```
        char c;
        System.out.print("按回车键开始");
        c = (char)System.in.read();          //等待用户输入
        while(c!='x')
        {
            //以下代码为通过控制台交互输入行李重量
            InputStreamReader reader=new InputStreamReader(System.in);
            BufferedReader input=new BufferedReader(reader);
            System.out.println("请输入旅客的行李重量:");
            input.readLine();                //滤掉无用输入
            String temp=input.readLine();    //等待用户输入
            w = Float.parseFloat(temp);      //字符串转换为单精度浮点型
            fee = 0;
            if ( w > 20)
                 fee = (float)1.2 * (w-20);
            System.out.println("该旅客需交纳的托运费用: "+fee+"元");
            System.out.println("***************************");
            System.out.println("    *按 x 键退出,回车键继续*");
            System.out.println("***************************");
            c = (char)System.in.read();      //等待用户输入
        }
    }
}
```

改进后的程序运行如下:

```
按回车键开始
请输入旅客的行李重量:
17
该旅客需交纳的托运费用: 0.0 元
***************************
   *按 x 键退出, 回车键继续*
***************************
 (按回车键)
请输入旅客的行李重量:
25
该旅客需交纳的托运费用: 6.0 元
***************************
*按 x 键退出, 回车键继续*
***************************
(按回车键)
请输入旅客的行李重量:
60
该旅客需交纳的托运费用: 48.0 元
***************************
   *按 x 键退出, 回车键继续*
***************************
x
(按 x 键退出程序)
```

该程序等待用户输入，只要是非 x 键，比如按回车键，就进入计费循环模块，并等待用户输入旅客行李重量，获得输入后对其进行计费，并提示用户按 x 键可以退出程序，若用户继续输入非 x 键(如回车键)，则继续进入计费模块，并等待输入下一位旅客的行李重量，如此循环往复，直至用户输入 x 键退出程序。至此，程序是不是就完善了呢？试想一下，假如用户在旅客行李重量输入时，误输入 3s，结果会怎样？读者不妨测试一下，后面章节会对此加以完善。

【例 3-20】有一条长的阶梯，如果每步 2 阶，则最后剩 1 阶，每步 3 阶则剩 2 阶，每步 5 阶则剩 4 阶，每步 6 阶则剩 5 阶，每步 7 阶则刚好走完，问这条阶梯最少有多少阶？

```
public class Test
{
    public static void main(String[] args)
    {
        int i=1;
        while(!(i%2==1&&i%3==2&&i%5==4&&i%6==5&&i%7==0))
        {
            i++;
        }
        System.out.println("这条阶梯最少有："+i+"阶");
    }
}
```

程序运行结果：

这条阶梯最少有：119 阶

该程序的关键是 while 结构的条件表达式。其实满足题目要求的阶梯数有无限多个，119 是其中最少的阶梯数。如果想知道在 1 万个阶梯以内，都有哪些阶梯数满足题意的话，可以这样改写程序：

```
while(i<=10000)
{
    if(i%2==1&&i%3==2&&i%5==4&&i%6==5&&i%7==0)
        { System.out.print(i+"阶  "); }
    i++;
}
```

新程序的运行结果：

119 阶 329 阶 539 阶 749 阶 959 阶 1169 阶 1379 阶 1589 阶 1799 阶 2009 阶 2219 阶 2429 阶 2639 阶 2849 阶 3059 阶 3269 阶 3479 阶 3689 阶 3899 阶 4109 阶 4319 阶 4529 阶 4739 阶 4949 阶 5159 阶 5369 阶 5579 阶 5789 阶 5999 阶 6209 阶 6419 阶 6629 阶 6839 阶 7049 阶 7259 阶 7469 阶 7679 阶 7889 阶 8099 阶 8309 阶 8519 阶 8729 阶 8939 阶 9149 阶 9359 阶 9569 阶 9779 阶 9989 阶

利用计算机求解这个问题，所需时间非常短，但若让人手工去计算，则需要不少时间。假如不是求 1 万个阶梯以内，而是求 100 万个以内，到底又会有多少种阶梯数能满足题意呢？感兴趣的读者可以改写程序，亲自尝试一下。

3.4.2　do-while 语句

do-while 语句的语法格式如下：

```
do
{
    循环体;
} while (条件表达式);
```

首先，执行一遍循环体，然后再判断条件表达式的值，如果为 true 则继续执行循环体，直至条件表达式的取值变为 false。其流程如图 3-3(b)所示。

do-while 语句与 while 语句结构比较接近，通常情况下，它们之间可以互相转换。例如将例 3-17 改写成用 do-while 语句来实现，改写后的代码如下：

```
do
{
    sum+=i;
    i++;
} while(i<=100);
```

改写时经常犯的错误：在 while 条件判断后面漏掉了分号";"，这个分号在 while 结构中则是不能加的。下面再举一个 do-while 语句的例子。

【例 3-21】假定在银行中存款 5000 元，按 6.25%的年利率计算，试问过多少年后才能连本带利翻一番？试编程实现之。

```
public class Test
{
    public static void main(String[] args)
    {
        double m=5000.0;      //初始存款额
        double s=m;           //当前存款额
        int count=0;          //存款年数
        do
        {
            s=(1+0.0625)*s;
            count++;
        } while(s<2*m);
        System.out.println(count+"年后连本带利翻一番! ");
    }
}
```

程序运行结果：

```
12 年后连本带利翻一番!
```

本例中定义了整型变量 count 作为计数器，用来记录存款年数。事实上，在很多应用中，都需要用到这种看似简单却很有用的计数器。曾经有人说过：好程序都是模仿出来的！这句话告诉我们一条学习编程的途径：模仿。多参考并模仿好的程序，如一些著名软件公司所提供的源代码或者开发环境自带的库源代码等，不失为一种好的学习方法。

虽然 do-while 语句与 while 语句结构比较接近，但有一点需要注意：while 语句的循环体有可能一次也不被执行，而 do-while 语句的循环体至少要被执行一次。

3.4.3 for 语句

for 语句的一般语法格式如下：

```
for(表达式 1; 条件表达式 2; 表达式 3)
    {   循环体;
    }
```

每个 for 语句都有一个用于控制循环开始和结束的变量，即循环控制变量。表达式 1 一般用来给循环控制变量赋初值，它仅在刚开始时被执行一次，以后就不再被执行；表达式 2 是一个条件表达式，根据其取值不同，决定循环体是否被执行，若为 true，则执行循环体，然后再执行表达式 3；表达式 3 通常用来修改循环控制变量，以免陷入死循环，接着又判断条件表达式 2 的布尔值，若还为 true，则继续循环，直至布尔值变为 false。for 语句的流程如图 3-3(c)所示。

for 语句是 Java 语言 3 种循环语句中功能较强、使用也较广泛的一种。

【例 3-22】利用 for 语句实现 1～100 的累加。

```
public class Test
{
    public static void main(String[] args)
    {
        int sum=0;                //累加和变量 sum
        for(int i=1; i<=100;i++)  //控制变量 i
        {
            sum+=i;
        }
        System.out.println("累加和为：  "+sum);
    }
}
```

程序运行结果：

```
累加和为：5050
```

上述程序的 for 语句执行流程：首先声明循环控制变量 i，并赋初值为 1，接着判断条件表达式 i<=100 的布尔值为 true，因此进入循环体执行累加操作，执行完循环体，然后再执行修改控制变量的表达式 3，使得 i 自增变为 2，接着继续判断条件表达式 2，仍为 true，如此循环往复下去，直至条件表达式 2 的布尔值变为 false，退出 for 循环结构，此时，sum 累加和变量的值即为所求结果，可以通过标准输出语句进行输出，而此时的控制变量 i 的值又是多少呢？通过分析，不难知道 for 语句执行完毕后，i 的值应为 101，但其却不可以与 sum 一起输出："System.out.println("累加和为："+sum+"控制变量值："+i);"。为什么呢？这涉及变量作用域的问题：变量 i 定义在 for 语句之中，其作用域仅限该 for 语句，离开 for 结构后即无效。解决的办法是扩大 i 的作用域，即将其放到 for 结构前面进行定义：

```
int sum=0, i;               //定义控制变量 i
for( i=1; i<=100;i++)
{
    sum+=i;
```

```
    }
    System.out.println("累加和为: "+sum+"控制变量值: "+i );   // i 就可以输出了
```

【例 3-23】假定在银行中存款 5000 元，按 6.25% 的年利率计算，试问多少年后才能连本带利翻一番？用 for 语句编程实现。

```
public class Test
{
    public static void main(String[] args)
    {
        double m=5000.0;              //初始存款额
        double s=m;                   //当前存款额
        int count=0;                  //存款年数
        for(;s<2*m;s=(1+0.0625)*s)
            { count++; }
        System.out.println(count+"年后连本带利翻一番！ ");
    }
}
```

本例将 for 结构中赋初值的表达式 1 放到了 for 语句之前，这是可以的。甚至还可以将 for 语句改写为如下形式：

```
for(;s<2*m;)
{   count++;
    s=(1+0.0625)*s
}
```

此时，for 结构的表达式 1 和表达式 3 均为空。其实不管怎样改写，只要程序遵循 for 语句的执行流程即可。

提示：

- 计算机擅长进行机械操作，比如人们给它一系列指令，它就把这些指令一条一条地加以执行，后来人们设计了跳转指令，使有些机器指令并不一定被执行(跳过)，而有些机器指令又被不止一次地执行(跳回)，这就是程序流程控制结构中的分支及循环结构。以后读者若学习汇编语言这门课程，将会对此有更直观的理解。
- 一般来说，while 循环和 do-while 循环结构可以互相转换。但要注意，do-while 循环的循环体至少会被执行一次。
- 仅有分号的语句为空语句，在编程和查错过程中，要小心分号，如 while 循环，初学者常会在条件表达式之后误添分号，此时的分号构成了空语句，并且该空语句成了 while 循环的循环体，这会导致程序陷入死循环或者运行结果不正确，需要留意。

3.4.4　循环嵌套

在前面例子中，循环体中都没有嵌套循环，这种循环称为单循环，也叫一重循环。而当循环体语句中又出现了循环语句，就构成了循环嵌套，即多重循环。循环嵌套可以是两重的、三重的，甚至更多重。

【**例 3-24**】编程实现打印如下图案。

```
*
***
*****
*******
*********
**********
```

```java
public class Test
{
    public static void main(String[] args)
    {   int i,j;                        //i 控制行数, j 控制*的个数
        for(i=1;i<=6;i++)
        {   for(j=1;j<=i*2-1;j++)
                { System.out.print("*"); }
            System.out.println();    //换行
        }
    }
}
```

程序中分别用变量 i 和 j 来控制每一行打印几个*号，它们之间的关系是：第 i 行有 2*i-1 个*号，这是程序的关键所在。内层的循环负责打印当前行的*号，内层循环 for 语句整体上可以看成一条语句，加上后面的一条换行语句，即可构成外层循环的循环体的两条语句。

假如图案变换如下，程序又该如何修改呢？

```
         *
        ***
       *****
      *******
     *********
    **********
```

经过分析：只要在打印每一行的*号之前，打印一定数量的空格即可，而空格数与行号 i 的关系是：空格数=6-i。因此，程序中需要再定义一个变量 k 来控制空格数。程序修改如下：

```java
public class Test
{
    public static void main(String[] args)
    {
        int i,j,k; //i 控制行数, j 控制*的个数, k 控制空格数
        for(i=1;i<=6;i++)
        {   for(k=1;k<=6-i;k++)
                {  System.out.print(" "); } //打印空格
            for(j=1;j<=i*2-1;j++)
                {  System.out.print("*"); } //打印*号
            System.out.println();    //换行
        }
    }
}
```

此程序是两重循环，内层循环有两个平行循环，分别负责打印当前行的空格和*号。

3.4.5 跳转语句

前面在讲 switch 结构时，已经对 break 语句做了简单介绍，它可以使程序跳出当前的 switch 结构，属于一种跳转语句，并且除了与 switch 结构搭配使用之外，它还可用于循环结构。在循环结构中，除了 break 语句，还可以使用另外一种跳转语句——continue 语句。Java 语言提供的跳转语句共有 3 个，第 3 个是 return 语句，它将在后面章节介绍。为了保证程序结构的清晰性，Java 并不支持无条件跳转 goto 语句，这一点要注意。下面介绍循环结构中 break 与 continue 跳转语句的用法。

1. break

break 语句的作用是使程序流程从一个语句块中跳出来，break 语句的语法格式如下：

```
break   [标号];
```

其中，标号是可选的，如前面介绍的 switch 结构程序中就没有使用标号。不使用标号的 break 语句只能跳出当前的 switch 或循环结构，而带标号的 break 语句则可以跳出由标号指出的语句块，并从语句块的下一条语句处继续执行，因此，带标号的 break 语句可以用来跳出多重循环。下面举例说明。

【例 3-25】写出以下程序的执行结果。

```java
public class Test
{
    public static void main(String[] args)
    {
        int i ,s=0;
        for(i=1;i<=100;i++)
        {
            s+=i;
            if(s>50)
                { break;}
        }
        System.out.println("s="+s);
    }
}
```

程序的运行结果：

```
s=55
```

【例 3-26】写出以下程序的执行结果。

```java
public class Test
{
    public static void main(String[] args)
    {   int jc=1,i=1;
        while(true)
        {   jc=jc*i;
```

```
                    i=i+1;
                    if (jc>100000)    //首先突破 10 万的阶乘
                        { break; }
                }
                System.out.println((i-1)+"的阶乘值是"+jc);
            }
        }
```

程序的运行结果：

9 的阶乘值是 362880

本例中，当阶乘值第一次突破 10 万时，即 if 的条件表达式的布尔值为 true，则执行 break 语句跳出 while 循环。这个 while 循环不同于以前的循环，它的判断条件表达式值为常量 true，这是"无限循环"的一种形式，通常这种结构中至少会有一个 break 语句作为"无限循环"的出口。在一些应用中，会用到此类"无限循环"结构。另外一种"无限循环"的形式是 for(;;)，编译器将 while(true) 和 for(;;) 看作是等价的。

【例 3-27】写出以下程序的执行结果。

```java
public class Test
{
    public static void main(String[] args)
    {   int s=0,i=1;
        label:
        while(true)
        {   while(true)
            {   if (i%2==0)
                    { break ; }        //不带标号
                if(s>50)
                    { break label; }   //带标号
                s+=i++;
            }
            i++;
        }
        System.out.println("s="+s);
    }
}
```

程序运行结果：

s=64

以上程序执行过程：将 1、3、5 等奇数累加到 s 变量，直到 s 值超出 50。不带标号的 break 语句用来跳出内层 while 循环，以跳过对偶数的累加；带标号的 break 语句用来跳出 label 所标识的两重 while 循环结构，然后执行输出语句，显示当前 s 变量的值。需要注意的是：如果删去带标号的 break 语句，那么这个两重无限循环结构就会变成死循环。在一些特殊情况下，带标号的 break 语句非常管用，但一般情况下应慎用。

2. continue

continue 语句只能用于循环结构，它有两种使用形式：不带标号和带标号。前者的功能是提前结束本次循环，即跳过当前循环体的其他后续语句，提前进入下一轮循环。对于 while 和 do-while 循环，不带标号的 continue 语句会使流程直接跳转到条件表达式的计算；而对于 for 循环，则跳转至表达式 3，修改控制变量后再进行条件表达式 2 的判断。带标号的 continue 语句一般用在多重循环中，标号的位置与 break 语句的标号位置类似，一般需放至整个多重循环的前面，一旦内层循环执行了带标号的 continue 语句，程序流程将跳转到标号处的外层循环，对于 while 和 do-while 循环，就是跳转到条件表达式；对于 for 循环，则跳转至表达式 3。下面举例说明。

【例 3-28】写出以下程序的执行结果。

```java
public class Test
{
    public static void main(String[] args)
    {   int    s=0,i=0;
        do
        {   i++;
            if (i%2!=0)
                { continue; }
            s+=i;
        } while(s<50);
        System.out.println("s="+s);
    }
}
```

程序运行结果：

```
s=56
```

该程序中的 do-while 循环用来计算 2、4、6 等偶数的累加和，条件是和小于 50，最后退出循环结构时，累加和为 56。其中的 continue 语句表示当遇到奇数时，则跳过，不予累加。程序中 i++ 语句与 if 条件语句的位置不能对调，否则会陷入死循环，请自行分析。

【例 3-29】写出以下程序的执行结果。

```java
public class Test
{   public static void main(String[] args)
    {   int i,j;
        label:
        for(i=1;i<=200;i++)              //查找 1 到 200 以内的素数
        {   for(j=2;j<i;j++)
            {   if (i%j==0)              //不满足素数条件
                { continue label; }     //跳过后面的打印语句
            }
            System.out.print(" "+i);     //打印素数
        }
    }
}
```

程序的运行结果：

```
1 2 3 5 7 11 13 17 19 23 29 31 37 41 43 47 53 59 61 67 71 73 79 83 89 97 101 103
107 109 113 127 131 137 139 149 151 157 163 167 173 179 181 191 193 197 199
```

当内层循环检测到 if 的条件表达式 i%j==0 为 true 时，即除了 1 和自身外，i 还能被其他的整数整除，因而 i 肯定不是素数，这时就不用进行打印输出，故通过 "continue label;" 语句将程序流程跳转至外层循环的条件表达式 3，即 "i++" 处，继续下一个数的判断。

提示：

- 跳转语句 break 及 continue 的使用，使得程序流程设计变得灵活，但同时也给编程者增加了分析负担，应谨慎使用。
- 学会分析程序的执行流程是掌握程序设计的基础，建议读者应读透本章的实例，为后面的学习打下良好的基础。

3.5 小结

本章介绍了简单语句和复合语句的区别，并着重对 Java 语言的 3 种基本程序流程(顺序结构、分支结构和循环结构)做了详细讲述和实例分析，此外，还讲述了跳转语句 break 和 continue 的用法。

本章知识的关键是掌握不同程序结构及其实现语句的具体执行流程，程序的执行是严格按照一定顺序进行的，读者一定要学会一步一步对其进行跟踪、分析，只有这样，当程序的运行结果与预期不一致时，才能找出其中的语义错误(语法错误通常编译器会进行提示，但语义错误则不会)。所以，熟练掌握程序的流程，对于能否编写出正确的程序至关重要，同时它也是结构化程序设计和面向对象程序设计的绝对基础。

3.6 思考练习

1. 假设乘坐飞机时，每位乘客可以免费托运 20kg 以内的行李，超出部分按 1.2 元/kg 进行收费，以下是相应的收费计算程序。该程序存在错误，请找出其中的错误。

```
public class Test
{
    public static void main(String[] args) throws IOException
    {
        float w,fee;
        //以下代码为通过控制台交互输入行李重量
        InputStreamReader reader=new InputStreamReader(System.in);
        BufferedReader input=new BufferedReader(reader);
        System.out.println("请输入旅客的行李重量:");
        String temp=input.readLine();
        w = Float.parseFloat(temp);    //字符串转换为单精度浮点型
        fee = 0;
        if ( w > 20);
            {  fee = (float)1.2 * (w-20); }
        System.out.println("该旅客需交纳的托运费用："+fee+"元");
    }
}
```

2. 有一条阶梯，如果每步 2 阶则最后剩 1 阶，如果每步 3 阶则剩 2 阶，每步 5 阶则剩 4 阶，每步 6 阶则剩 5 阶，每步 7 阶则刚好走完。问这条阶梯最少有多少阶？找出以下求解程序的错误所在。

```java
public class Test
{
    public static void main(String[] args)
    {
        int i;
        while(i%2==1&&i%3==2&&i%5==4&&i%6==5&&i%7==0)
        {
            i++;
        }
        System.out.println("这条阶梯最少有： "+i+"阶");
    }
}
```

3. 试用单分支结构设计一个程序，判断用户输入的值 X，当 X 大于零时求 X 值的平方根，否则不执行任何操作。

4. 从键盘输入两个字符，按照字母表的顺序进行排序，将前面的字符置于 A=后面，排后面的字符置于 B=后面，比如输入 ok，应输出 A=k B=o，请设计实现该程序。

5. 用穷举法找出 3 位数中百、十、个位数的立方和就是该数的数。

6. 编程实现打印以下图案：

7. 统计 1 和 10000 之间共有多少个素数。

8. 打印输出斐波纳契数列的前 12 项。

斐波纳契数列的前 12 项如下：

```
第 1 项：0
第 2 项：1
第 3 项：1
第 4 项：2
第 5 项：3
第 6 项：5
第 7 项：8
第 8 项：13
第 9 项：21
第 10 项：34
第 11 项：55
第 12 项：89
```

9. 读程序，给出程序的运行结果。

```java
import java.io.*;
public class Test
{
    public static void main(String[] args) throws IOException
    {
        char sex= 'f';
        switch (sex)
        {
            case 'm':  System.out.println("男性");
                        break;
            case 'f': System.out.println("女性");
            case 'u': System.out.println("未知");
        }
    }
}
```

10. 读程序，给出程序的运行结果。

```java
public class Test
{
    public static void main(String[] args)
    {
        int i ,s=0;
        for(i=1;i<=100;i++)
        {
            if(i%3==0)
                { continue; }
            s+=i;
        }
        System.out.println("s="+s);
    }
}
```

11. 读程序，给出程序的运行结果。

```java
public class Test
{
    public static void main(String[] args)
    {
        int i ,s=0;
        for(i=1;i<=100;i++)
        {
            s+=i;
            if(s>100)
                { break;}
        }
        System.out.println("s="+s);
    }
}
```

12. 个位数是 6，且能被 3 整除的 5 位数共有多少个？请设计并实现该程序。

13. 用嵌套循环结构，设计一个模拟电子钟的程序。

提示：

定义 3 个变量分别代表"小时""分钟"和"秒"，根据电子钟时、分、秒之间的关系，采用三重循环来控制各变量的增加，并由输出语句将变化中的 3 个量分别予以输出显示，即为一模拟电子钟。此外，Java 语言提供的延时方法为"Thread.sleep(1000);"。1000 的单位为毫秒，即延时 1 秒。

第 4 章

方法与数组

本章学习目标：
- 理解方法的概念
- 掌握方法的定义及调用
- 熟悉递归算法
- 掌握数组的概念和使用
- 理解方法的数组参数传递

4.1 方法的概念和定义

在一个程序中，相同的程序段可能会多次重复出现，为了减少代码量和出错概率，在程序设计中，一般将这些重复出现的代码段提炼出来，写成子程序的形式，以供多次调用。这类子程序在 Java 语言中叫作方法，结构化编程语言中称之为过程或函数，尽管叫法不同，但其本质是一样的。

方法的使用，不仅可以缩短程序，而且可以提高程序的可维护性，更重要的是方便程序员把大型的、复杂的问题分解成若干个较小的子问题，从而实现分而治之。把一个大的程序分解成若干较短、较容易编写的小程序，使得程序结构变得更加清晰，可读性也大大提高，同时也使整个程序的调试、维护和扩充变得更容易。此外，方法的使用还能大大节省存储空间和编译时间。

当某个子程序(即方法)仍然比较复杂时，还可以进一步再设计子程序，也就是说，方法仍然可以由子方法组成，即方法嵌套。

方法是 Java 语言的重要概念之一，也是实现结构化程序设计的主要手段。结构化程序设计是面向对象程序设计的基础，因此，掌握方法非常重要。方法是 Java 类(将在后面章节介绍)中的重要组成成员。前面已经接触过方法，如 main()方法，以及 Java 开发库提供的一些标准方法，如 System.out.println()标准输出方法。除此之外，Java 语言还允许程序员根据需要自定义方法，本章将重点介绍如何自定义和使用方法。

在介绍用户自定义方法之前，先看一个方法实例：

```
/*
方法功能：      计算平均数
方法入口参数：  整型 x，存储第一个运算数
整型 y，存储第二个运算数
```

```
方法返回值：    平均数
*/
int Average(int x, int y)
{
    int result;
    result = (x + y) / 2;
    return result;
}
```

程序中第一行的 int 表示方法的返回值类型为整型。Average 是方法的名称，即方法名，通常方法名的第一个字母大写，并且其命名应体现方法的功能，以增强程序可读性。小括号内的整型变量 x 和 y 之间用逗号隔开，它们叫作方法的形式参数，简称形参。形参在定义时没有实际的存储空间，只在被调用时，系统才为它分配存储空间，一般把上述程序的第一行称为方法头(方法声明)。大括号中的内容称为方法体，方法体一般会有 return 语句，用以将程序流程返回至调用处，并带回(如果有的话)相应的返回值。上述程序的功能很显然是用来求解两个整数的平均数，只要程序需要，可以反复对其进行调用，如标准输出方法 System.out.println()就可以反复被调用。

用户自定义方法的一般形式如下：

```
返回值类型  方法名(类型  形式参数 1, 类型  形式参数 2, …… )    //方法声明(方法头)
{
    方法体
}
```

对于这个一般形式，有以下几点需要特别注意。

(1) 如果不需要形式参数，则参数表(即方法头的小括号)中空着即可。

(2) 返回值类型与 return 语句要匹配，即 return 语句后面的表达式类型应与返回值类型相一致。另外，如果不需要返回值，则应该用 void 定义返回值类型，同时 return 语句之后不带任何表达式。

(3) 一个方法中可以有多条 return 语句，方法执行到其中的任何一条 return 语句时，都会结束方法的执行，并返回到调用它的地方。对于 void 类型的方法允许方法中没有任何 return 语句，此时，只有当执行完整个方法体代码，程序流程才返回到调用它的地方。

(4) 方法内可以定义只能在方法内部使用的变量，称之为局部变量(或内部变量)，如上述 Average 方法中的整型变量 x、y 以及 result，它们都是局部变量，只在 Average 方法中有效，或者说 x、y 以及 result 变量的作用域仅限于定义它们的地方开始一直到该方法体结束。关于局部变量的概念将会在后面章节中与静态变量一起介绍。

(5) 方法中形参的值要在该方法被调用时由实际参数传入确定。

下面举几个自定义方法的实例。

【例 4-1】不带参数同时也没有返回值的方法。

```
void Print_wang( )
{
    System.out.println("********");
    System.out.println("   *    ");
    System.out.println("   *    ");
```

```
        System.out.println("********");
        System.out.println("   *   ");
        System.out.println("   *   ");
        System.out.println("********");
}
```

上述方法的功能是输出一个由星号*组成的"王"字。

【例4-2】带参数但没有返回值的方法。

```
void Print_lines(int i)
{
    for(int j=0;j<i;j++)
        { System.out.println("********"); }
}
```

上述方法的功能是输出若干行星号*，行数由参数 i 决定。

【例4-3】已知三角形的三条边长，定义求它的面积的方法。

提示：

$$面积 = \sqrt{s(s-a)(s-b)(s-c)}$$

其中，$s = \dfrac{a+b+c}{2}$。

```
double Area(double a,double b,double c)
{
    double s, area;
    s = (a+b+c)/2;
    area = Math.sqrt(s*(s-a)*(s-b)*(s-c));
    return area;
}
```

上述方法以三角形的三条边长为参数，在方法体中求出其面积值，并作为返回值返回。

【例4-4】定义根据半径求圆面积的方法。

```
double Circle(double radius)
{
    double area;
    area = 3.14*radius*radius;
    return area;
}
```

方法定义好后，就可以使用方法了，这被称为方法调用。

4.2 方法的调用

在程序中是通过对方法的调用来执行方法体的，这与其他语言的函数(过程)调用一样。方法调用的形式如下：

```
方法名(实际参数表)
```

对无参方法调用时则只要写上小括号即可。实际参数表中的参数可以是常数、变量或构造类型数据以及表达式，各实参之间要用逗号间隔开，并注意顺序须与形参相对应。

4.2.1　调用方式

在 Java 语言中，可以用以下几种方式来调用方法。

1. 方法表达式

方法作为表达式中的一项出现在表达式中，方法的返回值可以参与表达式的运算，这种方式要求方法是有返回值的。例如，result=Average(a,b)是一个赋值表达式，把 Average 的返回值赋予变量 result。

【例 4-5】调用 Average 方法。

```
public class Test
{
    static int Average(int x, int y)
    {
        int result;
        result = (x + y) / 2;
        return result;
    }
    public static void main(String args[ ])
    {
        int a = 12;
        int b = 24;
        int ave = Average(a, b);
        System.out.println("Average of   "+ a +" and "+b+" is "+ ave);
    }
}
```

2. 方法语句

把方法调用作为一条语句。例如：

```
System.out.println("Welcome to Java World.");
Average(10,20);
```

这是以方法语句的方式调用的。

【例 4-6】调用例 4-1 中的 Print_wang 方法。

```
public class Test
{
    static void Print_wang()
    {
        System.out.println("********");
        System.out.println("   *    ");
        System.out.println("   *    ");
        System.out.println("********");
        System.out.println("   *    ");
```

```
            System.out.println("   *        ");
            System.out.println("********");
    }
    public static void main(String args[ ])
    {
            Print_wang();
    }
}
```

3. 方法参数

方法作为另一个方法调用的实际参数出现。这种情况是把该方法的返回值作为实参进行传递，因此要求该方法必须有返回值。例如，System.out. println("average of a and b is:"+Average(a,b));即是把 Average 调用的方法返回值作为标准输出方法 System.out.println()的实参来使用。

【例4-7】调用 Average 方法。

```
public class Test
{
    static int Average(int x, int y)
    {
            int result;
            result = (x + y) / 2;
            return result;
    }
    public static void main(String args[ ])
    {
            int a = 12;
            int b = 24;
            System.out.println("Average of   "+ a +" and "+b+" is "+ Average(a, b));
    }
}
```

本例与例 4-5 相比，省去了 ave 变量，直接将 Average 方法的返回值在标准输出方法中进行输出。在前面的几个例子中，用户自定义的方法都是写在 main()方法的前面，能否将其写在后面呢？

【例4-8】调用求三角形面积的方法。

```
public class Test
{
    public static void main(String[] args)
    {
            double a=3,b=4,c=5;      //三角形的三条边
            double area;             //三角形的面积
            area = Area(a,b,c);      //调用方法求面积
            System.out.println("该三角形的面积为："+area);
    }
    //定义求三角形面积的方法
    static double Area(double a,double b,double c)
    {
```

```
            double s,area;
            s = (a+b+c)/2;
            area = Math.sqrt(s*(s-a)*(s-b)*(s-c));
            return area;
        }
}
```

程序运行结果:

该三角形的面积为: 6.0

由此可见，在方法调用语句之后才自定义方法，程序照样能正确运行，Java 语言的这个特点被称为超前引用。其他编程语言如 C 语言是不支持超前引用的，如果自定义函数放在函数调用之后才定义，必须在函数调用前添加函数的原型声明(函数头后加分号)，否则无法通过编译。

需要注意，上述例子中的用户自定义方法之前均需添加 static 关键字，否则程序编译将报错，原因在于 main()方法本身是一个 static 方法，Java 规定，任何 static 方法不得调用非 static 方法。关于 static 关键字，后面章节有专门讲述，在此不予展开。

4.2.2　参数传递

当对有参数的方法进行调用时，实际参数将会传递给形式参数，这被称为实参与形参的结合。参数是方法调用时进行数据传递的途径，方法的参数分为形参和实参两种，形参出现在方法定义中，在整个方法体内都可以使用，离开该方法则不能使用；实参出现在方法调用语句中，进入被调方法后，实参变量不能使用。

方法的形参与实参具有以下特点:

(1) 形参变量只有在方法被调用时才分配内存单元，在调用结束时，便会“释放”所分配的内存单元。因此，形参只在本方法内部有效。方法调用结束返回调用处后，不能再使用形参变量。方法内部定义的局部变量也同样不能访问。

(2) 实参可以是常量、变量、表达式，甚至是方法调用，无论实参是何种类型的量，在进行方法调用时，都必须具有确定的值，以便把这些值传递给形参。

(3) 实参和形参在数量上、类型上、顺序上应严格一致，否则会发生“类型不匹配”的错误，在方法调用时应注意。

(4) 方法调用中的数据是单向传递的，即只能把实参的值传递给形参，而不能把形参的值反向传回给实参。因此，在方法调用过程中，若形参的值发生改变，实参中的值是不会跟着改变的。

【例 4-9】写出下列程序的执行结果。

```
public class Test
{
    static void Swap(int x,int y)
    {
        int temp;
        temp=x;
        x=y;
        y=temp;
```

```
            System.out.println("x="+x+",y="+y);
        }
        public static void main(String[] args)
        {
            int x=10,y=20;
            Swap(x,y);
            System.out.println("x="+x+",y="+y);
        }
    }
```

程序的运行结果:

```
x=20,y=10
x=10,y=20
```

从输出结果可知:方法调用中发生的数据传递是单向的,形参的值发生改变后,对实参中的值并没有任何影响,如图4-1所示。

上述程序执行时,Java 虚拟机首先会找到程序的 main()方法,然后从 main()方法中依次读取一条条的语句加以解释执行,当执行到"Swap(x,y);"方法调用语句时,程序就会跳转至 Swap(int x,int y)方法,先把实参(x,y)(即(10,20))分别赋值给形参(int x,int y),接着,在 Swap 方法内对形参值做了交换,并输出交换后形参的值,然后,方法调用结束返回 main()方法,最后对 main()方法中的局部变量 x,y 值进行打印输出。同名的 x、y 变量的值的变化如图4-1所示。

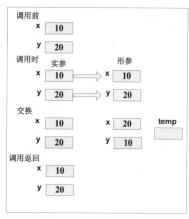

图4-1　方法的参数传递

在此提醒,在不同的方法中可以定义同名的变量,但它们之间是彼此独立的,具有不同的存储空间,该存储空间在方法被调用时分配,方法调用结束时失效(释放)。

4.2.3　返回值

带返回值的方法的一般形式如下:

```
返回值类型 方法名(类型 形式参数1, 类型 形式参数2, …… )
{
    方法体
    return 表达式;
}
```

方法的返回值通过 return 语句返回,以下几点请注意。

(1) 方法的返回值只能通过 return 语句返回。

return 语句的一般形式如下:

```
return 表达式;
```

或者:

return (表达式);

该语句的功能是计算表达式的值,并将其作为方法的值返回给调用语句。在方法中允许有多条 return 语句,但每次方法调用只会有一条 return 语句被执行,因为一旦执行了 return 语句,则程序流程会立即返回到调用处,因此,一次方法调用最多只能返回一个值。

(2) return 返回值的数据类型和方法定义中方法的返回值类型须保持一致。如果不一致,则以方法的返回值类型为准,自动进行强制类型转换。

(3) 不返回值的方法,可以明确定义其为"空类型",其说明符为 void。如例 4-2 中的方法 Print_lines(),该方法不返回值,因此可定义为:

```
void Print_lines ()
{   ......
}
```

一旦方法被定义为空类型,就不能再使用"return 表达式;"语句,而只能写单独的"return;"语句,即只将程序流程跳转至调用方法处,没有返回值。如果"return;"语句在方法体的最后处,可将其省略。另外,不带返回值的方法调用不能出现在赋值语句的右边。例如,将例 4-5 的 Average ()方法定义为空类型后,调用语句"int ave = Average(a, b);"就是错误的。

4.2.4 方法嵌套及递归

1. 方法嵌套

Java 语言中不允许作嵌套的方法定义,因此,各方法之间的关系是平行的。但是 Java 语言允许在一个方法的定义中调用另一个方法,这种情况称为方法的嵌套,即在被调方法中又调用了其他方法,如图 4-2 所示。

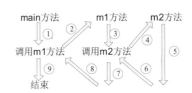

图 4-2 方法嵌套调用

图 4-2 展示了两层嵌套的情形。其执行过程:执行 main()方法中调用 m1()方法的语句时,程序流程即转去执行 m1()方法,在 m1()方法中调用 m2()方法时,又转去执行 m2()方法,m2()方法执行完毕后,返回 m1()方法的调用处继续往下执行,m1()方法执行完毕后,返回 main()方法的调用处继续往下执行。方法的嵌套调用常会出现,应注意分析其流程,确保程序逻辑正确。

【例 4-10】写出下列程序的执行结果。

```
public class Test
{
    static int m1(int a ,int b)
    {
        int c;
        a+=a;
        b+=b;
        c=m2(a,b);
        return(c*c);
```

```
    }
    static int m2(int a,int b)
    {
        int c;
        c=a*b%3;
        return( c );
    }
    public static void main(String[] args)
    {
        int x=1,y=3,z;
        z= m1(x,y);
        System.out.println("z="+z);
    }
}
```

程序执行结果：

z=0

请读者自行分析该程序的执行过程。

【例 4-11】定义一个求圆柱体体积的方法，要求利用例 4-4 中求圆面积的方法。

```
public class Test
{
    static double Circle(double radius)
    {
        double area;
        area = 3.14*radius*radius;
        return area;
    }
    static double Cylinder(double r,double h)
    {
        double vol;
        vol = Circle(r)*h;
        return vol;
    }
    public static void main(String[] args)
    {
        double r=5.5,h=30,v;
        v = Cylinder(r,h);
        System.out.println("底面半径为"+r+"，高度为"+h+"的圆柱体体积："+v);
    }
}
```

程序的运行结果：

底面半径为 5.5，高度为 30.0 的圆柱体体积：2849.55

2. 递归

一个方法在它的方法体内调用其自身的情况称为递归调用，这是一种特殊的嵌套调用，这样的方法称为递归方法。Java 语言允许方法的递归调用。递归方法反复调用其自身，每调用一次就进入新的一层。

例如，有如下方法 m：

```
int m(int x)
{    int y;
     z=m(y);
     return z;
}
```

这个方法就是一个递归方法，但是运行该方法将无休止地调用其自身，这显然是不正确的。为了防止递归调用无休止地进行，必须在方法体内设置终止递归调用的条件。常用的办法就是增加条件判断，满足某种条件后就不再进行递归调用，而是逐层返回。下面举例说明递归调用的执行过程。

【例 4-12】用递归方法计算 n 的阶乘。

n!可用下述公式递归表示：

```
n!=1 (n=0,1)
n!=n·(n-1)! (n>1)
```

根据上述公式可编写如下递归程序：

```
import java.io.*;
public class Test
{
    static long factorial(int n)
    {
        long f=0;
        if(n<0)
            {   System.out.println("n<0,input error"); }
        else if(n==0||n==1)
            {   f=1; }
        else
            {   f=factorial(n-1)*n; }
        return f;
    }
    public static void main(String[] args) throws IOException
    {
        int n;
        long r;
        InputStreamReader reader=new InputStreamReader(System.in);
        BufferedReader input=new BufferedReader(reader);
        System.out.print("请输入一个正整数：");
        String temp=input.readLine();
        n = Integer.parseInt(temp);
```

```
            r=factorial(n);
            System.out.println(n+"的阶乘等于:"+r);
    }
}
```

程序运行结果：

请输入一个正整数：5(回车)
5 的阶乘等于：120

程序中方法 factorial 就是一个递归方法。主方法调用 factorial 后即进入方法 factorial 内执行，如果 n<0、n=0 或 n=1，都将进行方法的返回，否则就递归调用 factorial 方法。由于每次递归调用的实参为 n-1，即把 n-1 的值赋予形参 n，最后，当 n-1 的值为 1 时进行递归调用，形参 n 的值为 1，递归开始返回，即逐层返回上一层的调用处。

下面具体看一下若执行本程序时输入 5，即求 5!的递归调用过程：在主方法中的调用语句为 y= factorial(5)，进入 factorial 方法体后，由于 n=5，不等于 0 或 1，故应执行 f= factorial(n-1)*n，即 f= factorial(5-1)*5；该语句对 factorial 作递归调用即 factorial(4)，进行四次递归调用后，factorial 方法形参取得的值变为 1，故不再继续递归调用而开始逐层返回调用处；factorial(1)的返回值为 1，factorial(2)的返回值为 1*2=2，factorial(3)的返回值为 2*3=6，factorial(4)的返回值为 6*4=24，最后的返回值 factorial(5)为 24*5=120，因此输出结果为：5!=120。

例 4-12 也可以不采用递归方法来实现，如可以采用递推法，即从 1 开始，乘以 2，再乘以 3，……，直到 n。递推法比递归法更容易理解，但是对于有些问题却只能用递归算法来实现，如例 4-13 所示的著名的汉诺塔(Hanoi)问题。

【例 4-13】汉诺塔问题。

假设地上有 3 个座子：A、B、C。A 座上套有 64 个大小不等的圆盘，大的在下，小的在上，依次摆放，如图 4-3 所示。要把这 64 个圆盘从 A 座移到 C 座上，每次只能移动一个圆盘，移动时可以借助 B 座进行。但

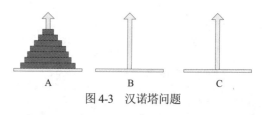

图 4-3 汉诺塔问题

无论在任何时候，任何座上的圆盘都必须保持大盘在下，小盘在上。试给出移动的具体步骤。

本题算法分析如下，设 A 上有 n 个盘子。

如果 n=1，则将圆盘从 A 直接移到 C。

如果 n=2，则进行如下操作：

(1) 将 A 上的 n-1(等于 1)个圆盘移到 B 上。

(2) 再将 A 上的一个圆盘移到 C 上。

(3) 最后将 B 上的 n-1(等于 1)个圆盘移到 C 上。

如果 n=3，则进行如下操作：

(1) 将 A 上的 n-1(等于 2，令其为 n′)个圆盘移到 B 上(借助于 C)，步骤如下：

① 将 A 上的 n′-1(等于 1)个圆盘移到 C 上。

② 将 A 上的一个圆盘移到 B。

③ 将 C 上的 n′-1(等于 1)个圆盘移到 B。

(2) 将 A 上的一个圆盘移到 C 上。

(3) 将 B 上的 n-1(等于 2，令其为 n′)个圆盘移到 C(借助 A)，步骤如下：

① 将 B 上的 n-1(等于 1)个圆盘移到 A。

② 将 B 上的一个盘子移到 C。

③ 将 A 上的 n-1(等于 1)个圆盘移到 C。

至此，完成了 3 个圆盘的移动。

从上面的分析可见，当 n 大于或等于 2 时，移动的过程可分解为如下 3 个步骤：

(1) 把 A 上的 n-1 个圆盘移到 B 上；

(2) 把 A 上的一个圆盘移到 C 上；

(3) 把 B 上的 n-1 个圆盘移到 C 上，其中步骤(1)和步骤(3)是类同的。

当 n=3 时，步骤(1)和步骤(3)又可分解为类同的三步，即把 n′-1 个圆盘从一个座移到另一个座上，这里的 n′=n-1。可见这是一个递归过程，因此算法可编写如下：

```java
import java.io.*;
public class Test
{
    static void move(int n,char x,char y,char z)
    {
        if(n==1)
            { System.out.println(x+"-->"+z); }
        else
            {
                move(n-1,x,z,y);
                System.out.println(x+"-->"+z);
                move(n-1,y,x,z);
            }
    }
    public static void main(String[ ] args) throws IOException
    {
        int n;
        InputStreamReader reader=new InputStreamReader(System.in);
        BufferedReader input=new BufferedReader(reader);
        System.out.print("Please input a number：");
        String temp=input.readLine();
        n = Integer.parseInt(temp);
        System.out.println("the steps to move "+n+" diskes：");
        move(n,'a','b','c');
    }
}
```

move 方法是一个递归方法，它有 4 个形参 n、x、y、z。n 表示圆盘数，x、y、z 分别表示 3 个座。move 方法的功能是把 x 上的 n 个圆盘移动到 z 上。当 n==1 时，直接把 x 上的圆盘移至 z 上，输出 x→z。如果 n!=1 则分为三步：递归调用 move 方法，把 n-1 个圆盘从 x 移到 y；输出 x→z；递归调用 move 方法，把 n-1 个圆盘从 y 移到 z。在递归调用过程中 n=n-1，故 n 的值逐次递减，最后，当 n=1 时，终止递归，逐层返回。当 n=4 时程序的执行结果如下：

```
Please input a number：4
the steps to move 4 diskes：
```

```
a-->b
a-->c
b-->c
a-->b
c-->a
c-->b
a-->b
a-->c
b-->c
b-->a
c-->a
b-->c
a-->b
a-->c
b-->c
```

【例 4-14】用非递归法计算 n 的阶乘。

```
int FactorialByLoop(int n)
{
    int i = 1;
    int jc = 1;
    while (i <= n)
    {
        jc *= i;
        i++;
    }
    return jc;
}
```

n! = n·(n-1)·(n-2)·...·1，从循环的角度看，只要循环 n 次，每次将循环控制变量 i 的值累乘起来即可得到阶乘值。虽然例 4-12 中的递归法也能计算 n 的阶乘，但非递归程序的执行效率要比递归程序高(不用反复嵌套调用)，缩短了运行时间。

4.3 变量作用域

在讨论方法的形参变量时曾经提到过，形参变量只在被调用期间才分配内存单元，调用结束时立即"释放"。这一点表明形参变量只有在方法内部才有效，离开该方法就不能再使用了。这种变量的有效性范围被称为变量的作用域。不仅是形参变量，Java 语言中所有的变量都有其相应的作用域。变量的声明方式不同，其作用域也不同。Java 中的变量，按作用域范围及生命周期可分为三种，即局部变量、静态变量及类成员变量。静态变量和类成员变量将在后面章节中介绍，下面先了解局部变量的概念。

局部(动态)变量又称内部变量，局部变量是在方法内进行定义的，在各个方法(包括 main()方法)中定义的变量及方法的形式参数均为局部变量，其作用域仅限于方法体内，离开该方法后再使用这种变量则是非法的，因为它已经被"释放"不存在了。

例如：

```
int m1(int a) /*方法 m1*/
{    int b, c;
     ……

}

int m2(int x) /*方法 m2*/
{    int y, z;
     ……

}

public static void main(String args[])    /*主方法 main()*/
{    int m, n;
     ……

}
```

在方法 m1 中定义了 3 个变量：a 为形参变量，b、c 为一般变量，它们均属于局部变量。在 m1 的方法体内 a、b、c 有效，或者说 a、b、c 变量的作用域仅限于 m1 内。同理，x、y、z 的作用域限于 m2 内。m、n 的作用域仅限于 main()方法内。关于局部变量的作用域，还需要注意以下几点。

(1) 主方法中定义的变量只能在主方法中使用，不能在其他方法中使用。同时，主方法中也不能使用其他方法中定义的变量。

(2) 形参变量属于自定义方法的局部变量，而实参变量一般属于主调方法的局部变量。

(3) 允许在不同的方法中使用相同的变量名，它们代表不同的对象，分配不同的内存单元，各自在自己的作用域中发挥作用。比如方法调用时，形参和实参的变量名均为 x，这是允许的。

(4) 在复合语句中也可以定义变量，其作用域只在复合语句范围内，如例 4-15 所示。

【例 4-15】复合语句中定义的变量的作用域。

```
public static void main(String args[])
{    int s, a;
     ……
     {
         int b;
         s=a+b;
         …… /*b 的作用域*/
     }
     ……

}
```

上面的例子中，变量 s、a 的作用域从定义后开始一直到 main()方法结束，而复合语句中定义的变量 b，其作用域仅限于该复合语句中，需要注意的是：若将 b 变量改名为 a，则是不允许的，因为 Java 语言的设计者认为这样做会使程序产生混淆，编译器认为变量 a 已在外层中被定义，不能在内层复合语句中重复定义。对于 C 或 C++，有两个重名变量 a 则是允许的。

4.4 数组

数组是 Java 语言以及其他编程语言的一种重要的数据结构，它不同于前面章节介绍的 8 种基本数据类型，当处理一系列的同类数据时，利用数组来操作会非常方便。

4.4.1 数组的概念

在解决现实问题时，经常需要处理一批类似的数据，如对 6 位同学的成绩进行处理，如果利用基本数据类型的话，那就必须定义 6 个变量：result1、result2、result3、result4、result5 和 result6。如果有 60 位同学，那就需要定义 60 个基本数据类型的变量，这是很不合适的。

为了便于处理一批同类型的数据，Java 语言引入了数组类型，以处理像线性表、矩阵等结构的数据。数组类型是由其他基本数据类型按照一定的组织规则构造出来的带有分量的构造类型，即数组是由具有相同数据类型的分量组成的结构，其中每个分量称为数组的一个元素，每个分量同时也是一个变量，为了区分一般变量，不妨称之为下标变量。下标变量在数组中所占的位置序号称为下标，下标规定了数组元素的排列次序。因此，只要指出数组名和下标就可以确定一个数组元素，而不必为每个元素都起一个名字，从而简化了程序书写并提高了代码的可读性。例如，在定义了数组 result 后，60 位同学的成绩分别可以用 result[0]，result[1]，result[2]，…，result[57]，result[58]，result[59] 来表示。

在 Java 中，数组是一种特殊的对象，数组与对象的使用一样，都需要定义、创建和释放。在 Java 语言中，数组可以用 new 操作符来获取所需的存储空间，或者用直接初始化的方式来创建，而对存储空间的释放则由垃圾收集器自动回收。

数组作为一种特殊的数据类型，具有以下特点：首先，数组中的每个元素都是相同数据类型的；其次，数组中的这些相同数据类型的元素是通过数组下标来标识的，并且该下标从 0 开始；最后，数组元素在内存中是连续存放的。

下面介绍常用的一维数组和二维数组(也可以称之为多维数组)的声明与创建。

4.4.2 数组的声明和创建

1. 一维数组

一维数组的声明格式如下：

数据类型 [ ] 数组名;

或

数据类型　数组名[ ];

其中，数据类型指明了数组中各元素的数据类型，包括基本数据类型和构造类型(如数组或类)；数组名应为一个合法的标识符；中括号"[ ]"指示该变量为数组类型变量。如下面的声明语句：

short [ ] x;

或

```
short   x[ ];
```

以上两种定义格式都是正确的，表示声明了一个短整型的数组，数组名为 x，数组中的每个元素均为短整型。需要注意的是，Java 语言在定义数组时，不能马上指定数组元素的个数，即下面的声明语句是错误的：

```
short   x[ 60];
```

数组元素的个数应在创建时再指定，这一点与很多其他编程语言不同。那么，如何来创建数组呢？Java 语言规定，创建数组可以有两种方式：初始化方式和 new 操作符方式。初始化方式是指直接给数组的每一个元素指定一个初始值，系统自动根据所给出的数据个数为数组分配相应的存储空间，这种创建数组的方式适用于数组元素较少的情形。其一般形式如下：

```
数据类型   数组名[ ] = {数据 1, 数据 2, . . . , 数据 n};
```

下面的语句分别定义并创建了一个含有 6 个元素的短整型数组和一个含有 6 个元素的字符数组：

```
short x[ ] = {1, 2, 3, 4, 5, 6};
char ch[ ] = {'a', 'b', 'c', 'd', 'e', 'f'};
```

然而，先定义数组，再创建初始化数组则是错误的。例如，上述语句如果改写成下面的形式则是错误的：

```
short   x[ ];
x = {1, 2, 3, 4, 5, 6};  //编译出错
```

对于数组较大的情况，即数组元素较多时，用初始化方式显然不妥，这时就应采用第二种方式，即 new 操作符方式。其一般形式如下：

```
数据类型   数组名[ ] = new 数据类型[元素个数];
```

或

```
数据类型   数组名[ ];
数组名 = new 数据类型[元素个数];
```

利用 new 操作符方式创建的数组元素会自动被初始化为一个默认值：对于整型，默认值为 0；对于浮点型，默认值为 0.0；对于布尔型，则默认为 false 等。在创建完数组后，用户也可以通过正常的访问方式对数组中的元素进行赋值，例如：

```
short x[ ] = new short[6];
x[0] = 9;
x[1] = 8;
x[2] = 7;
x[3] = 6;
x[4] = 5;
x[5] = 10;
```

注意:

该数组的元素个数是 6 个,因此下标为 0～5,千万不要对其他下标的元素进行访问,如 x[6],
x[10] 等将会产生数组下标越界的错误。

一般地,数组的元素个数称为该数组的长度,它可以通过数组对象的 length 属性来获取。
请看如下程序片段:

```
short x[ ] = new short[6];
int len = x.length;
for(int i=0;i<len;i++)    //通过循环给每个数组元素赋值
   { x[i]=i*2; }
for(int i=0;i<len;i++)    //通过循环输出每个数组元素的值
   { System.out.print(x[i] + "    "); }
```

上述程序运行结果:

```
0  2  4  6  8  10
```

可见,利用数组对象的 length 属性可以很方便地实现遍历访问数组的每一个元素。

2. 二维数组

二维数组的声明格式如下:

数据类型 [ ][ ] 数组名;

或

数据类型 数组名[ ][ ];

其中,数据类型和数组名的规定同一维数组一样,所不同的是多了一个中括号。例如:

```
short [ ] [ ] x;
float y [ ] [ ];
```

上述语句分别声明了二维短整型数组 x 和二维单精度浮点型数组 y。与一维数组一样,声明二维数组时也不能指定具体的长度,一般习惯将第一个中括号称为"行维",第二个中括号称为"列维"。相应地,访问二维数组的元素时,需要同时提供行下标和列下标。

创建二维数组同样可以采用两种方式:初始化方式和 new 操作符方式。例如:

```
short [ ] [ ] x = {{1,2,3},{4,5,6},{7,8,9}};
float y [ ] [ ] = {{0.1,0.2},{0.3,0.4,0.5},{0.6,0,7,0.8,0.9}};
```

上述语句为采用初始化方式创建的两个二维数组。其中,x 为 3 行 3 列的等长数组,而 y 为非等长数组,第 1 行有 2 列,第 2 行有 3 列,第 3 行则有 4 列。初学者应该注意,Java 语言支持非等长数组,如 C、Pascal 等语言并不支持非等长数组。

上述二维数组如果采用 new 操作方式来创建,则 x 数组可以用如下语句创建:

```
short [ ] [ ] x = new short[3][3];
```

而 y 数组则相对复杂一些:

```
float    y [ ] [ ] = new float[3][];
```

```
y[0] = new float[2];
y[1] = new float[3];
y[2] = new float[4];
```

非等长数组由于各行元素的个数不同，只能采取各行分别进行创建的方式。创建了二维数组后，就可以对数组元素进行访问了。访问二维数组元素需要同时提供行下标和列下标，例如：

```
x[0][0] = 1;     x[0][1] = 2;     x[0][2] = 3;
x[1][0] = 4;     x[1][1] = 5;     x[1][2] = 6;
x[2][0] = 7;     x[2][1] = 8;     x[2][2] = 9;
```

上面 9 条语句分别对每个数组元素进行了赋值，对于非等长数组 y 的各元素赋值如下：

```
y[0][0] = 0.1;     y[0][1] = 0.2;
y[1][0] = 0.3;     y[1][1] = 0.4;     y[1][2] =0.5;
y[2][0] = 0.6;     y[2][1] = 0.7;     y[2][2] = 0.8;     y[2][3] = 0.9;
```

当要创建的数组元素值是已知的，且个数不太多时，那么采用第一种，即初始化方式是比较方便的。而如果数组元素值未知或数组规模较大，则只能通过 new 操作符方式来创建，再通过循环结构来遍历访问(赋值或读取)各个数组元素。例如：

```
char    str [ ][ ] = { {'T'}, {'L', 'o', 'v', 'e'}, {'C', 'h', 'i', 'n', 'a'} };
int    z [ ][ ] = new [10][10];
for(int i=0;i<z.length.;i++)        //通过循环遍历数组每一行
{    for(int j=0;j<z[i] .length;j++)    //通过循环遍历数组每一列
    {    z[i][j] = i*10+j; }        //通过行下标和列下标访问(赋值)数组元素
}
```

需要特别注意的是：z.length 的值代表二维数组 z 的行数，即行维的长度，而 z[i] .length 的值则代表二维数组的第 i 行的元素个数，即列长度。因此，上述两重嵌套循环结构遍历访问二维数组的程序对于非等长数组也是适用的。

对于二维字符数组 str 来说，str. length 的值应该为 3，而 str[0].length、str[1]. length 和 str[2]. length 的值分别为 1、4 和 5，str[1][1]的值则为字符'o'。

4.4.3 数组的应用举例

数组适合用来存储和处理相同类型的一批数据，本节介绍几个关于数组的例子。

【例 4-16】某同学参加了高数、英语、Java 语言、线性代数和物理 5 门课程的考试，假定成绩分别为 70、86、77、90 和 82。请用数组来存放其成绩，并计算 5 门课程的最高分和平均分。

```
public class Score            //注意：该程序文件名须为 Score.java
{
    public static void main(String[] args)
    {
        int x[]={70,86,77,90,82};
        int max=0; //临时变量
        int sum=0; //总分
        for(int i=0;i<x.length;i++)
```

```
        {
            if(x[i]>max)
            max=x[i];
            sum+=x[i];
        }
        System.out.println("最高分: "+max);
        System.out.println("平均分: "+sum*1.0/x.length);  //注意 "/" 运算
    }
}
```

程序的运行结果如下:

```
最高分: 90
平均分: 81.0
```

【例 4-17】某班同学参加了高数、英语、Java 语言、线性代数和物理 5 门课程的考试。假定成绩已公布,请编写一程序,通过键盘录入全部成绩,并计算输出每位同学的课程最高分、最低分和平均分,以及每一门课程的班级最高分、最低分和平均分。

```
import java.io.*;
public class Scores
{
    public static void main(String[] args)throws IOException
    {
        int max=0;       //最高分
        int min=100;     //最低分
        int sum=0;       //总分
    System.out.print("请输入学生数: ");
    InputStreamReader reader=new InputStreamReader(System.in);
    BufferedReader input=new BufferedReader(reader);
        String temp=input.readLine();
        //输入学生人数 n
    int n = Integer.parseInt(temp);
        int x[][]=new int[n][5];
        //录入成绩
    for(int i=0;i<n;i++)
        {
            for (int j=0;j<5 ;j++ )
            {
                System.out.print((i+1)+"号同学"+(j+1)+"号课程分数");
                temp=input.readLine();
                x[i][j] = Integer.parseInt(temp);
            }
        }
        //计算并输出每一位同学的课程最高分、最低分和平均分
        for(int i=0;i<n;i++)
        {
            for (int j=0;j<5 ;j++ )
            {
                if (x[i][j]>max)
                    max=x[i][j];
```

```
            if (x[i][j]<min)
                min=x[i][j];
            sum+=x[i][j];
        }
        System.out.println((i+1)+"号同学最高分："+max);
        System.out.println((i+1)+"号同学最低分："+min);
        System.out.println((i+1)+"号同学平均分："+sum/5.0);
        max=0;
        min=100;
        sum=0;
    }
    //计算并输出每一门课程的班级最高分、最低分和平均分
    for(int i=0;i<5;i++)
    {
        for (int j=0;j<n ;j++ )
        {
            if (x[j][i]>max)
                max=x[j][i];
            if (x[j][i]<min)
                min=x[j][i];
            sum+=x[j][i];
        }
        System.out.println((i+1)+"号课程的班级最高分："+max);
        System.out.println((i+1)+"号课程的班级最低分："+min);
        System.out.println((i+1)+"号课程的班级平均分："+sum*1.0/n);
        max=0;
        min=100;
        sum=0;
    }
  }
}
```

某次的程序运行结果如下：

```
请输入学生数：2      （为简单起见，这里假定只有 2 位同学）
1 号同学 1 号课程分数 70
1 号同学 2 号课程分数 50
1 号同学 3 号课程分数 90
1 号同学 4 号课程分数 88
1 号同学 5 号课程分数 67
2 号同学 1 号课程分数 92
2 号同学 2 号课程分数 76
2 号同学 3 号课程分数 81
2 号同学 4 号课程分数 63
2 号同学 5 号课程分数 87
1 号同学最高分：90
1 号同学最低分：50
1 号同学平均分：73.0
2 号同学最高分：92
2 号同学最低分：63
2 号同学平均分：79.8
```

```
1 号课程的班级最高分: 92
1 号课程的班级最低分: 70
1 号课程的班级平均分: 81.0
2 号课程的班级最高分: 76
2 号课程的班级最低分: 50
2 号课程的班级平均分: 63.0
3 号课程的班级最高分: 90
3 号课程的班级最低分: 81
3 号课程的班级平均分: 85.5
4 号课程的班级最高分: 88
4 号课程的班级最低分: 63
4 号课程的班级平均分: 75.5
5 号课程的班级最高分: 87
5 号课程的班级最低分: 67
5 号课程的班级平均分: 77.0
```

【例 4-18】试用冒泡法对{10,50,20,30,60,40}数列进行降序排列。

```java
public class BubbleSort
{
    public static void main(String[] args)
    {
        int x[]={10,50,20,30,60,40};
        int temp;                            //临时变量
            for(int i=1;i<x.length;i++)      //比较次数
        for (int j=0;j<x.length-i;j++)       //在某次比较中逐对比较
        {
            if(x[j]<x[j+1])
            {   //交换位置
                temp=x[j];
                x[j]=x[j+1];
                x[j+1]=temp;
            }
        }
        for(int i=0;i<x.length;i++)
            System.out.print(x[i]+" ");      //遍历输出排好序的数组元素
    }
}
```

程序最后的输出结果:

```
60 50 40 30 20 10
```

冒泡排序法的基本思路: 对一个具有 n 个元素的数列, 首先通过比较第 1 个和第 2 个元素, 若为降序, 则不动, 若为升序, 则将两数做对调, 然后再比较第 2 个和第 3 个元素, 依次类推, 当比较 n-1 次以后, 则最小的数就排在了最后的位置上; 第二次对前 n-1 个数做同样操作, 将次小的数排至倒数第 2 的位置上; 依次类推, 经过 n-1 次比较后, 整个数列就从无序变为有序了。由于在每一次比较过程中, 都会将其中最小的数推至最后面去, 就像水底泡泡上升一样, 故取名为冒泡排序。

上述程序总共进行了 5 次排序，排序过程如下所示。

第 1 次：50,20,30,60,40,10（10 冒出来了）

第 2 次：50,30,60,40,20　（20 也冒出来了）

第 3 次：50,60,40,30　（30 冒出来）

第 4 次：60,50,40　（40 冒出来）

第 5 次：60,50　（50 冒出来，此时只剩最后一个数 60，因此排序完毕）

【例 4-19】矩阵相乘运算。

```java
public class MatrixMultiply{
    public static void main(String args[]){
        int i,j,k;
        //创建二维数组 a
        int a[][]=new int [2][3];
        //创建并初始化二维数组 b
        int b[][]={{1,2,3,4},{5,6,-7,-8},{9,10,-11,-12}};
        //创建二维数组 c
        int c[][]=new int[2][4];
        for (i=0;i<2;i++)
        for (j=0; j<3 ;j++)
        //遍历 a 数组并赋值
        a[i][j]=(i+2)*(j+3);
        for (i=0;i<2;i++){
            for (j=0;j<4;j++){
                c[i][j]=0;
                for(k=0;k<3;k++)
                c[i][j]+=a[i][k]*b[k][j];
            }
        }
        System.out.println("*******矩阵 C********");
        //输出矩阵 C
        for(i=0;i<2;i++){
            for (j=0;j<4;j++)
            System.out.print(c[i][j]+" ");
            System.out.println();
        }
    }
}
```

程序运行结果如下：

```
*******矩阵 C********
136 160 -148 -160
204 240 -222 -240
```

上述程序首先利用数组存放 2 行 3 列的矩阵 a 和 3 行 4 列的矩阵 b，通过循环结构实现矩阵的遍历赋值和相乘运算，并将矩阵相乘的结果存放至 2 行 4 列的矩阵 c 中，最后，将结果矩阵 c 打印输出。

4.5 数组与方法

前文通过方法的参数传递实现了主程序与子程序间的少量数据传递,有了数组这种构造类型,可以利用传递数组的首地址值来间接达到传递一批数组元素的目的。

【例4-20】方法中的数组传递。

```java
public class TestArray
{
    public static void main(String[] args)
    {
        int x[]={10,20,30,40,50};
        display(x);
    }
    public static void display(int y[])
    {
        for(int i=0;i<y.length;i++)
        System.out.print(y[i]+" ");
    }
}
```

程序的运行结果如下:

```
10 20 30 40 50
```

由此可见,通过数组名(即数组首地址值)的传递,可以实现在子程序中对主程序的数组各元素进行访问,间接实现了大批量数据的传递,并且这种传递还可以是"双向"的,即如果在子程序中修改了 y 数组中的元素值,则当子程序结束调用返回时,主程序中对应的 x 数组的元素值也被修改了,因为实际上 y 数组与 x 数组是同一个数组空间,对 y 数组的操作即是对 x 数组的操作。通过方法实现整个数组的"传递"本质上是靠传递了一个特殊值——数组首地址。

下面根据方法传递数组的特点对例 4-18 的冒泡排序算法进行改写。

【例4-21】传递数组的冒泡排序方法。

```java
public class BubbleSort
{
    public static void main(String[] args)
    {
        int x1[]={10,50,20,30,60,40};
        int x2[]={1,7,2,3,6,4,9,5,8,0};
        bubbleSort(x1);                //对 x1 数组进行冒泡排序
        display(x1);                   //对 x1 数组进行输出显示
        System.out.println();          //换行
        bubbleSort(x2);                //对 x2 数组进行冒泡排序
        display(x2);                   //对 x2 数组进行输出显示
    }
    //冒泡排序法
    public static void bubbleSort(int x[])
    {
```

```
            int temp;                    //临时变量
            for(int i=1;i<x.length;i++)
            for (int j=0;j<x.length-i;j++)
            {
                if(x[j]<x[j+1])
                {
                    temp=x[j];
                    x[j]=x[j+1];
                    x[j+1]=temp;
                }
            }
    }
    //输出显示数组的各元素
    public static void display(int y[])
    {
        for(int i=0;i<y.length;i++)
        System.out.print(y[i]+" ");
    }
}
```

程序的运行结果：

```
60 50 40 30 20 10
9 8 7 6 5 4 3 2 1 0
```

4.6　小结

　　方法是 Java 程序设计语言的重要概念，是实现结构化程序设计的关键，而结构化程序设计又是面向对象程序设计的基础。因此，本章首先对方法的概念、定义、调用以及局部变量等做了较为详细的介绍。理解结构化程序设计思想能为后面学习面向对象程序设计打下良好基础。本章还介绍了新的数据类型——数组的概念、声明、创建及应用等，并对将数组作为方法参数进行传递做了解释说明。

4.7　思考练习

1. 以下叙述中不正确的是_____。
    A. 在方法中，通过 return 语句传回方法值
    B. 在一个方法中，可以执行多条 return 语句，并返回多个值
    C. 在 Java 中，主方法 main() 后的一对圆括号中也可以带有参数
    D. 在 Java 中，调用方法可以在 System.out.println() 语句中完成
2. 以下描述正确的是_____。
    A. 方法的定义不可以嵌套，但方法的调用可以嵌套
    B. 方法的定义可以嵌套，但方法的调用不可以嵌套

    C. 方法的定义和方法的调用均不可以嵌套

    D. 方法的定义和方法的调用均可以嵌套

3. 以下说法正确的是_____。

    A. 在不同方法中不可以使用相同名字的变量

    B. 实际参数可以在被调方法中直接使用

    C. 在方法内定义的任何变量只在本方法范围内有效

    D. 在方法内的复合语句中定义的变量只在本方法语句范围内有效

4. 按 Java 语言的规定，以下说法正确的是_____。

    A. 实参不可以是常量，变量或表达式

    B. 形参不可以是常量，变量或表达式

    C. 实参与其对应的形参占用同一个存储单元

    D. 形参是虚拟的，不占用存储单元

5. 一个 Java Application 程序中有且只有一个_____方法，它是整个程序的执行入口。

6. 方法通常可以认为由两部分组成：_____和_____。

7. 以下程序执行后的输出结果为_____。

```java
public class   Test {
    static void m(int x, int y, int z)
    { x=111;   y=222;   z=333;
    }
    public static void main(String args[ ] )
    {    int x=100, y=200, z=300;
        m(x, y, z);
        System.out.println("x="+x+" y="+y+" z="+z);
    }
}
```

8. 编写一个判断某个整数是否为素数的方法。

9. 编写两个方法，分别求两个整数的最大公约数和最小公倍数，在主方法中由键盘输入两个整数，并分别调用这两个方法，最后输出相应的结果。

10. 以下程序执行后的输出结果为 _____。

```java
public class Test {
    static int m1(int a ,int b)
    {
        int c;
        a+=a;
        b+=b;
        c=m2(a,b);
        return(c*c);
    }
    static int m2( int a,int b)
    {
        int c;
        c=a*b%3;
        return( c );
```

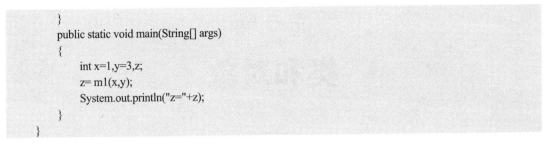

```
        }
        public static void main(String[] args)
        {
            int x=1,y=3,z;
            z= m1(x,y);
            System.out.println("z="+z);
        }
    }
```

11. 编写一个方法，实现求某个整数的各个位上的数字之和的功能。

12. 编写程序实现十进制整数到八进制的转换。

13. 用于指出数组中某个元素的数字叫作_____；数组元素之所以相关，是因为它们具有相同的_____和_____。

14. 数组 int results[ ] = new int[6] 所占的存储空间是_____字节。

15. 使用两个下标的数组称为_____数组，假定有如下语句：

```
float scores[ ][ ] = { {1，2，3}，{4，5}，{6，7，8，9} };
```

则 scores.length 的值为_____，scores[1].length 的值为_____，scores[1][1]的值为_____。

16. 从键盘上输入 10 个双精度浮点数，计算出这 10 个数的和以及它们的平均值。要求分别编写求和及求平均值的方法。

17. 利用数组输入 6 位大学生 3 门课程的成绩，然后计算：

(1) 每个大学生的总分；

(2) 每门课程的平均分。

18. 编写一个方法，实现将字符数组倒序排列，即进行反序存放。

19. Java 语言为什么要引入方法这种编程结构？

20. 为什么要引入数组这种数据构造类型？数组有哪些特点？Java 语言创建数组的方式有哪些？

第 5 章

类和对象

本章学习目标：
- 理解面向对象程序设计的基本思想，特别是类的概念
- 掌握类的设计方法，对象的创建、使用与删除
- 掌握访问控制符以及包的使用方法

5.1 引言

前面的章节对 Java 程序设计中的基本概念、语法和传统的结构化、面向过程的程序设计方法进行了详细描述。传统的结构化、面向过程的程序设计，以方法(函数)为中心来设计程序，其缺点在于：当程序的规模达到一定程度时，系统整体架构变得复杂，程序员很难控制其结构，程序的开发和维护也变成一项艰巨的工作，极易导致开发过程出现混乱。

图 5-1 所示为结构化程序设计的一个实例。该程序中的 Main 方法将会调用其他 4 个方法，而方法 2 又会调用方法 4 和方法 5，而实际的软件程序会比图 5-1 复杂得多，可能会有成百上千的方法。结构化程序主要关注方法的设计，而疏于对方法所访问数据的组织管理，数据常以自由的形式散布于整个程序，为多个方法所交叉访问，如图 5-2 所示。

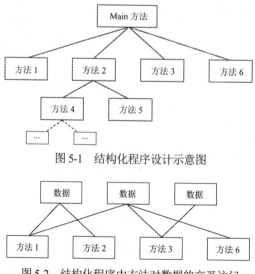

图 5-1　结构化程序设计示意图

图 5-2　结构化程序中方法对数据的交叉访问

散布于程序各处的数据不加管控，会使得程序的开发、分析和维护变得困难。为了降低数据和方法的耦合度，提高方法过程的透明性，让程序分析和测试变得容易，且方便程序的拓展和复用，产生了面向对象的程序设计方法。在面向对象的设计中，多个方法及其访问的数据被封装在一个单元中，这种组织单元被称为类，如图 5-3 所示。

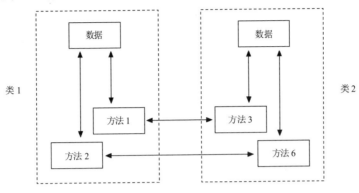

图 5-3   面向对象的类设计

图 5-3 中的类 1 和类 2 分别将紧密相关的数据与方法封装在一起，理顺了传统结构化设计中的交错关系。在面向对象编程(Object-Oriented Programming，OOP)中，类是最基本的设计单元。利用 OOP 技术，可以对现实问题进行直观高效的抽象，从而使问题的解决更加容易。OOP 技术使用软件的方法模拟现实世界的对象(属性和行为)，采用类的设计使程序设计过程更自然、直观和方便。

结构化程序设计方法建立在程序的逻辑结构之上，主张采用顺序、循环和选择 3 种基本程序结构以及自顶向下、逐步求精的设计方法，实现单入口、单出口的结构化程序；而面向对象程序设计则主张按照人们通常的思维方式建立问题域的模型，类和对象就是为了实现这一目标而引入的基本概念。面向对象程序设计的主要特征在于类的封装性和继承性，以及由此带来的对象的多态性。与结构化程序设计相比，面向对象程序设计具有更多的优点，更适合开发较大规模的软件系统。本章先介绍 Java 面向对象程序设计的基础部分，包括类、对象、访问控制符和包等内容，继承、多态和接口技术将在下一章介绍。

5.2 类

抽象和封装是面向对象程序设计的重要特点，主要体现在类的定义及使用上。类是 Java 中的一种重要的构造类型，是组成 Java 程序的基本要素，它封装了一类对象的属性和方法，是对这一类对象的抽象。

在前面章节中，我们已经接触到了类的使用。例如，通过 System.out.println("输出");语句来打印我们想输出的内容，使用的就是 java.lang 包中 System 类的 out 静态成员(out 是 java.io 包中 PrintStream 类的对象)的 println 方法。关于包和静态成员的概念在本章的后续部分会介绍。Java 开发工具集提供了一些事先定义好的类供我们使用，这些涉及基础功能的类，方便了程序开发。Java 的类可以分为两种：系统定义的类和用户自定义的类。Java 的类库是系统定义的、实现某些特定功能的标准类的集合，当用户编写 Java 程序时，可以直接利用该类库，提高编程效率。Java 的基础类库大部分由 Oracle 公司提供，也有一些类库是由其他软件开发商以商品的形式提供的。随着 Java 语言的广泛使用，Java 的类库也在不断完善和扩充。

除了系统提供的类库外，用户在开发程序时，也需要设计定义自己的类。

【例 5-1】定义一个汽车(Car)类。

```
class Car{
    String color;          //汽车的颜色
    int year;              //汽车的出厂年份
    String factory;        //汽车的生产厂家
    String brand ;         //汽车的品牌
    int speed;             //汽车当前的行驶速度

    public void run(){
        System.out.println("汽车正在以每小时"+speed+"的速度前进。");
    }
}
```

【例 5-2】定义一个只有 main()方法的 Example 类。

```
public class Example{
    public static void main(String args[ ]){
        System.out.println("欢迎来到 Java 程序设计的世界！");
    }
}
```

例 5-1 定义的汽车类包含的数据成员描述了汽车的相关属性，如品牌、生产厂家、颜色、出厂年份和行驶速度，定义的成员方法 run()输出汽车的当前行驶速度。例 5-2 中的 Example 类仅有一个由 static 修饰符修饰的静态 main()方法，该 Example 类没有自己的数据成员和方法成员，main()方法所在的类被称为主类，由 static 修饰符修饰的静态方法是"全局性"的，即使所属类不创建任何对象，它们也可以被调用执行。静态 main()方法在 Java 程序执行时首先被自动调用，它是程序运行的入口(起点)，因此，一个 Java 程序有且只能有一个 main()方法。例 5-1 并不是可运行的程序，因为它缺少了 main()方法。Java 程序从形式上看是由一个或多个类构成的，一般程序规模越大，所需定义的类越多，类的成员也越复杂。下面再看一个复杂一些、较为完整的类定义的例子。

【例 5-3】定义一个 Teacher 类，如图 5-4 所示。

类由两部分组成：类声明和类体。在 Teacher 类体中定义了 3 个成员变量和 6 个成员方法，其中有一个成员方法比较特殊，它没有返回值类型，并且方法名和类名一致，被称为构造方法。构造方法是在类对象创建的时候被自动调用的，一般用来初始化类对象的成员变量。下面分别对类声明及类体中的成员变量和成员方法的写法予以说明。

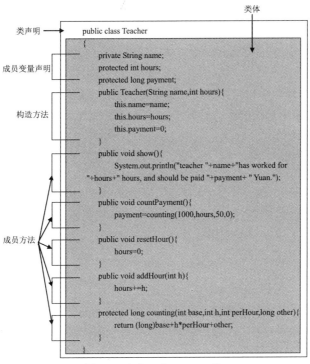

图 5-4 定义一个 Teacher 类

5.2.1 类声明

类声明的一般格式如下：

[类修饰符] class 类名 [extends 父类名] [implements 接口列表]
{
    …… //类体
}

class 是声明类所必需的关键字，类名是要声明的类的名称，它必须是一个合法的 Java 标识符。根据所声明类的需要，类的声明包含 3 个选项：声明类的修饰符、说明该类的父类以及说明该类所实现的接口。class 关键字和类名是必需的，其他部分都是可选的。下面对类声明的 3 个选项进行介绍。

1. 类修饰符

类修饰符用于说明这是一个什么样的类，它可以是 public、abstract 或 final，具体介绍如下。

- public：该关键字将一个类声明为公共类，公共类在所有类中可见，即它可以在其他任何类中访问，但在其他包中须用 import 导入。一个程序的主类必是公共类，主类的 public 关键字可以省略，即默认为 public。在一个 Java 源文件中只能有一个类被声明为 public，而且一旦有一个类为 public，那这个 Java 源文件的文件名就必须要和这个被 public 所修饰的类的类名相同，否则编译不能通过。

- abstract：声明该类为抽象类，它存在没有实现的方法，即抽象方法。抽象方法需要由子类提供方法实现，因此，它不能被实例化，即抽象类不能新建对象。

- final：声明该类为终态类(最终类)，它不能被其他类继承，即没有子类。
- 没有类修饰符：即直接声明 class A{ }，称为"默认访问模式"。在该模式下，这个类只能被同一个包中的类访问，这一访问特性又称包访问性。

注意：

修饰符 abstract 和修饰符 final 不能同时修饰同一个类，因为 abstract 类是没有具体对象的类，它必须有子类，也就是用来被继承的；而 final 类是不可能有子类的类，所以用 abstract 和 final 修饰同一个类是无意义的。

2. 说明类的父类

在 Java 语言中，除了 Object 类之外，每个类都有一个父类。Object 类是 Java 语言中唯一没有父类的类。如果某个类没有指明父类，Java 语言就默认它是 Object 类的子类。因此，所有其他类都是 Object 类的直接子类或间接子类。需要注意的是：在 extends 之后只能跟唯一的父类名，即使用 extends 只能实现单继承。

3. 说明一个类所实现的接口

一个类若要实现一个或多个接口，可以使用关键字 implements 进行声明，并在其后给出该类要实现的接口的名称列表，多个接口名之间以逗号分隔。接口可以看作是 100%的抽象类，接口的定义和实现将会在后面介绍。

5.2.2 类体

类体中定义了该类所有的变量和该类所支持的方法。通常情况下，变量在方法前进行定义(非强制要求，也可以在方法后定义变量，主要是为了使类体结构清晰)。类体的定义格式如下：

```
[类修饰符] class className{                                              //类声明
    [public|protected|private][static][final][transient][volatile]  type  variableName；  //成员变量
    [public|protected|private][static][final|abstract][native][synchronized]
        returnType methodName ( [paramList] ) [throws exceptionList]     //成员方法
    {
        Statements；                                                  //方法体
    }
}
```

类中所定义的变量和方法都是类的成员。对类的成员可以设定访问权限来限定其他类对它的访问。访问权限有 public、protected、private、default。有关访问权限的内容，会在 5.4 节介绍。对于类的成员，又可分为实例成员和静态成员(类成员)两种，都会在后面进行介绍。

5.2.3 成员变量

最简单的成员变量声明方式如下：

```
type  成员变量名；
```

这里的 type 可以是 Java 语言中的任意一种类型，包括基本数据类型、类、接口和数组等。在一个类中，成员变量名必须是唯一的。

类的成员变量和在某个方法中声明的局部变量是不同的。成员变量的作用域是整个类，而局部变量的作用域只是在方法内部。对于成员变量，可以使用以下修饰符加以限定。

1. static

static 用来指示某个变量是静态变量(类变量)，不需要实例化该类即可使用该变量。对于类中的某一个静态变量，所有该类的对象使用该静态变量时，访问的都是同一个变量，即同一个存储空间。没有用 static 修饰的变量则是实例变量，必须实例化该类(新建类对象)才可以访问实例变量。类的不同对象都各自拥有自身实例变量的存储空间。静态方法(类方法)只能访问静态变量(类变量)，而不能访问实例变量(非静态变量)。

2. final

final 用来声明一个常量，例如：

```
class FinalVar{
    final int CONSTANT = 50;
    ……
}
```

此例中声明了常量 CONSTANT，并赋值为 50。对于用 final 限定的常量，在程序中不能改变它的值。通常，常量名用大写字母表示。

3. transient

transient 关键字只能修饰变量，而不能修饰方法和类，例如：

```
class TransientVar{
    transient int transientV;
    ……
}
```

transient 告诉 Java 虚拟机，在类对象序列化的时候，此变量不需要持久保存。打个比方，如果一个用户有一些敏感信息(如密码、银行卡号等)，为了安全起见，不希望在网络中被传输(涉及序列化)或本地序列化存档，这些信息对应的变量就可以加上 transient 关键字。换句话说，这些信息的生命周期仅存于调用者的内存中而不会被网络传输或写到磁盘里持久保存。

4. volatile

volatile 用来声明一个共享变量，例如：

```
class VolatileVar{
    volatile int volatileV;
    ……
}
```

由多个并发线程共享的变量可以用 volatile 来修饰，使得各个线程对该变量的访问能够保持一致。

5.2.4 成员方法

成员方法的实现包括两部分：方法声明和方法体，如下所示：

```
[public|protected|private][static][final|abstract][native][synchronized]
returnType methodName([paramList])[throws exceptionList]
{
    Statements；
}
```

1. 方法声明

最简单的方法声明包括方法名和方法的返回类型，形式如下：

```
returnType   methodName(){
    …… //方法体
}
```

其中，returnType 是方法返回值的类型，当一个方法不返回任何值时，必须声明其返回值类型为 void。

1) 方法的参数

在方法的声明中，参数由参数列表给出，参数列表指明每个参数的名称和类型，各参数之间用逗号分隔，形式如下：

```
returnType   methodName(type name[，type name[，…]]){
    …… //方法体
}
```

对于类中的方法，与成员变量相同，可以限定其访问权限。可选的修饰或限制项有如下几种。

- static：限定为类方法。用修饰符 static 修饰的方法称为静态方法，静态方法是属于整个类的类方法，它不需要类实例化就可以被调用，但它只能访问静态变量和静态方法。
- abstract 或 final(互斥使用)：前者指明方法是抽象方法，需由子类来实现；后者表示方法是最终方法，最终方法不能被子类重写覆盖，所有被 private 修饰符限定为私有的方法，以及所有包含在 final 类(最终类)中的方法，都是最终方法。
- native：用来把 Java 代码和其他语言的代码集成起来。用修饰符 native 修饰的方法称为本地方法，为了提高程序的运行速度，需要用其他的高级语言书写程序的方法体，那么该方法可定义为本地方法，即用修饰符 native 来修饰。本地方法的方法体是用其他语言在程序外部编写的。
- synchronized：同步方法，用来控制多个并发线程对共享数据的访问。该修饰符主要用于多线程程序中的协调和同步，在多个线程中，该修饰符用于在运行前，对他所属的方法加锁，以防止其他线程的访问，运行结束后解锁。多线程的相关内容将在第 8 章进行介绍。
- throws ExceptionList：处理异常，详见 8.8 节。

【例 5-4】方法中的参数。

```
class Circle{
```

```
        int x,y,radius;                    //x，y，radius 是成员变量
        public Circle(int x,int y,int radius){   //x，y，radius 是成员方法(构造方法)的参数
            ……
        }
    }
```

Circle 类有 3 个成员变量：x、y 和 radius。在 Circle 类的成员方法(构造方法)中有 3 个参数，名称也是 x、y 和 radius。成员方法内部如果要访问类的同名成员变量，必须通过"当前对象"指示符 this 来引用它。例如：

```
class Circle{
    int x,y,radius;
    public Circle(int x,int y,int radius){
        this.x=x;
        this.y=y;
        this.radius=radius;
    }
}
```

在上述代码片段中，带 this 前缀的变量为成员变量，这样，方法参数和成员变量便一目了然了，this 表示的是当前对象本身。

2) 方法的参数传递

在 Java 中，可以把任何具有有效数据类型的参数传递到方法中，这些类型必须预先定义好。另外，参数的类型既可以是简单数据类型，也可以是引用数据类型(如数组类型、类或接口类型)。对于简单数据类型，Java 实现的是值传递，方法接收的是参数的值，在方法内部并不能改变这些参数的值。如果要在方法体内改变参数的值，就要使用引用数据类型，因为引用数据类型传递给方法的是数据在内存中的地址，方法中对数据的操作可以改变相应变量的值。

【例 5-5】方法参数表中使用简单数据类型和引用数据类型的区别。

```
class PassTest{
    public int value;
        public void changeValue(int value){
        value =this.value;
    }
    public void changeValueByRef(PassTest ref){
        ref.value=999;
    }
}
public class Test{
    public static void main(String args[]){
        PassTest pt=new PassTest();      //生成一个 PassTest 类的实例 pt

        //简单数据类型
        int value=20;
        pt.value=10;
         System.out.println("Original Int Value in PassTest is:"+pt.value);
        pt.changeValue(value);    //简单数据类型
        System.out.println("Int Value after change is still:"+value);
```

```
//引用数据类型
pt.value=1000;
System.out.println("Original ptValue Value is:"+pt.value);
pt.changeValueByRef(pt);
System.out.println("ptValue after change is:"+pt.value);
    }
}
```

程序的运行结果如下:

```
C:\java Test
Original Int Value in PassTest is:10
Int Value after change is still:20
Original ptValue Value is:1000
ptValue after change is:999
```

本程序在类 PassTest 中定义了两个方法: changeValue(int value)和 changeValueByRef (PassTest ref)。changeValue(int value)接收的参数是 int 类型的值,在方法内部试图对接收到的 value 值进行重新赋值,但由于该方法接收的是值参数,因此方法内对 value 值进行的修改不影响方法外成员变量 value 的值;而 changeValueByRef (PassTest ref)接收的参数值是引用类型的,所以在该方法中对引用参数所指的对象的成员变量进行了赋值,即对该对象成员变量所占内存空间进行了修改,经过该方法作用后,pt.value 的值发生了变化。

2. 方法体

方法体是对方法的实现,它包括局部变量的声明以及所有合法的 Java 语句。需要注意的是:方法体中所声明的局部变量,它们的作用域只在该方法内部,即从定义处开始,直到方法体结束。当方法返回时,局部变量不再存在,被释放了。如果方法体中的局部变量名与类的成员变量名相同,则类的成员变量被隐藏。

【例 5-6】类的成员变量和方法的局部变量作用域示例。

```
class Variable{
    int x=0,y=0,z=0;    //类的成员变量
    void init(int x,int y){
        this.x=x;
        this.y=y;
        int z=5;         //局部变量
        System.out.println("****inside init****");
        System.out.println("x="+x+"    y="+y+"    z="+z);
    }
}

public class VariableTest{
    public static void main(String args[]){
        Variable v=new Variable();
        System.out.println("****before init****");
        System.out.println("x="+v.x+"    y="+v.y+"    z="+v.z);
        v.init(20,30);
```

```
        System.out.println("****after init****");
        System.out.println("x="+v.x+"    y="+v.y+"    z="+v.z);
    }
}
```

程序的运行结果如下：

```
C:\>java VariableTest
****before init****
x=0    y=0    z=0
****inside init****
x=20    y=30    z=5
****after init****
x=20    y=30    z=0
```

从运行结果可以看出，局部变量 z 和类的成员变量 z 的作用域是不同的，尽管它们拥有相同的变量名。

5.2.5　方法重载

方法重载是指多个方法可以使用相同的方法名。虽然方法名可以相同，但这些方法的参数必须不同，或者是参数个数不同，或者是参数类型不同。参数表完全相同，而只有返回值类型不同的同名方法会引发编译错误。例 5-7 展示了通过多个同名方法重载，分别接收一个或几个不同数据类型的数据。

【例 5-7】方法重载应用举例。

```
class MethodOverloading{
    void receive(int i){
        System.out.println("Receive one int variable");
        System.out.println("i＝"+i);
    }
    void receive(int x，int y){
        System.out.println("Receive two int variables");
        System.out.println("x="+x+" y="+y);
    }
    void receive(double d){
        System.out.println("Receive one double variable");
        System.out.println("d="+d);
    }
    void receive(String s){
        System.out.println("Receive a string");
        System.out.println("s="+s);
    }
}
public class MethodOverloadingTest{
    public static void main(String args[]){
        MethodOverloading mo=new MethodOverloading();
        mo.receive(1);
        mo.receive(2,3);
        mo.receive(12.56);
```

```
                mo.receive("very interesting!");
        }
}
```

程序的运行结果如下：

```
C:\>java MethodOverloadingTest
Receive one int variable
i=1
Receive two int variables
x=2    y=3
Receive one double variable
d=12.56
Receive a string
s= very interesting !
```

编译器将根据参数的个数和类型来决定当前调用同名方法中的哪一个。

注意:

如果两个方法的声明中，参数的类型和个数均相同，只有返回值的类型不同，则编译时会产生错误，即仅通过返回类型不同不能用来进行方法重载。

从这个例子可以看出，重载虽然表面上没有减少编写程序的代码量，但方法重载使程序的编写变得方便，只需要记住一个方法名，就可以根据不同的参数输入来选择调用该方法的不同版本。重载和调用的对应如图 5-5 所示。

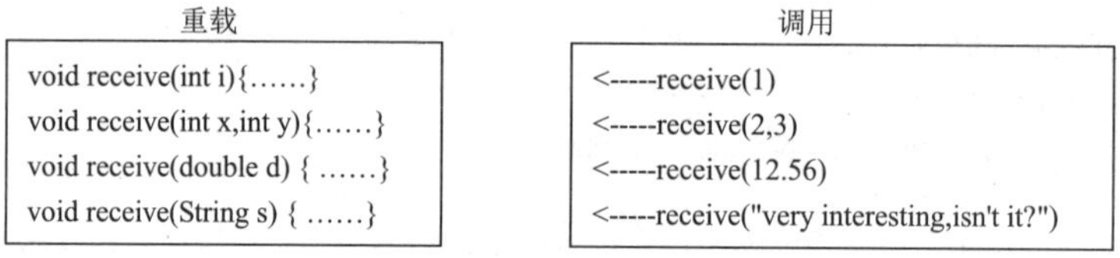

重载	调用
void receive(int i){……} void receive(int x,int y){……} void receive(double d) { ……} void receive(String s) { ……}	<-----receive(1) <-----receive(2,3) <-----receive(12.56) <-----receive("very interesting,isn't it?")

图 5-5　重载与调用

5.2.6　构造方法

在 Java 语言中，当一个对象被新建时，它的成员可以由一个构造方法进行初始化。被编译器自动调用，专门用于类初始化的方法称为构造方法，它是一种特殊的成员方法，为了与其他的方法区别，构造方法的名字必须与类的名字相同，并且不返回任何数据类型。一般将构造方法声明为公共的 public 型，如果将其声明为 private 型，那么就不能新建类的实例(对象)。构造方法是一个对象在新建时自动调用的。实际上，如果不显式地定义类的构造方法，Java 将会为每个类提供一个默认的构造方法。对于构造方法，也可以进行方法重载。

【例 5-8】构造方法的重载。

```
class Point{
    int x,y;
    Point(){            //定义一个构造方法
        x=0;
        y=0;
```

```
    }
    Point(int x, int y){  //构造方法的重载
        this.x=x;
        this.y=y;
    }
}
```

本例中，类 Point 实现了两个构造方法，方法名均为 Point，与类名相同。而且这里使用了方法重载，根据参数的不同分别对点的 x、y 坐标赋不同的初值。

在例 5-6 中，曾用 init()方法对成员 x、y 进行初始化。init()方法和构造方法完成相同的功能，那么用构造方法的好处在哪里呢？当用 new 运算符新建一个对象时，构造方法是被自动调用的，因此，采用构造方法避免了在生成对象后每次都要由用户显式地调用对象的初始化方法。如果没有实现类的构造方法，Java 运行时系统会自动提供默认的构造方法，默认构造方法没有任何参数。另外，构造方法只能由 new 运算符调用。

5.2.7　main()方法

main()方法是 Java 应用程序(Application)必备的方法。其一般格式如下：

```
public static void main(String args[]){
    ……
}
```

所有 Java 的独立应用程序都从 main()方法开始执行。把 static 修饰符放在 main()方法名前表示该方法为静态方法，即类方法而非实例方法。String args[]用于从命令行接收执行该程序所需的参数。

5.2.8　finalize()方法

在对对象进行垃圾收集之前，Java 运行时系统会自动调用对象的 finalize()方法来释放内存资源，如关闭打开的文件或 socket 连接。该方法的声明必须如下所示：

```
protected void finalize() throws throwable
```

finalize()方法在类 java.lang.Obect 中实现，它可以被所有类继承使用。如果要在一个自定义类中重写该方法，以释放该类所占用的内存，则在对该类所占用的内存进行释放后，一般还要调用父类的 finalize()方法以回收父类对象占用的内存，通常格式如下：

```
protected void finalize() throws throwable{
        ... ...;        // Clean up code for this class
}
```

【例 5-9】finalize 方法举例。

```
class myClass{
    int m_DataMember1;
    float m_DataMember2;
    public myClass(){
        m_DataMember1=1;        //初始化变量
        m_DataMember2=7.25;
```

```
    }
    void finalize(){            //定义 finalize 方法
        m_DataMember1=null;         //释放内存
        m_DataMember2=null;
    }
}
```

注意:

从 Java9 开始,finalize 方法已被标注为@Deprecated,也就是过期了,这个方法已无法使用了。有读者可能会问,既然 finalize 方法已确定退出历史舞台,那为什么还讨论这个方法?其实讨论这个方法是次要的,探究这个方法背后的一些理念和机制才是核心目的。finalize 的中文意思是"终结",所以 finalize()方法通常被称为"终结者"。当 JVM 计算出某个实例没有继续存在的必要时,就会调用其 finalize 方法进行资源释放内存回收。

5.3 对象

定义类的最终目的是使用它,就像使用系统提供的类一样。程序可以新建并使用自定义类或系统类的对象。上一节主要讲述了类的定义,本节将描述对象的概念和使用。一个对象的生命周期主要包括 3 个阶段:对象的创建、使用和清除。

5.3.1 对象的创建

对象的创建包括声明、实例化和初始化 3 方面的内容。对象创建的一般格式如下:

```
type ObjectName = new type([paramlist]);
```

(1) type objectName 声明了一个类型为 type 的对象引用(objectName 只是一个引用地址,用来标识指向该 type 类型的对象)。其中,type 是引用类型(包括类和接口)。对象的声明并不为对象分配任何内存空间,但要注意的是,此时系统为 objectName 分配了一个引用(地址)的空间。

(2) 运算符 new 为对象分配内存空间,实例化一个对象。new 操作符调用对象的构造方法,返回对该对象的一个引用(即该对象所在内存的首地址)。用 new 操作符可以为一个类实例化多个不同的对象,这些对象分别占用不同的内存空间,因此,改变其中一个对象的成员变量并不会影响其他对象的成员变量。

(3) 创建对象的最后一步是执行构造方法,进行初始化。由于构造方法可以重载,因此通过给出不同个数或类型的参数会分别调用不同的构造方法。如果类中没有显式定义构造方法,系统会调用默认的空构造方法。

【例 5-10】定义类并创建类的对象。

```
class Computer{
    String Owner;                   //成员变量
    void set_Owner(String owner){   //成员方法
        Owner = owner;
    }
    void show_Owner(){              //成员方法
```

```
        System.out.println("这台电脑是:"+Owner+"的！ ");
    }
}

public class DemoComputer{
    public static void main(String args[]){
        System.out.println("使用类");
        Computer myComputer = new Computer();      //生成 Computer 类的对象 myComputer
        myComputer.set_Owner("软件教研室");
        myComputer.show_Owner();
    }
}
```

这里定义了 Computer 和 DemoComputer 两个类。其中，Computer 和 DemoComputer 都是类的名称，是由用户自己命名的，但要注意不能和 Java 语言的关键字冲突。定义好类以后，Computer 和 DemoComputer 就可以"看成"一个数据类型来使用，这种数据类型的变量就是对象，例如下面的定义：

```
Computer myComputer = new Computer();
```

等价于：

```
Computer myComputer;
myComputer = new Computer();
```

其中，myComputer 是对象的名称(引用)，它是一个属于 Computer 类的对象引用，能够调用 Computer 类中的 set_Owner()和 show_Owner()方法。

【例 5-11】设计一个矩形类，封装它的属性和操作，即定义所需的成员变量和方法，并计算矩形的面积。

```
class Rect{
    double width,height;
    Rect(double w,double h){       //类的构造方法
        width = w;
        height = h;
    }
    double area(){                 //求矩形面积的方法
        return width*height;
    }
}
```

本例完成了对矩形类 Rect 的定义。下面编写一个主类 MainClass：

```
public class MainClass{
    public static void main(String args[]){
        double d;
        Rect myRect=new Rect(20,30);                      //创建对象 myRect
        d=myRect.area();                                  //调用对象的 area 方法求矩形面积
        System.out.println("myRect 的面积是： "+d);        //输出面积
    }
}
```

在主类中，新建了 Rect 类的一个对象并由 myRect 引用(标识)，其实际参数为(20,30)，即宽度 20，高度 30，然后调用对象 myRect 的求面积方法 area()，将结果保存至变量 d 并进行输出显示。

5.3.2 对象的使用

对象的使用包括使用对象的成员变量和方法。通过 "." 运算符可以实现对类成员变量的访问和对类中方法的调用。

下面要介绍的例 5-12 先定义了一个 Point 类，它在例 5-8 所定义的 Point 类的基础上添加了一些新的内容，然后创建 Point 类的对象并调用其方法。

【例 5-12】对象的使用示例。

```java
class Point{
    int x,y;
    String name="a point";
    Point(){
        x=0;
        y=0;
    }
    Point(int x,int y,String name){
        this.x=x;
        this.y=y;
        this.name=name;
    }
    int getX(){
        return x;
    }
    int getY(){
        return y;
    }
    void move(int newX,int newY){
        x=newX;
        y=newY;
    }
    Point newPoint(String name){
        Point newP=new Point(-x,-y,name);
        return newP;
    }
    boolean equal(int x,int y){
        if(this.x==x && this.y==y)
            return true;
        else
            return false;
    }
    void print(){
        System.out.println(name+":   x="+x+"   y="+y);
    }
}
```

```
public class UsingObject{
    public static void main(String args[]){
        Point p=new Point();
        p.print();
        p.move(50,50);
        System.out.println("****after moving****");
        System.out.println("Get x and y directly");
        System.out.println("x="+p.x+"    y="+p.y);
        System.out.println("or Get x and y by calling method");
        System.out.println("x="+p.getX()+"    y="+p.getY());
        if(p.equal(50,50))
            System.out.println("I like this point!");
        else
            System.out.println("I hate it!");
        p.newPoint("a new point").print();
        new Point(10,15,"another new point").print();
    }
}
```

程序的运行结果如下：

```
C:\>java UsingObject
a point:   x=0   y=0
****after moving****
Get x and y directly
x=50   y=50
or Get x and y by calling method
x=50   y=50
I like this point!
a new point:   x=-50   y=-50
another new point:   x=10   y=15
```

1. 访问对象的成员变量

要访问对象的某个变量，其语法格式如下：

```
objectReference.variable
```

其中，objectReference 是对象的一个引用，它可以是一个已生成的对象，也可以是能够生成对象引用的表达式。

例如，用 Point p=new Point();生成了类 Point 的对象 p 后，可以通过 p.x 和 p.y 来访问该点的 x、y 坐标，如：

```
p.x = 10;
p.y = 20;
```

或者用 new 操作符创建对象的同时，直接访问对象，例如：

```
int tx = new point().x;
```

2. 调用对象的方法

要调用对象的某个方法，其语法格式如下：

objectReference.methodName ([paramlist]);

例如，要移动类 Point 的对象 p，可以使用下面的语句：

p.move(30,20);

或者用 new 操作符新建对象的同时，直接调用它的方法，例如：

new point().move (30,20);

5.3.3 对象的清除

对象的清除，即程序内无用内存单元的回收工作。当一个对象不再使用时，可以将其从内存中清除。在 Java 语言中，使用 new 运算符来为对象分配存储空间。在使用完对象后，程序设计者不用刻意地写代码去删除该对象来收回它所占用的内存空间。Java 运行时系统会通过垃圾收集机制，周期性地释放无用对象所使用的内存，完成对象的清除。当一个对象的引用不存在，如把对象的引用赋值为 null，或者当前的代码段不属于对象的作用域了，该对象就成为一个无用对象。Java 运行时系统的垃圾收集器会自动扫描对象的动态内存区，对被引用的对象加标记，然后把没有引用的对象作为垃圾收集起来并释放。释放内存是系统自动处理的，该收集器使得系统内存的管理变得简单、安全。垃圾收集器作为一个线程运行，当 JVM 的内存快要耗尽或程序中调用 System.gc() 要求进行垃圾收集时，垃圾收集线程将与系统同步运行，否则垃圾收集器将在系统空闲时异步地执行。在 C 语言中，需要通过 free 函数来释放内存，而在 C++ 语言中，则通过 delete 来释放内存。这种内存管理方式需要程序员自己负责跟踪内存的使用情况，不仅复杂、易出错，而且还容易造成内存泄漏。而 Java 采用自动垃圾收集机制进行内存管理，使程序员不需要跟踪每个对象，避免了上述问题的产生，这是 Java 语言的一大优点。

当下述条件满足时，Java 内存管理系统将自动完成内存的垃圾回收工作：

(1) JVM 快到耗尽内存时。

(2) 程序调用 System.gc() 时。

(3) 系统空闲时。

5.4 访问控制符

在设计类的时候，我们并不总是希望类中的所有属性和方法完全公开给子类或其他类访问。这时就需要对相应的访问权限进行控制。访问控制符是一组限定类、属性和方法是否可以被程序中的其他部分访问和调用的修饰符。无论修饰符如何定义，一个类总是能访问和调用它自己的成员。但是这个类之外的其他部分能否访问该类的成员变量和方法，就要取决于该成员变量和方法声明时使用的访问控制符以及它们所属类的访问控制符。

类的访问控制符只有一个，即 public。成员变量和成员方法的访问控制符有 3 个，分别是 public、protected 和 private。如果没有标注访问控制符，系统会采用默认值。

5.4.1 类的访问控制符

1. 公共访问控制符 public

Java 中类的访问控制符只有一个：public，即公共类。一个类被声明为公共类，表明它可以被所有其他的类访问，即它对所有类可见。新建公共类的对象后，程序可以访问该类对象中可用(可见)的成员变量和方法。Java 的类通过包来组织，处于同一个包中的类可以不加 import 语句即可使用，对于不同包中的类，如果一个类是公共类，它可以被其他包中的类访问，但要在程序中使用 import 导入(告知路径)，下一节还会讲述包的概念。

一个类对其他类可见，并不代表该类所有成员变量和方法也同时对其他类可见。类的成员变量和方法能否被其他类访问，这取决于这些成员变量和方法各自的访问控制符。

2. 默认访问控制符

如果一个类没有设置访问控制符，说明它具有默认的访问控制。类的默认访问控制规定：这样的类只能被同一个包中的类访问，对其他包中的类不可见，这种访问特性又称包访问性。

5.4.2 对类成员的访问控制

类的成员变量和成员方法在声明时，可以使用 public、protected、private 修饰符。这些修饰符的作用是对类的成员施以一定的访问权限，实现类中成员的访问控制。Java 语言提供了 4 种不同的访问权限，如表 5-1 所示。

表 5-1　4 种不同的访问控制(★表示可见可访问)

修饰符	同一个类中	同一个包中	不同包中的子类	不同包中的非子类
private	★			
缺省	★	★		
protected	★	★	★	
public	★	★	★	★

从表 5-1 可见，类总是可以访问该类自己的各种成员的。

1. private

限制性最强的访问控制是 private。类中限定为 private 的成员只能在类内访问，不能被其他类访问。例如，下面的类包含了一个 private 的成员变量和一个 private 的方法。

```
class Alpha{
    private int iamprivate;                    // private 成员变量
    private void privateMethod(){              // private 成员方法
        System.out.println("privateMethod");
    }
}
```

在 Alpha 类的内部，可以访问 iamprivate 变量，也可以调用 privateMethod 方法，但在 Alpha 类外的其他类中都是被禁止的。例如，下面的 Beta 类试图通过 Alpha 类的对象 a 访问其私有变量和方法，都是不合法的：

```
class Beta{
    void accessMethod(){
        Alpha a=new Alpha();
        a.iamprivate=10;          //非法!
        a.privateMethod();        //非法!
    }
}
```

当试图访问一个没有权限访问的成员变量时，编译器会给出编译错误信息，并拒绝对源程序继续编译。同样地，如果试图访问一个不能访问的方法，也会导致编译错误。

一个类不能访问其他类对象的 private 成员，但是同一个类的两个不同对象，能否互相访问 private 成员呢？下面举例说明：

```
class Alpha{
    private int iamprivate;
    boolean isEqualTo(Alpha anotherAlpha){
        if(this.iamprivate = = anotherAlpha.iamprivate)
            return true;
        else
            return false;
    }
}
```

同一个类的不同对象可以相互访问对方的 private 成员变量或调用对方的 private 方法。如果一个类的构造方法声明为 private，则该类不能被实例化，即不能新建它的对象。

2. 缺省

若类中不加访问控制的成员，那么它们可以被该类本身和同一个包中的其他类访问。例如：

```
package Greek;
public class Alpha{
    int iamdefault;
    void defaultMethod(){
        System.out.println("defaultMethod");
    }
}
```

Alpha 类可以访问自己的成员，同时，所有与 Alpha 定义在同一个包中的类也可以访问这些成员。如 Alpha 和 Beta 都定义在 Greek 包中，则 Beta 类中可以合法地访问 Alpha 的缺省访问控制成员。

```
package Greek;
class Beta{
    void accessMethod(){
        Alpha a=new Alpha();
        a.iamdefault=10;          //合法
        a.defaultMethod();        //合法
    }
}
```

3. protected

类中限定为 protected 的成员，可以被该类本身、它的子类以及同一个包中的所有其他类访问。因此，在允许类的子类和相关的类访问而杜绝其他不相关的类访问时，可以使用 protected 访问级别，并且把相关的类放在同一个包中。例如：

```
package Greek;
public class Alpha{
    protected int iamprotected;
    protected void protectedMethod(){
        System.out.println("protectedMethod");
    }
}
```

假设在 Greek 包中有一个类 Gamma，那么，Gamma 类可以合法地访问 Alpha 类对象的成员变量 iamprotected，也可以调用它的 protectedMethod 方法。

```
package Greek;
class Gamma{
    void accessMethod(){
        Alpha a=new Alpha();
        a.iamprotected=10;      //合法
        a.protectedMethod();    //合法
    }
}
```

下面再来研究 protected 限定符是如何影响 Alpha 类的子类的，特别是位于其他包中的子类。首先，引入一个新的类 Delta，它继承了类 Alpha，但是在另一个包 Latin 中。这个 Delta 类的对象可以访问父类的成员 iamprotected 和 protectedMethod。但 Delta 类不能访问 Alpha 类的对象的成员 iamprotected 和 protectedMethod。

```
package Latin;
import Greek.*;
class Delta extends Alpha{
    void accessMethod(Alpha a,Delta d){
        a.iamprotected =10;     //非法！
        d.iamprotected =10;     //合法
        a.protectedMethod();    //非法！
        d.protectedMethod();    //合法
    }
}
```

处在不同包中的子类，虽然可以访问父类中限定为 protected 的成员，但这时访问这些成员必须使用子类的类型或者是子类的子类类型，而不能是父类类型。这一点尤其要小心！关于继承的知识，下一章将详细介绍。

4. public

在 Java 语言中，类中限定为 public 的成员可以被所有的类访问。声明一个公共的成员，需要使用关键字 public。例如：

```
package Greek;
public class Alpha{
    public int iampublic;
    public void publicMethod(){
        System.out.println("publicMethod");
    }
}
```

现在，重新编写 Beta 类并将它放置到不同的包中：

```
package Roman;
import Greek.*;
class Beta{
    void accessMethod(){
        Alpha a=new Alpha();
        a.iampublic=10;        //合法
        a.publicMethod();      //合法
    }
}
```

上面代码片段中，Beta 类可以合法地访问 Alpha 类对象中的 iampublic 变量，也可以调用其 publicMethod 方法。

5. 访问控制符小结

访问控制符是一组限定类、成员变量和方法是否能被其他类访问的修饰符。其重点总结如下。

(1) 公共访问控制符(public)，需要注意以下 3 点。

- public 类：公共类，可以被其他包中的类引入(import)后访问。
- public 成员方法：可以被其他类访问。
- public 成员变量：可以被其他类访问。

(2) 默认访问控制符(缺省)：适用于类、成员变量及方法，具有包访问性(只能被同一个包中的其他类访问)。

(3) 私有访问控制符(private)：修饰成员变量和方法，只能被该类本身所访问。

(4) 保护访问控制符(protected)：修饰成员变量和方法，可以被类自身、同一个包中的类、其他包中该类的子类所访问。

5.5 包

利用面向对象技术进行实际系统的开发时，通常需要定义很多类。为了更好地管理这些类，Java 引入了包的概念。包是类和接口定义的集合，利用文件夹或目录把各种相关类集中在一起，使类的组织更有条理、层次分明。

Java 平台将它的各种类汇集到不同的功能包中，构成类库，用户可以方便地使用由系统提供的标准类库，也可以自己编写用户自定义类。

Java 语言类库包含的常用标准包，如表 5-2 所示。

表 5-2　Java 常用标准包列表

包	功 能 描 述
java.applet	包含用于创建 Java 小应用程序的类
java.awt	存放了构建图形化用户界面(GUI)的类。它包含几个子包，如 java.awt.image 等
javax.swing	提供了更加丰富的、精美的、功能强大的 GUI 组件类
java.io	包含用于输入输出(I/O)处理的类。数据流就包含在这个包里
java.1ang	包含一些最基本的 Java 核心类。java.1ang 是被隐式导入的，因此用户不必 import 该包
java.net	包含用于建立网络连接的类。与 java.io 同时使用可以完成与网络有关的读写操作
java.util	包含各种实用工具类，如随机数生成器、日期、集合、向量和堆栈等
java.sql	数据库连接包，提供实现 JDBC 的类库，可以用来开发数据库应用程序

5.5.1　包的创建

Java 中的包是一组类(字节码文件)，要想使某个类成为包的成员，必须使用 package 语句进行声明。并且，它应当是整个.java 文件的第一条语句，指明该源文件中定义的类编译后生成的字节码文件所在的包(若干文件夹)。若省略该语句，则指定为无名包(缺省包)，一般为当前目录，且是 classpath 所指向的目录。package 语句的一般格式如下：

```
package 包名；
```

Java 编译器把包按照类似于文件系统中目录的方式进行管理。例如，名为 myPackage 的包，包中所有类的字节码文件都会存储到文件夹 myPackage 下。同时，package 语句还可以用来指明目录的层次结构，例如：

```
package java.awt.image；
```

指定这个包中的字节码文件存储在目录*path*/java/awt/image 下，包层次的根目录 path 是由环境变量 classpath 确定的，一般为当前执行目录。

【例 5-13】试编写一系列几何图形类 Circle、Rectangle、Line、Point 以及接口 Draggable，其功能是用户可以拖动鼠标移动这些图形对象。将这些几何图形类以及接口置于同一个包 packageGraphic 中，示意如下：

```
package packageGraphic;          // 须位于 Graphic.java 文件的第 1 行
public abstract class Graphic{
    ......
}  // 上述代码位于 Graphic.java 文件
package packageGraphic;          // 须位于 Circle.java 文件的第 1 行
public class Circle extends Graphic implements Draggable{
    ......
}  // 上述代码位于 Circle.java 文件
package packageGraphic;          // 须位于 Rectangle.java 文件的第 1 行
public class Rectangle extends Graphic implements Draggable{
```

```
      ......
}    // 上述代码位于 Rectangle.java 文件
......
......
package packageGraphic;              // 须位于 Draggable.java 文件的第 1 行
public interface Draggable{

      ......
}    // 上述代码位于 Draggable.java 文件
```

该例只是示意，了解即可，其中涉及的继承和接口技术将在下一章介绍。

【例 5-14】定义一个 Circle 类，其位于包 myclasses.packageGraphic。

```
package   myclasses.packageGraphic;
public class Circle
{
    private double r;
    public double getR()
        {    return r;    }
    public void setR(double r)
        {    this.r = r;    }
    public double zhouChang()
        {    return 2*Math.PI*r;    }
    public double mianJi()
        {    return Math.PI*r*r;    }
}
// 保存为 c:\工作目录\Circle.java
// 在 dos 窗口下编译：
//   c:\工作目录>javac -d . Circle.java
```

编译成功，发现当前目录下新建了两个文件夹 myclasses\packageGraphic，并在该目录下生成了字节码文件 Circle.class。需要注意的是 javac 后面的空格、-d 后面的空格、点后面的空格必须带上，不能遗漏！且编译命令需要在 Circle.java 所在的目录下执行。

【例 5-15】定义一个 Rectangle 类，同样位于包 myclasses.packageGraphic。

```
package   myclasses.packageGraphic;
public class Rectangle
{
    private double width;
    private double length;
    public double getWidth()
        {    return width;    }
    public void setWidth(double width)
        {    this.width = width; }
    public double getLength()
        {    return length;    }
    public void setLength(double length)
        {    this.length = length;    }
    public double mianJi()
        {    return width*length;    }
    public double zhouChang()
```

```
    {    return (width+length)*2;    }
}
// 保存为 c:\工作目录\Rectangle.java
// 在 dos 窗口下编译:
//   c:\工作目录>javac -d . Rectangle.java
```

编译成功，发现文件夹 myclasses\packageGraphic 下生成了一个 Rectangle.class 文件。假如上面编译命令改为:

```
// 在 dos 窗口下再编译:
//   c:\工作目录>javac Rectangle.java
```

编译成功，读者会发现在当前执行目录下也生成了一个 Rectangle.class 文件，但因为 Rectangle 类属于 myclasses.packageGraphic 包，所以 Rectangle.class 文件的正确位置应当在 myclasses\packageGraphic 目录下，故应采用 javac -d . Rectangle.java 命令编译。

5.5.2　import 语句

如果要使用 Java 类库中的类，或者用户自定义的类，如上述 Circle、Rectangle 类，需要用 import 语句来导入所需要的类。import 语句的一般格式如下:

```
import packagel[.package2...].(classname|*);
```

其中，packagel[.package2…]标明了包的层次(文件夹)结构，classname 则指明了所要导入的类(也可以是接口)。例如，下面语句只导入了一个 Date 类，它位于 java.util 标准包:

```
import java.util.Date；
```

如果要从一个包中导入多个类，可以用通配符星号(*)代替。例如:

```
import java.awt.*；    //导入标准包 java.awt 中的所有类
```

例 5-14 的 Circle 类中使用了 Math.PI，Math 是 java.lang 标准包中的类，PI 是它的一个静态 final 双精度浮点型变量，即圆周率常量。java.lang 包会被 Java 编译器自动导入，因此，不必用 import 语句显式地导入该包。但如果需要使用其他包中的类，如前面 Circle 类创建的包 myclasses.packageGraphic 中的两个类，则必须使用 import 显式地导入。

【例 5-16】定义一个主类，使用包 myclasses.packageGraphic 中的两个类。

```
import myclasses.packageGraphic.*;
public class TestPack
{
    public static void main(String args[]){
        Circle c = new Circle();
        c.setR(10);   //设置半径
        System.out.println("该圆: 周长="+c.zhouChang()+"　面积="+c.mianJi());
        Rectangle r = new Rectangle();
        r.setWidth(20);
        r.setLength(30);
        System.out.println("该长方形: 周长="+r.zhouChang()+"　面积="+r.mianJi());
    }
```

```
        }
        // 保存为 c:\工作目录\ TestPack.java
        // 类 TestPack 属于无名包，故在 dos 窗口下编译如下：
        //   c:\工作目录>javac TestPack.java
```

编译失败，报错如图 5-6 所示。

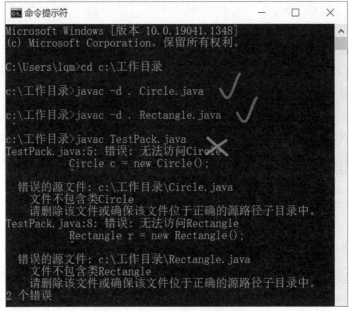

图 5-6   主类 TestPack 编译失败

删除当前目录下的 Circle.java 和 Rectangle.java 文件，重新编译，显示成功，运行如下：

```
c:\工作目录>java TestPack
该圆：周长=62.83185307179586    面积=314.1592653589793
该长方形：周长=100.0    面积=600.0
```

假如不删除 Circle.java 和 Rectangle.java 文件，而是将它们放到其他目录下，TestPack 类文件也能编译成功，并在当前目录下重新生成 TestPack.class 字节码文件，运行同上。这样操作显然不合理，正确的操作方式如下所示。

(1) 手工创建包 myclasses.packageGraphic，即新建 myclasses\packageGraphic 文件夹。

(2) 在包目录下编写 Circle.java 文件和 Rectangle.java 文件。

(3) 在执行目录(即 C:\工作目录)下编写 TestPack.java 文件。

(4) 在 dos 窗口的执行目录下，编译 TestPack.java 文件。

(5) 假如 3 个源文件都编写正确，则会在当前执行目录下生成 TestPack.class 字节码文件，同时在包 myclasses.packageGraphic，即 myclasses\packageGraphic 文件夹下生成两个字节码文件：Circle.class 和 Rectangle.class。

(6) 假如源文件编写有误，则编译时会给出相应的报错提示，以供查错、修改。

(7) 当程序源文件远不止 3 个，包结构较复杂时，建议先编译要 import 的类，再编译使用该类的文件，即在程序类的树形结构中，自底向上，各个击破。

比如，先编译 Circle 类：

```
c:\工作目录>javac myclasses\packageGraphic\Circle.java     //第一种编译方式
c:\工作目录>cd myclasses\packageGraphic
c:\工作目录\myclasses\packageGraphic>javac Circle.java     //第二种编译方式
// 假如将 Circle 类改写为主类，编译后，可以运行如下：
c:\工作目录>java myclasses.packageGraphic.Circle     //1.运行成功
c:\工作目录>cd myclasses\packageGraphic
c:\工作目录\myclasses\packageGraphic>java Circle     //2.运行失败，报错：ClassNotFoundException
c:\工作目录\myclasses\packageGraphic>java myclasses.packageGraphic.Circle     //3.运行成功

//上面第 2 处运行失败原因：java 解释器不是在当前目录下寻找字节码文件的，而是到环境变量 classpath
即 c:\工作目录下去找，所以找不到，而第 3 处运行采用包名.类名，所以成功！
```

此外，在 Java 程序中需要使用类的地方，可以直接指明包含它的包，这样可以不用 import 语句导入该类。只是需要在程序中增加字符的输入量，因此一般不这么做。例如，类 Date 位于包 java.util 中，可以用 import 语句导入该包，然后定义它的子类 myDate：

```
import java.util.*;
class myDate extends Date
{
    …
}
```

也可以直接在使用该类的地方指明包名，这样，import 语句可省略：

```
class myDate extends java.Util.Date
{
    ...
}
```

如果导入的几个包中包含相同名称的类，那么，在使用同名类时就必须排除二义性，即在类名前冠以包名作前缀。例如，在例 5-13 的 packageGraphic 包中定义了一个 Rectangle 类，而在 java.awt 包中也包含一个名为 Rectangle 的类。如果 packageGraphic 和 java.awt 两个包均被导入，则下面的代码就具有二义性：

```
Rectangle rectG;
Rectangle rectA=new Rectangle();
```

在这种情况下，必须在类名之前冠以包名，以区分使用的是哪一个 Rectangle 类：

```
packageGraphic.Rectangle rectG;
java.awt.Rectangle rectA=new java.awt.Rectangle();
```

提示：

学习至此，读者对 Java 程序设计已经有了一定基础，可以考虑开始使用 Eclipse 或 IntelliJ IDEA 等 IDE 来进行编程，提高编程效率。比如，前面包的创建和包类的编译等操作稍显烦琐，若采用 IDE 的话，则会方便很多。之所以不着急使用 IDE，是希望大家能够在使用 IDE 时，尽量做到知其然、知其所以然！

5.6　小结

　　OOP 是一种计算机编程架构，OOP 方法是以认识论为基础，尽可能模拟人类习惯的思维方式，用对象来理解和分析问题空间，使开发软件的方法与过程尽可能接近人类认识世界、解决问题的思维方法与过程，使描述问题的问题空间与实现解法的解空间在结构上尽可能一致。OOP 的核心概念是类和对象，类是对现实世界的抽象，包括表示属性的数据和对数据的操作方法，对象是类的实例化。设计类时，应谨慎、合理使用访问控制符和包。

5.7　思考练习

　　1. 实现类 MyClass 的源码如下：

```
class MyClass extends Object{
    private int x;
    private int y;
    public MyClass(){
        x=0;
        y=0;
    }
    public MyClass(int x, int y){
        ... ... ...
    }
    public void show(){
        System.out.println("\nx="+x+"   y="+y);
    }
    public void show(boolean flag){
        if (flag) System.out.println("\nx="+x+"   y="+y);
        else System.out.println("\ny="+y+"   x="+x);
    }
    protected void finalize() throws throwable{
        super.finalize();
    }
}
```

　　在以上的源代码中，类 MyClass 的成员变量是＿＿＿，构造方法是＿＿＿，对该类的一个实例对象进行释放时将调用的方法是＿＿＿。(多选)

　　　　A. private int x;　　　　　　　　　　B. private int y;

　　　　C. public MyClass()　　　　　　　　 D. public MyClass(int x, int y)

　　　　E. public void show()　　　　　　　　F. public void show (boolean flag)

　　　　G. protected void finalize() throws throwable

　　2. 第 1 题所定义的类 MyClass 的构造方法 MyClass(int x, int y)的目的是使 MyClass 的成员变量 private int x，private int y 的值分别等于方法参数表中所给的值 int x，int y。请写出 MyClass(int x, int y)的方法体(用两条语句)：

_____ ;

_____ 。

3. MyClass 的定义同第 1 题。

假设 public static void main(String args[])的方法体如下：

```
{
    MyClass myclass;
    myclass.show();
}
```

编译运行该程序将会有何结果？ ____

    A. x=0　y=0

    B. y=0　x=0

    C. x=...　y=...　(x，y 具体为何值是随机的)

    D. 源程序有错

4. MyClass 的定义同第 1 题。

假设 public static void main(String args[])的方法体如下：

```
{
    MyClass myclass=new MyClass(5,10);
    myclass.show(false);
}
```

编译运行该程序，输出结果是什么？ ____

    A. x=0　y=0　　　　　　　　　B. x=5　y=10

    C. y=10　x=5　　　　　　　　　D. y=0　x=0

5. MyClass 的定义同第 1 题。

假设 public static void main(String args[])的方法体如下：

```
{
    MyClass myclass=new MyClass(5,10);
    myclass.show(false);
}
```

现在想在 main 方法中加上一条语句来释放 myclass 对象，应用下面的哪条？ ____

    A. myclass=null;　　　　　　　　B. free(myclass);

    C. delete(myclass);　　　　　　　D. Java 语言中不存在相应语句

6. 假设已经编写好了类 Class1：

```
package mypackage; public class Class1{ ……; }
```

保存在 Class1.java 文件中。

现在 main 方法所在的源程序 MainPro.java 如下：

```
import mypackage;
……
```

假设操作系统中的 CLASSPATH 环境变量已被设置为"C:\工作目录"，而 main 方法所在的主类 MainPro.java 就在 C:\工作目录下，那么，类 Class1 应存放在哪个目录中呢？

7. 定义一个学生类 student，成员变量有学号、姓名、性别、年龄，方法有获得学号、姓名、性别、年龄，修改年龄。试编写 Java 主程序，实例化 student 类，并测试其方法。

8. 根据下面的要求编程实现复数类 Complex。

(1) 复数类 Complex 具有的属性：

* real 代表复数的实数部分。
* imagin 代表复数的虚数部分。

(2) 复数类 Complex 的方法：

* Complex()：构造函数，将实部、虚部都置为 0。
* Complex(double r,double i)：构造函数，创建复数对象的同时完成复数的实部、虚部的初始化，r 为实部的初值，i 为虚部的初值。
* getReal()：获得复数对象的实部。
* getImagin()：获得复数对象的虚部。
* complexAdd(Complex Number)：当前复数对象与形参复数对象相加，所得的结果也是复数值，返回给此方法的调用者。
* complexMinus(Complex Number)：当前复数对象与形参复数对象相减，所得的结果也是复数值，返回给此方法的调用者。
* complexMulti(Complex Number)：当前复数对象与形参复数对象相乘，所得的结果也是复数值，返回给此方法的调用者。
* toString()：把当前复数对象的实部、虚部组合成 a+bi 的字符串形式，其中 a 和 b 分别为实部和虚部的数值。

9. 编写一个银行账户类，要求存放用户的账号、姓名、密码、账户余额等个人信息。类的操作包括存款、取款、查询账户余额、修改密码等。创建此类的对象并测试相应的操作。

10. 首先在一个包中编写类 ClassA，要求该类包括 4 种不同访问权限的成员变量和方法。再在另一个包中编写类 ClassB，在该类中编写一个方法访问 ClassA 的成员。在程序中实现所有可以实现的访问，并说明所有不能访问的成员的原因。

第6章 ❀❀

继承、多态与接口

本章学习目标：

- 理解继承与多态的概念和实现机制
- 利用继承与多态设计复杂的类
- 掌握抽象类和接口的实现

6.1 继承与多态

当多个类具有相同的特征(属性)和行为(方法)时，可以将相同的部分抽取出来放到一个类中作为父类(也叫基类或超类)。其他类继承这个父类，成为子类(也叫派生类)。父类和子类需要满足 is-a 的关系，比如 cat is an animal；dog is an animal。使用继承可以有效地实现代码复用，避免重复代码的出现(实现 write once,only once)。多态是继封装、继承之后，面向对象的第三大特性。现实事物经常会体现出多种形态，如学生，学生是人的一种，一个具体的同学张三既是学生也是人，即出现两种形态。Java 作为面向对象的语言，同样可以描述一个事物的多种形态。如 Student 类继承了 Person 类，一个 Student 的对象便既是 Student，又是 Person，这就是多态的现实意义理解。

6.1.1 子类、父类与继承机制

1. 继承的概念

在面向对象技术中，继承是最具特色的一个特点。继承是指存在于面向对象程序中的两个类之间的一种关系。当一个类自动拥有另一个类的所有属性(变量)和方法时，就称这两个类之间具有继承关系。被继承的类称为父类，继承了父类的所有成员的类称为子类。通过继承可以实现代码复用，使程序的复杂性呈线性增长，而不是随规模增大呈现几何级数增长。如图 6-1 所示，可以把圆定义为具有圆心和半径的类，因此，可以让圆类继承点类，即继承 x, y 属性，作为圆心的坐标，还继

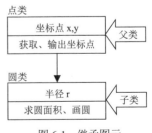

图 6-1　继承图示

承了设置和输出圆心坐标的方法，而圆类在点类的基础上又扩展定义了成员变量 r 作为半径，

以及两个新的成员方法，一个用于求圆面积，一个用来画圆。

继承是一种从已有的类设计新类的复用技术。父类和子类之间具有共享性、层次性、差异性。父类代表了所有子类的共性，子类既可以继承父类的这些共性，同时又可以具有本身独特的个性。在定义子类时，只要定义它本身特有的属性(成员变量)和成员方法就可以了。从这个意义上讲，继承可以理解为：子类的对象可以拥有父类的全部属性和方法，而父类的对象却不能拥有子类的任何属性和方法。

Java 语言出于安全性与可靠性的考虑，仅提供单继承机制，即 Java 程序中的每个类只能有一个直接父类。Java 中的多继承功能则是通过接口的方式来间接实现的。

2. 类的层次

既然面向对象的 Java 语言支持继承关系，那么 Java 中的类应该具有清晰的树形层次结构。我们以 Java 提供的系统类为例，其层次关系如图 6-2 所示。Object 类定义和实现了 Java 系统所有类所需要的共同属性和行为，它是所有类的直接或间接父类。Object 类是一个根类，所有类(包括用户自定义类)都是由它派生而来的，该类定义在 java.lang 包中。

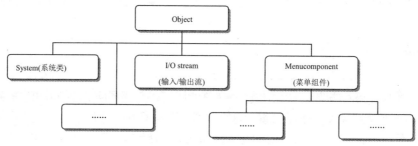

图 6-2　Java 系统类的层次

从图 6-2 可以看出，位于最高层次的是 Object 类，在 Object 类的下层有许多子类，即派生类。事实上，每个子类又可以有许多子类，从而形成一个规模庞大的类树形结构。

6.1.2　Java 的继承

在 Java 中，所有的类都是通过直接或间接地继承 java.lang.Object 类而得到的。继承而得到的类称为子类(派生类)，被继承的类称为父类(基类或超类)，父类包括所有直接或间接被继承的类。子类继承父类的状态和行为，同时也可以隐藏父类的属性(成员变量)或重写父类的行为(成员方法)，并且可以添加新的成员变量和方法。但需要注意的是：Java 不直接支持多重继承，为了安全考虑，Java 中类不能多继承类。如果类可以多继承类时，则被继承的不同的父类可能会有同名同参的方法；如果子类没有重写这个同名同参的方法，则在子类的实例调用这个方法的时候就会出现冲突。

1. 创建子类

通过在类的声明中加入 extends 子句来创建一个类的子类，其语法格式如下：

```
class 子类名 extends 父类名{
    ……
}
```

如果父类又是某个类的子类，则所创建的子类同时也是该类的(间接)子类。原则上，子类可以继承父类(及其父类)的所有成员。如果省略 extends 子句，则该类默认为 java.lang.Object 类的子类。具体而言，子类可以继承父类中访问权限为 public、protected、default 的成员变量和方法，但不能继承访问权限为 private 的成员变量和方法。

【例 6-1】创建一个新类——圆类 Circle，该类继承自点类 Point，即首先定义一个点类，然后由点类派生出圆类。

```
class Point{
    int x,y;
    void setxy(int i, int j){
        x=i;
        y=j;
    }
}
class Circle extends Point{
    double r;
    double area(){
        return 3.14*r*r;
    }
}
```

在定义子类时，用 extends 关键字指明新定义子类的父类，这样，两个类之间就建立了继承关系。新定义的类称为子类或派生类，它可以从父类那里继承所有非 private 的属性和方法。

【例 6-2】类的继承。

```
class Student{                                    //自定义 student 类
    int stu_id;                                   //定义属性：学生学号
    void set_id(int id){                          //定义方法：设置学号
        stu_id=id;
    }
    void show_id(){                               //定义方法：显示学号
        System.out.println("the student ID is:"+stu_id);
    }
}
public class UniversityStudent extends Student{   //定义 UniversityStudent 是 Student 的子类
    int dep_number;                               //定义子类特有的属性(变量)：系别号
    void set_dep(int dep_num){                    //定义子类特有的方法：设置系号
        dep_number=dep_num;
    }
    void show_dep(){                              //定义子类特有的方法：显示系别号
        System.out.println("the dep_number is:"+dep_number);
    }
    public static void main(String args[]){
        UniversityStudent Lee=new UniversityStudent();
        Lee.set_id(2007070130);                   //调用父类 Student 的设置学号方法
        Lee.set_dep(701);                         //调用本类的设置系号方法
        Lee.show_id();                            //调用父类 Student 的显示学号方法
        Lee.show_dep();                           //调用本类的显示系号方法
    }
}
```

学生有小学生、中学生、大学生等之分，因此，学生可以作为具有共性的父类。而大学生是学生的一种，具有特殊性，因此，可以作为子类。这样，大学生子类可以继承学生父类的属性和方法，而本身还可以再定义属于自身的特有属性和方法。

2. 成员变量的隐藏和方法的覆盖

关于成员变量的隐藏和方法的覆盖(重写)，我们来看一个例子。

【例6-3】成员变量的隐藏和方法的覆盖示例。

```
class SuperClass{
    int x;
    ……
    void setX(){
        x=0;
    }
    ……
}
class SubClass extends SuperClass{
    int x;                //隐藏了父类 SuperClass 中的同名变量 x
    ……
    void setX(){          //重写了父类 SuperClass 中的同名方法 setX()
        x=5;
    }
    ……
}
```

在本例中，SubClass 是 SuperClass 的一个子类。其中，定义了一个与父类 SuperClass 中同名的变量 x，并定义了一个同名方法 setX()。这时，在子类 SubClass 中，父类的成员变量 x 被隐藏，父类的方法 setX 被重写。于是子类对象所使用的变量 x 为子类中定义的 x，子类对象调用的方法 setX()为子类中所重写实现的方法。子类通过成员变量的隐藏和方法的重写，可以把父类的属性和行为更新为自身的属性和行为。

子类重新定义一个与父类的成员变量同名的变量，称为成员变量的隐藏。方法的覆盖是指子类重新定义(重写)一个与父类的方法完全相同的方法。

注意:

子类在重写覆盖父类已有的方法时，应保持与父类完全相同的方法头声明，即应与父类有完全相同的方法名、相同的参数列表和相同的返回类型。另外，当子类拥有与父类同名的成员变量时，父类的成员变量并不会被覆盖，而是与子类的成员变量分别存储在不同的空间，其值仍然可以被改变和访问。

3. super

子类在隐藏了父类的成员变量或重写了父类的方法以后，有时还需要用到父类的成员变量，或者在重写的方法中使用父类中被重写的方法。这时，如何访问父类的成员变量或调用父类的方法呢? 在 Java 中，可以通过 super 关键字来实现对父类成员的访问。前面曾经提到过，this 关键字是用来引用当前对象的，与 this 类似，super 被用来引用当前对象的父类对象。

super 的使用有如下 3 种情形。

(1) 用来访问父类被隐藏的成员变量，例如：

```
super.variable
```

(2) 用来调用父类中被重写的方法，例如：

```
super.Method([paramlist]);
```

(3) 用来调用父类的构造方法，例如：

```
super(paramlist));
```

下面通过例 6-4 来说明 super 的使用方式，以及成员变量的隐藏和方法的重写。

【例 6-4】super 使用示例。

```java
class SuperClass{
    int x;
    SuperClass() {
        x=3;
        System.out.println("in superClass: x = "+x);
    }
    void doSomething(){
        System.out.println("in superClass.doSomething()");
    }
}

class Subclass extends SuperClass {
    int x;
    Subclass() {
        super();                 //调用父类 SuperClass 的构造方法
        x=5;
        System.out.println("in subclass : x = "+x);
    }
    void doSomething(){
        super.doSomething();     //调用父类的 SuperClass 方法
        System.out.println("in subClass.doSomething()");
        System.out.println("super.x = "+super.x+" sub.x = "+x);
    }
}

public class Inheritance {
    public static void main( String args[ ] ){
        Subclass subC = new Subclass();
        subC.doSomething();
    }
}
```

程序的运行结果如下：

```
C:\>java inheritance
in superClass: x = 3
```

```
in subclass : x = 5
in superClass.doSomething()
in subClass.doSomething()
super.x = 3 sub.x = 5
```

通常，在实现子类的构造方法时，会先调用父类的构造方法(进行初始化)。而在实现子类的 finalize()方法时，通常最后才调用父类的 finalize()方法。这符合树形类层次以及构造方法和finalize()方法的特点，即初始化过程总是由高向低(由上往下)进行，而资源释放过程则是从低向高(由下往上)进行，先进后出，同栈一样。

4. 继承性设计原则

在面向对象程序的继承性设计中，有如下几条重要原则。

(1) 尽量将公共的行为(方法)和属性(变量)放在父类中，这是通过类的继承实现代码复用的基本要求。通过定义父类中的方法，使得所有子类都能重用这些代码，方便修改和维护，能提高程序的开发效率，并减少程序编写的出错概率。

(2) 利用继承关系实现问题模型中的"子类是父类中的一种"，即 is-a 关系。

(3) 子类继承父类的前提是父类中的方法对子类有用，否则继承就失去了意义。

6.1.3 多态性

1. 多态性的概念

多态性是由封装性和继承性引出的面向对象程序设计的另一大特征。在面向过程的程序设计中，各个方法(函数)是不能重名的，否则就会编译通不过。而在面向对象程序设计中，却利用了"重名"的机制来提高程序的灵活度和简洁性。

多态性是指同名的不同方法在程序中共存，即为同一个方法定义几个不同的版本。程序在运行时，根据具体情况执行不同的版本。调用者只需使用同一个方法名，系统会自动根据实际情况调用相对应的方法，从而实现不同的功能。下面两种方式都可以实现 Java 的多态性。

1) 覆盖(override)实现动态多态性

覆盖是指通过子类对所继承的父类方法的重定义来实现动态多态性。使用时需要注意：在子类中重定义父类方法时，要求与父类中的方法原型(参数个数、类型、顺序)完全相同。

子类重写父类的方法，使子类具有不同的方法实现。如果把父类类型作为形式参数类型，该父类及其子类对象作为实际参数传入。在运行时，Java 虚拟机会根据实际创建的对象类型决定使用哪个方法，一般将这称为动态绑定，它体现了 Java 的动态多态性。

2) 重载(overload)实现静态多态性

重载是指通过定义同一个类中的多个同名的不同方法来实现静态多态性。编译时根据参数(个数、类型、顺序)的不同来区分不同的方法，并予以调用。

由于重载发生在同一个类中，不能再用类名来区分不同的方法。因此，在重载中采用的区分方法是使用不同的形式参数表，包括形式参数的个数、类型或顺序的不同。前面 5.2.5 节中已经介绍过方法重载，即完成一组相似功能的方法可以具有相同的方法名，只是方法接收的参数不同。在前面的许多例子中都用到了系统提供的打印输出方法 println()，这就是一个典型的重载方法，可以给该方法提供不同的参数，如 int、double、String 等类型，程序会根据参数的不同来调用相应的方法，打印输出不同类型的数据。具体调用哪一个被重载的方法，是由编译器在编译阶段静态确定的，所以说，方法重载体现了 Java 的静态多态性。

下面对两种实现方式进行详细介绍。

2. 覆盖实现多态性

子类对象可以作为父类对象来使用(向上转型)，即父类的引用可以指向子类对象，这是由于子类通过继承具备了父类的所有成员(私有的除外)。另外，子类还可以重写覆盖父类中已有的成员方法，拓展父类相同方法的功能。

1) 重写方法的调用规则

对于重写的方法，Java 运行时系统将根据调用该方法的实例的类型决定调用哪个方法。对于子类的实例，如果子类重写了父类的方法，则运行时系统会调用子类的方法，即便子类实例是由父类引用所指向，如果子类继承了父类的方法(未重写)，则运行时系统将调用父类的方法。

【例 6-5】重写方法的调用示例。

```
class Animal{
    void run(){
        System.out.println("The animal is running.");
    }
}

class Bird extends Animal{
    void run(){
        System.out.println("The bird is flying.");
    }
}

public class Dispatch{
    public static void main(String args[]){
        Animal a=new Bird();
        a.run();
    }
}
```

程序的运行结果：

```
C:\>java Dispatch
The bird is flying.
```

在例 6-5 中，定义了 Animal 类的引用 a，然后用 new 操作符创建了一个子类 Bird 的实例，并把对该实例的引用存储到 a 中，由 a 引用(指向)Bird 对象。程序执行时，Java 运行时系统分析该引用是类 Bird 的一个实例，因此会调用子类 Bird 的 run()方法。

运用上述方式可实现运行时的多态，它体现了 OOP 中的代码复用和灵活性。已经编译好的类库中的类可以利用这种多态性，调用新定义子类中的重写方法，而不必修改库类和重新编译类库，实现了方便的可扩展性。在例 6-5 中，如果额外增加几个 Animal 类的子类的定义，则用 a.run()可以分别调用多个子类的不同 run()方法，只需分别用 new 操作符创建不同子类的实例，并由 Animal 类型的引用指向它们即可。

2) 方法重写时应遵循的原则

方法重写应遵循以下两个原则。

- 重写后的方法不能比被重写的父类方法具有更严格的访问权限。
- 重写后的方法不能比被重写的父类方法抛出更多的异常，关于异常请见 8.8 节。

进行方法重写时必须遵守上述两个原则，否则会产生编译错误。编译器的这两个限定，保证了 Java 语言多态性的实现。用户可以通过对例 6-6 的分析进行进一步理解。

【例 6-6】假设编译器允许重写的方法比被重写的父类方法具有更严格的访问权限，则下面的程序段可以编译通过，生成.class 文件。

```
class Parent{
    public void function(){
    }
}
class Child extends Parent{
    private void function(){
    }
}
public class OverriddenTest {
    public static void main(String args[ ]){
        Parent p1 = new Parent();
        Parent p2 = new Child();
        p1.function(); ·
        p2.function();
    }
}
```

当程序执行到 p2.function()时，由于 p2 指向的是 Child 类的对象，因此，p2.function()会调用 Child 类的 function()方法。由于 Child 类的 function()方法的访问权限为 private，因此会导致访问受限而出错。产生这种错误的原因在于子类中重写的方法 function()比父类中被重写的相同方法具有更严格的访问权限。为了避免这种错误的发生，故编译不能通过。

此外，第 2 点原则也与对象的多态性有关，这样限定是出于对程序健壮性的考虑，避免程序中出现应捕获而未被捕获的异常。关于异常处理的内容，将在 8.8 节介绍。

3. 重载实现多态性

重载实现多态性是通过在类中定义多个同名的不同方法来实现的。编译时根据参数(个数、类型、顺序)的不同来区分不同的方法并予以调用。通过方法重载可以定义多个同名操作，调用时根据不同情况选择不同的操作。

下面的例 6-7 创建了一个重载的方法 buildRect()。程序中定义了 MyRect 类，用来表示矩形。用 4 个成员变量来定义矩形的左上角和右下角坐标：x1、y1、x2、y2。另外，定义了 3 个同名但参数不同的 buildRect()方法为这些成员变量赋值。

【例 6-7】方法重载实现多态性示例。

```
import java.awt.Point;

public class MyRect{
    int x1=0;
```

```java
        int y1=0;
        int x2=0;
        int y2=0;
        MyRect buildRect(int x1,int y1,int x2,int y2){
            this.x1=x1;
            this.y1=y1;
            this.x2=x2;
            this.y2=y2;
            return this;
        }
        MyRect buildRect(Point topLeft,Point bottomRight){
            x1=topLeft.x;
            y1=topLeft.y;
            x2=bottomRight.x;
            y2=bottomRight.y;
            return this;
        }
        MyRect buildRect(Point topLeft,int w,int h){
            x1=topLeft.x;
            y1=topLeft.y;
            x2=(x1+w);
            y2=(y1+h);
            return this;
        }
        void printRect(){
            System.out.print("MyRect:<"+x1+","+y1);
            System.out.println(","+x2+","+y2+">");
        }
        public static void main(String args[]){
            MyRect rect=new MyRect();
            rect.buildRect(25,25,50,50);
            rect.printRect();
            System.out.println("******");
            rect.buildRect(new Point(10,10),new Point(20,20));
            rect.printRect();
            System.out.println("******");
            rect.buildRect(new Point(10,10),50,50);
            rect.printRect();
            System.out.println("******");
        }
    }
}
```

程序的运行结果：

```
C: >java MyRect
MyRect:<25,25,50,50>
******
MyRect:<10,10,20,20>
******
MyRect:<10,10,60,60>
******
```

4. 对象所属类的确定

既然子类对象可以作为父类的对象使用，那么，在程序中怎样判断某个对象究竟是属于哪一个类呢？Java 语言提供了 instanceof 操作符，用来判断对象属于哪个类。

在例 6-8 中，方法 method()接收的参数类型为 Employee 类型。假设 Manager 和 Contractor 都是 Employee 的子类。由于子类对象可以被父类引用所指向，因此该方法也可以接收 Manager 和 Contractor 类的对象。在 method()方法内部，可以通过 instanceof 操作符来判断该对象的所属类，进而进行不同的操作。

【例 6-8】确定对象所属类的应用举例。

```
public void method(Employee e) {
    if(e   instanceof   Manager){
        ……          //e 是 Manager 类的对象
    }
    else if(e   instanceof   Contractor) {
        ……          //e 是 Contractor 类的对象
    }
    else {
        ……          //其他情况
    }
}
```

6.2 抽象类和接口

6.2.1 抽象类

用 abstract 关键字修饰的类称为抽象类。声明为 abstract 的类不能被实例化，它只提供一个类的抽象定义。要想实例化，该类只能作为父类，由子类来继承，并在子类中实现抽象类中的所有抽象方法，让子类成为具体的、有意义的类，该子类即可被实例化。抽象方法用 abstract 修饰，abstract 类必须被继承，abstract 方法必须被重写。

当一个类的定义中存在抽象方法时，它不能被实例化为一个对象，而必须用 abstract 予以修饰，指明它是一个抽象类。例如，Java 中的 Number 类就是一个抽象类，它只表示数字这一抽象概念，整数类 Integer 和实数类 Float 是它的子类，它们具体化(实现)了父类，所以可以被实例化。定义抽象类的一般格式如下：

```
abstract class abstractClass{
    ……
}
```

由于抽象类不能被实例化，因此，下面的语句将产生编译错误：

```
new abstractClass();          //错误！用 abstract 修饰的类不能被实例化
```

抽象方法可以为所有子类定义一个统一的方法接口。对抽象方法只需声明,而不需要实现,其声明格式如下:

```
abstract returnType abstractMethod([paramlist]);
```

含有抽象方法的类一定是抽象类,但是抽象类中不一定要有抽象方法。抽象类里面可以没有抽象方法,由子类重写子类所需要的方法,目的是不让直接使用该类,必须继承后才能使用,这样可以保证必要的公共功能,同时子类可以扩展自己特有的功能。

【例 6-9】抽象类举例。

```
abstract class A {
    abstract void callme();
    void metoo(){
        System.out.println("Inside A's metoo() method");
    }
}
class B extends A{
    void callme(){
        System.out.println("Inside B's callme() method");
    }
}

public class Abstract {
    public static void main( String args[ ] ) {
        A c = new B();
        c.callme();
        c.metoo();
    }
}
```

程序的运行结果如下:

```
C:\>java Abstract
Inside B's callme() method
Inside A's metoo() method
```

在本例中,首先定义了一个抽象类 A,其中声明了一个抽象方法 callme(),然后定义抽象类 A 的子类 B,并实现 callme()方法,最后,在主类 Abstract 中,创建类 B 的一个实例并由 A 类的引用 c 指向。因为动态多态性,所以得到上述运行结果。

6.2.2 接口

接口就是抽象方法声明和常量定义的集合。本质上,接口是一种特殊的抽象类,可以认为是 100%的抽象类,这种抽象类只包含常量定义和抽象方法的声明,而没有一般意义上的成员变量和成员方法(的实现)。它的用处主要体现在如下几个方面。

(1) Java 接口是一系列抽象方法的声明,是一些方法特征的集合,一个接口只有方法的特征没有方法的实现,因此这些方法可以在不同的地方被不同的类实现,而这些实现可以具有不同的行为(功能)。

(2) 接口实现和类继承的规则不同。为了数据的安全，继承时一个类只有一个直接父类，也就是单继承。但是一个类可以实现多个接口，接口弥补了类的不能多继承缺点。继承和接口的双重设计，既保持了类的数据安全也变相实现了多继承。

(3) 接口把方法的特征和方法的实现分割开来。这种分割体现在接口常常代表一个角色，它包装与该角色相关的操作和属性，而实现这个接口的类便是扮演这个角色的演员。一个角色由不同的演员来演，一个演员可以扮演多个角色(实现多个接口)。

1. 接口与多重继承

与 C++语言不同，Java 不支持类的多重继承，而是通过接口实现了比多重继承更好的效果。多重继承是指一个类可以为多个类的子类，它使得类的层次关系不清晰(产生交叉)。而且当多个父类同时拥有相同的成员变量和成员方法时，子类就不知道怎么区分它们了，这些都给编程带来了困难。单继承则清楚地表明了类间的树形层次关系结构，区分了子类和父类各自的行为。在 Java 语言中，把对接口的继承称为"实现"(implementation)，接口可以实现"多重继承"，因为一个类可以实现多个接口。

接口是简单的常量和未实现的抽象方法的集合，接口与抽象类的区别主要有以下几点。

(1) 接口不实现任何方法，而抽象类可以实现，这是抽象类的优点，十分有用。如果向一个抽象类里加入一个新的具体方法，那么它所有的子类都得到了这个新方法。而 Java 接口做不到这一点，如果向一个 Java 接口里加入一个新方法，所有实现这个接口的类无法成功通过编译，因为必须让每一个类实现这个方法才行，这显然是 Java 接口的缺点。

(2) 一个抽象类的实现只能由这个抽象类的子类给出，即这个实现类处在抽象类所派生出的继承的树形层次结构中。而由于 Java 语言的单继承性，因此抽象类作为类定义工具的效能大打折扣。在这一点上，Java 接口的优势就体现出来了，任何一个实现了一个接口所规定的抽象方法的类都可以具有这个接口的类型，而一个类可以实现任意多个接口，从而这个类就有了多种类型。接口是定义"混合类型"的理想工具，混合类表明一个类不仅具有某个主类型(父类)的行为，而且可以具有其他类型(接口)的次要行为。

(3) 抽象类在 Java 语言中表示的是一种继承关系，一个类只能使用一次继承关系。但是，一个类却可以实现多个接口。继承类(含抽象类)使用的是 extends 关键字，实现接口使用的是 implements 关键字，继承写在前面，实现接口写在后面，如果实现多个接口，中间用逗号分隔。

2. 接口的定义

Java 的 interface 接口中，定义成员时由于默认修饰符自动省略，因此，默认修饰符也称为缺省属性，成员变量缺省属性为 public static final；成员方法缺省属性为 public abstract，所以，接口是由常量和抽象方法组成的特殊类(型)。定义一个接口和定义一个类非常相似。接口的定义包括接口声明和接口体两部分。其一般格式如下：

```
接口声明{
    接口体
}
```

1) 接口声明

接口声明中可以包括对接口的访问权限以及它的父接口列表。完整的接口声明如下：

```
[public]interface 接口名[extends 接口列表]{
    ......
}
```

其中，public 指明任何类(含接口)均可以使用这个接口，默认情况下，只有与该接口定义在同一个包中的类(含接口)才可以访问这个接口；extends 子句与类声明中的 extends 子句基本相同，所不同的是：一个接口可以有多个父接口，父接口名之间用逗号分隔开，而一个类只能有一个父类。Java 中的接口支持多继承，子接口将继承父接口(们)中的所有常量和抽象方法。

2) 接口体

接口体包含常量(final 变量)定义和抽象方法声明两部分。常量定义的语法格式如下：

```
type NAME=value;
```

其中，type 可以是任意类型，NAME 是常量名，通常使用大写字母，value 是常量值。NAME 默认是 public static final 型(缺省属性)，但必须给其初值，所以实现类中不能重新定义，也不能改变其值。接口中定义的常量可以被共享访问，导入接口所在的包，直接用接口名.常量名即可访问，如果在同一个包内则不用导入。

抽象方法定义的一般格式如下：

```
returnType   methodName([paramlist]);
```

接口中只进行方法的声明，而不提供方法的实现。因此，接口中的方法没有方法体，且用分号(;)结尾。在接口中声明的方法默认具有 public 和 abstract 属性。

【例 6-10】接口定义示例。

```
interface Collection{
    int MAX_NUM=100;
    void add(Object obj);
    void delete(Object Obj);
    boolean find(Object obj);
    int currentCount();
}
```

该例定义了一个名为 Collection 的接口，其中声明了 1 个常量和 4 个方法。这个接口可供队列、链表等数据结构类来实现。

注意：

(1) 与类相似，接口文件保存在 .java 结尾的文件中，文件名使用接口名，接口相应的字节码文件必须在与包名称相匹配的目录结构中。

(2) 接口与类的区别：接口不能用于实例化对象；接口没有构造方法；接口不能包含成员变量，除了 public static final 常量；接口不是被类继承了，而是要被类实现的；接口支持多继承，一个接口可以继承多个接口。

(3) Java 8 以后，接口里可以有静态方法和方法体，接口允许包含具体实现的方法，该方法称为"默认方法",默认方法使用 default 关键字修饰,通过接口名称调用静态方法。Java 9 以后允许将方法定义为 private,使得某些复用的代码不会把方法暴露出去。

3. 接口的实现

除抽象类外,一个类实现了一个接口,那么这个类就必须提供接口中声明的所有方法的实现,而抽象类可以只实现部分方法。在类的声明中,使用 implements 子句表示该类实现某个接口。一个类可以实现多个接口,在 implements 子句中用逗号分隔开不同的接口名。在类体中可以使用接口中定义的常量,但必须实现接口中声明的所有方法。

【例 6-11】接口的实现。使用先进先出(FIFO)队列数据结构(类 FIFOQueue)实现例 6-10 中定义的接口 Collection。

```java
class FIFOQueue implements Collection{
    public void add (Object obj ){
        ……
    }
    public void delete( Object obj ){
        ……
    }
    public boolean find( Object obj ){
        ……
    }
    public int currentCount {
        ……
    }
}
```

【例 6-12】接口的实现实例。

```java
/* 文件名: Animal.java */
public interface Animal {   // public 缺省的话,两个文件可以写在一起,此时接口具有包访问性
    public void eat();
    public void travel();
}

/* 文件名: Tiger.java */
public class Tiger implements Animal{
    public void eat(){
        System.out.println("Tiger eats");
    }
    public void travel(){
        System.out.println("Tiger travels");
    }
    public static void main(String args[]){
        Tiger t = new Tiger ();
        t.eat();
        t.travel();
    }
}
```

运行结果：

```
Tiger eats
Tiger travels
```

实现接口还应注意以下几点。

(1) 类在实现接口的抽象方法时，必须用 public 修饰符，缺省的话，编译会报错：正在尝试分配更低的访问权限；以前为 public。

(2) 除抽象类外，在类的定义部分必须为接口中的所有抽象方法定义方法体，且方法头要与接口中的定义完全一致，否则只是在重载方法。

(3) 如果实现类的直接继承父类与实现接口发生冲突时，父类优先级高于接口。

4. 接口类型的使用

当定义一个新的接口时，实际上是定义了一个新的类型。在可以使用类型(如类型声明、方法参数等)的地方，都可以使用这个接口。接口可以作为一种引用类型来使用，任何实现该接口的类的实例(对象)都可以由该接口类型的变量指向(引用)，通过引用变量可以访问类所实现的接口中的方法，不能访问类的其他方法。Java 运行时系统会根据实际引用对象(实例)的类型，动态地确定应该调用哪个类中的方法。

以前面定义的接口 Collection 和实现该接口的类 FIFOQueue 为例，在例 6-13 中，我们将 Collection 作为引用类型使用。

【例 6-13】接口类型的使用。

```
public class InterfaceType {
    public static void main( String args[] ){
        Collection c = new FIIFOQueue();
        ……
        c.add(obj);   //根据接口引用的实际对象(实例)，调用其所属类 FIIFOQueue 的方法
        ……
    }
}
```

总之，接口的定义仅仅是声明了抽象方法，需要实现它的类为接口中的所有抽象方法定义方法体，即实现这个接口，但抽象类除外，抽象类可以实现接口，可以仅实现部分抽象方法。另外，接口可以作为一种引用类型指向实现它的类的对象(实例)。

6.3 　其他

本节首先介绍 final 关键字的使用，即如何使用 Final 对变量、方法和类进行修饰)；然后介绍实例成员(实例变量和实例方法)与类成员(类变量和类方法)的使用方式和区别；最后对 java.lang.Object 根类中的常用方法予以说明。

6.3.1　final 关键字

在前面介绍类体的定义时，可以看到在类、类的成员变量和成员方法的定义中，都可以使

用 final 关键字。对于这 3 种不同的修饰对象，final 的作用也各不相同。

1. final 修饰变量

如果一个变量前面有 final 修饰符，那么这个变量就变成了常量。一旦被赋值，就不允许在程序的其他地方修改其值。定义方式如下：

```
final type variableName;
```

注意：

用 final 修饰类的成员变量时，在定义的同时就应当给出其初始值。而对于局部变量，不要求在定义的同时给出初始值。但无论哪种情况，初始值一旦给定，都不允许再对其赋值修改。

2. final 修饰方法

类的成员方法前也可以使用 final 修饰符，用 final 修饰的方法不能再被子类重写。定义方式如下：

```
final returnType methodName(paramList){
    ……
}
```

3. final 类

final 类不能被继承。出于安全性考虑，有时候希望一些类不能被继承。例如，Java 中的 String 类被声明为 final 类，使它不能被继承。当一个类的定义已经很具体、很完善，不需要再派生它的子类时，就可以把它声明为 final 类。定义 final 类的格式如下：

```
final class 类名{
    ……
}
```

6.3.2 实例成员和类成员

Java 的类包括两种类型的成员：实例成员和类成员(静态成员)。除非 static 修饰，定义在类中的成员都是实例成员。在类中定义一个变量或方法时，可以指定它为类成员，即静态成员。静态成员(类成员)用 static 修饰符声明，其语法格式如下：

```
static type classVar;
static returnType classMethod([paramlist]){
    ……
}
```

上述语句分别定义了类变量(静态变量)和类方法(静态方法)。如果在定义时不加 static 修饰，则默认是实例变量和实例方法。

1. 实例变量

可以用如下形式定义实例变量：

```
class Myclass{
    float aFloat;
    int aInt;
}
```

在类 Myclass 中定义了实例变量 aFloat 和 aInt。定义了实例变量后，每次新建类的一个对象(实例)时，系统都会为该对象分配存储空间，然后可以通过对象引用来访问该对象中相应的实例变量。

2. 实例方法

实例方法一般用来对当前对象的实例变量进行访问(读或写)，它也可以访问类变量(静态变量)。例 6-14 定义了一个类，它包括一个实例变量 x 以及两个实例方法 x()和 setX()，该类的对象通过实例方法来设置和查询实例变量 x 的值。

【例 6-14】实例方法举例。

```
class AnIntergerNamedX{
    int x;
    public int x(){
        return x;
    }
    public void setX(int newX){
        x=newX;
    }
}
```

类的所有对象共享实例方法的相同代码，如 AnIntergerNamedX 类的所有对象共享了方法 x()和 setX()的相同代码，但不同对象调用实例方法 x()和 setX()访问的实例变量 x 是不同的，每个对象都有自己的实例变量(空间)。

例如，下面的代码段新建了两个 AnIntergerNamedX 类对象，它们各自将自己的 x 变量设置为不同的值，然后打印输出。

```
……
AnIntergerNamedX myX=new AnIntergerNamedX();
AnIntergerNamedX anotherX=new AnIntergerNamedX();
myX.setX(1);
anotherX.x=2;
System.out.println("myX.x="+ myX.x());
System.out.println("anotherX.x="+ anotherX.x());
……
```

这里使用了两种方法访问实例变量 x：

- 使用 setX 方法来设置 myX.x 的值；
- 对 anotherX.x 直接赋值。

上述代码中，变量 x 有两个不同的副本(空间)，一个包含在 myX 对象(实例)中，另一个包含在 anotherX 对象(实例)中，所以称之为实例变量。它们的输出如下：

```
myX.x=1
anotherX.x=2
```

3. 类变量

类变量(静态变量)用 static 修饰符声明，类变量与实例变量有着本质的区别。不管新建了多少个类的对象(实例)，系统只为每个类分配一个类变量(静态变量)的存储空间。程序运行时，系统会为类变量(静态变量)分配一份内存空间，可以通过类名或者某个对象来访问类变量(静态变量)。例如，修改前面的 AnIntergerNamedX 类，使 x 成为一个类变量(静态变量)，如下所示。

【例 6-15】类变量(静态变量)的示例。

```
class AnIntergerNamedX{
    static int x;
    public int x(){
        return x;
    }
    public void setX(int newX){
        x=newX;
    }
}
```

运行代码段，则输出结果如下：

```
myX.x=2
anotherX.x=2
```

4. 类方法(静态方法)

当定义(或声明)一个方法时，可以通过 static 修饰符指定该方法为类方法(静态方法)。类方法(静态方法)只能访问类变量(静态变量)而不能访问在类中定义的实例变量，除非类方法中创建了一个类对象，方可通过对象来访问。此外，类方法(静态方法)可以直接通过类名.类方法名来调用，而不必通过类的实例对象来调用。

指定一个方法为类方法(静态方法)，必须在方法声明的时候加上 static 关键字。现在再改变一下 AnIntergerNamedX 类的定义，将它的成员变量 x 定义为实例变量，将它的两个方法都定义为类方法(静态方法)。

```
class AnIntergerNamedX{
    int x;
    static public int x(){
        return x;
    }
    static public void setX(int newX){
        x=newX;
    }
}
```

当编译这个修改后的 AnIntergerNamedX 类，会出现编译错误，原因是类方法(静态方法)不能访问实例变量。另外，在类方法(静态方法)中不能使用 this 或 super 关键字。

下面将 x 变量定义为类变量(静态变量)：

```
class AnIntergerNamedX{
    static int x;
    static public int x(){
        return x;
    }
    static public void setX(int newX){
        x=newX;
    }
}
```

这时，编译就能通过了。类成员(静态成员)可以直接通过类名来访问，而不必创建类的对象，其访问格式如下：

类名.类成员名

例如：

```
……
AnIntergerNamedX.x=0;
AnIntergerNamedX.setX(1);
System.out.println("AnIntergerNamedX.x="+ AnIntergerNamedX.x());
……
```

5. 实例成员和类成员的使用示例

【例 6-16】实例成员和类成员应用举例。

```
class member{
    static int classVar;
    int instanceVar;
    static void setClassVar(int i){
        classVar = i;
        // instanceVar = i;        // 错误！不允许在类方法中访问实例变量
    }
    static int getClassVar(){
        return classVar;
    }
    void setInstanceVar(int i){
        classVar=i;
        instanceVar=i;
    }
    int getInstanceVar(){
        return instanceVar;
    }
}
public class memberTest{
    public static void main(String args[]){
        member m1=new member();
        member m2=new member();
        m1.setClassVar(1);
```

```
                m2.setClassVar(2);
                System.out.println("m1.classVar="+m1.getClassVar()+" ; m2.classVar="+m2.getClassVar());
                m1.setInstanceVar(11);
                m2.setInstanceVar(22);
                System.out.println("m1.InstanceVar="+m1.getInstanceVar()+" ; m2.InstanceVar="+m2.getInstanceVar);
        }
}
```

程序运行结果：

```
C:\>java memberTest
m1.classVar=2 ; m2.classVar=2
m1.InstanceVar=11 ; m2.InstanceVar=22
```

上述代码中，classVar 是类变量(静态成员变量)，属于全局变量，它的生命周期从类加载时分配空间(只分配一次)开始，直至类卸载(如程序运行完)释放时结束。一个类的类变量(静态变量)和类方法(静态方法)，同样遵守访问权限控制，如果它们被声明为私有，则派生类不能直接访问使用，允许访问时，一般通过所在类的类名.类变量名和类名.类方法名进行使用，而不建议通过类对象实例来使用。instanceVar 是实例变量(非静态变量，常称之为普通成员变量)，它是普通全局变量，作用域为整个类体，类对象创建时分配空间(每创建一次，就分配一次空间)，同一个类的不同对象有不同的实例变量空间，相互独立，各自存在。实例方法(非静态方法，常称之为普通方法或成员方法)setInstanceVar 中的参数 i 属于局部变量，局部变量不可以用 static 修饰(即不允许定义静态局部变量)，也不允许用 protected、private 和 public 修饰。类方法(静态方法)setClassVar 中的参数 i 也是局部变量(注意：不是静态的)，在它方法体内定义的局部变量都是非静态的，即都不能用 static 修饰，而且它只能访问静态变量(类变量)和静态方法(类方法)，不能直接使用实例变量和实例方法。

访问类变量(静态变量)和类方法(静态方法)前，不需要对该类进行实例化，可以通过类名.类变量和类名.类方法直接访问使用。主类的 main()方法是 static 的静态方法，它是整个程序的运行入口。

6.3.3 类 java.lang.Object

类 java.lang.Object 处于 Java 开发环境的类层次树的根部，其他所有类都是它的直接或间接子类(派生类)。Object 类定义了一些所有对象都具有的最基本的属性和行为，包括对象的比较、获取对象所属实际类和返回字符串(通常只是为了方便输出)等功能。下面介绍几个常见的方法(详情可以参阅 Java JDK 的 API 手册)。

1. equals()

该方法用来比较两个对象是否相同，如果相同，则返回 true，否则返回 false。它比较的是两个对象引用上是否相同(即所占用的内存地址是否相同)，相当于操作符"=="的作用。例如：

```
Integer one=new Integer(1);
Integer anotherOne=new Integer(1);
if(one.equals(anotherOne))
System.out.println("objects are equal");
```

这里的 equals()方法将返回 false。虽然对象 one 和 anotherOne 属于同一个类，且包含相同的整数值 1，但它们在内存中的存储位置并不相同，是两个不同的对象。

2. getClass()

getClass()是 final 方法，不能被重写，同时也是一个 native 方法，即它是由非 java 语言实现的。它返回一个对象在运行时所对应类的表示 class *。例如，下面的方法用于得到并打印输出对象所属的类名：

```
void PrintClassName(Object obj){
    System.out.println("The object's class is"+obj.getClass().getName());  //输出对象所属的类名
}
```

【例 6-17】getClass 方法的使用。

```
public class getClassTest {
    public static void main(String[] args){
        Person p=new Person(1,"张三");
        System.out.println(p.getClass());
        System.out.println(p.getClass().getName());
    }
}
class Person{
    int id;
    String name;
    public Person(int id, String name){
        super();   //调用 Object 类的构造方法
        this.id = id;
        this.name =name;
    }
}
```

程序运行结果：

```
class Person
Person
```

备注：Object 类并没有显式声明任何构造方法，而是存在默认的不带参数的构造方法，且它是一个空的构造方法，只有形式上的意义。用户还可以用 newInstance()来创建一个类的实例，而不必在编译时就知道它是哪个类。下面的方法创建了一个 obj 指向的对象所属类的实例：

```
Object createNewInstanceOf(Object obj){
    return obj.getClass().newInstance();
}
```

3. toString()

toString()方法可以用来返回对象的字符串名称。例如：

```
System.out.println(Thread.currentThread().toString());
```

上述语句将打印输出当前线程的线程名。

【例 6-18】toString 方法的重写和自动调用。

```
public class toStringOverride{
    public static class A
    {    public String toString()         //重写父类 Object 中的 toString()方法
        {    return "this is A";    }     //也可以返回 A 的属性值(有的话)，方便程序调试
    }
    public static void main(String[] args)
    {    A obj = new A();
        System.out.println(obj);          // toString 在遇到 println 之类的输出方法时会自动调用，不
                                          //用显式打出来。

    }
}
```

程序运行输出结果：

this is A

通过重写 toString()方法可以适当地显示对象的属性信息等，以便于程序调试。

【例 6-19】调用 Object 类的 toString 方法。

```
public class toStringTest
{    public static class A
    {    public String getString()
        {        return "this is A";        }
    }
    public static void main(String[] args)
    {    A obj = new A();
        System.out.println(obj);          //由于 A 类未重写 toString，这里自动调用的是 Object 的方法
        System.out.println(obj.getString());
    }
}
```

程序运行输出结果：

toStringTest$A@5305068a   //主类名$内部类名@地址
this is A

例 6-18 和例 6-19 中的 A 类都属于内部类，内部类就是在一个类的内部再定义一个类。内部类是一个有用的设计，但比较难理解和使用，下面的 6.3.4 小节会进行简单介绍。

4. finalize()

该方法用于释放对象，但要到垃圾收集时才进行。

5. notify()、notifyAll()和 wait ()

这些方法用于多线程处理中的线程同步。多线程技术将在后面第 8 章中介绍。

6.3.4　内部类

为什么要使用内部类？在 *Thinking in java* 中有这样一句话：使用内部类最吸引人的原因是：

每个内部类都能独立地继承一个(接口的)实现,所以无论外部类是否已经继承了某个(接口的)实现,对于内部类都没有影响。在程序设计中有时候会存在一些使用接口很难解决的问题,这时我们可以利用内部类提供的、可以继承多个具体的或者抽象的类的能力来解决这些程序设计问题。可以这样说,接口只是解决了部分问题,而内部类使得"多重继承"的解决方案变得更加完整。使用内部类具有如下特性。

(1) 内部类可以有多个实例,每个实例都有自己的状态信息,并且与其他外部对象的信息相互独立。

(2) 在单个外部类中,可以让多个内部类以不同的方式实现同一个接口,或者继承同一个类。

(3) 创建内部类对象的时刻并不依赖于外部类对象的创建。

(4) 内部类没有 is-a 的关系,它就是一个独立的实体。

(5) 内部类提供了更好的封装,除了其外部类,其他类都不能访问。

当创建一个内部类的时候,它无形中与外部类有了一种联系,依赖于这种联系,它可以无限制地访问外部类的成员。引用内部类需指明这个对象的类型: OuterClasName.InnerClassName,如果需要创建某个内部类对象,必须利用外部类的对象通过 .new 来创建内部类: OuterClass.InnerClass innerClass = OuterClass.new InnerClass();,同时如果需要生成对外部类对象的引用,可以使用 OuterClassName.this,这样能够产生一个正确引用外部类的引用。内部类是个编译时的概念,一旦编译成功后,它就与外部类属于两个不同的类(当然它们之间还是有联系的)。对于一个名为 OuterClass 的外部类和一个名为 InnerClass 的内部类,在编译成功后,会出现两个 class 文件: OuterClass.class 和 OuterClass$InnerClass.class。

在 Java 中内部类主要分为成员内部类、局部内部类、匿名内部类和静态内部类。成员内部类是最普通的内部类,它是外部类的一个成员,所以它可以无限制地访问外部类的所有成员属性和方法,尽管是 private 的,但是外部类要访问内部类的成员属性和方法需要通过内部类实例来访问。在成员内部类中要注意两点:①成员内部类中不能存在任何 static 的变量和方法;②成员内部类是依附于外部类的,所以只有先创建了外部类才能够创建内部类。

局部内部类是嵌套在方法和作用域内的,这个类的使用主要用于解决比较复杂的问题。想创建一个类来辅助我们的解决方案,但又不希望这个类是公共可用的,所以产生了局部内部类。局部内部类和成员内部类一样被编译,只是它的作用域发生了改变,它只能在该方法中被使用,否则会失效。

在第 9 章做 AWT、Swing 编程中,会使用匿名内部类来绑定事件监听器:

```
frame.addWindowListener( new WindowAdapter() {
    public void windowClosing(WindowEvent e) {
        System.exit(0);
    }
}   //斜体标示即为匿名内部类
);  //这个不能遗漏!
```

读者可能会觉得非常奇怪,因为这个内部类没有名字。关于匿名内部类,有以下 3 点需要注意:①匿名内部类是没有访问修饰符的;②一定要存在 new 匿名内部类;③匿名内部类没有构造方法,因为它连名字都没有何来构造方法。

关键字 static 中提到 static 可以修饰成员变量、方法、代码块，其实它还可以修饰内部类，使用 static 修饰的内部类被称为静态内部类。静态内部类与非静态内部类间的一个最大区别：非静态内部类在编译完成之后会隐含地保存一个引用，该引用指向创建它的外部类，但是静态内部类却没有。没有这个引用就意味着：①它的创建是不需要依赖于外部类的；②它不能使用任何外部类的非 static 成员方法和变量。

内部类是一个有用的设计，但比较难理解和使用，只有随着编程能力的提高，才能领悟到它的魅力所在。因此，对于内部类，读者暂且了解即可。

6.4　小结

继承是面向对象语言的重要机制。借助继承，开发人员可以扩展原有的代码，应用到其他程序中，而不必重新编写这些代码，实现了代码复用。多态机制实现了方法同名但实现不同，尤其是方法重写，把不同的子类对象都当作父类来看，可以屏蔽不同子类对象之间的差异，写出通用的代码，做出通用的编程，以适应需求的不断变化。抽象类用来捕捉子类的通用特性，是被用来创建继承层级里子类的模板。现实中有些父类中的方法没有必要写，因为各个子类中的这个方法会有不同；而写成抽象类，这样查看代码时会知道这是抽象方法，并知道这个方法是在子类中实现的，所以有提示作用。接口的技术让大家都知道这个是做什么的，但是不用知道具体怎么做，提供了一个统一标准。Java 类库中，Object 是根类，在它基础上派生了很多子类，这些库类的设计很有参考学习价值。所以，经常参阅 Java JDK 的 API 手册是很好的 Java 学习之道。JDK17 的 API Documentation 检索网址：

https://docs.oracle.com/en/java/javase/17/docs/api/index.html。

6.5　思考练习

1. 假设有下面两个类的定义：

```
class Person{
    long id;        //身份证号
    String name;    //姓名
}
class Student extends Person{
    int score;      //成绩
    int getScore(){
        return score;
    }
}
```

则类 Person 和类 Student 的关系是_____。

    A. 包含关系　　　　B. 继承关系　　　　C. 关联关系　　　　D. 无关系

2. 假设有如下程序：

```
class MyClass extends Object{
    private int x;
    private int y;
    public MyClass(){
        x=0;
        y=0;
    }
    public MyClass(int x, int y){
        this.x=x; this.y=y;
    }
    public void show(){
        System.out.println("\nx="+x+"    y="+y);
    }
    public void show(boolean flag){
        if (flag) System.out.println("\nx="+x+"    y="+y);
        else System.out.println("\ny="+y+"    x="+x);
    }
    protected void finalize() throws throwable{
        super.finalize();
    }
}
public class MyPro{
    public static void main(String args[ ]){
        MyClass myclass=new MyClass(5,10);
        System.out.println("\nx="+myclass.x+"    y="+myclass.y);
    }
}
```

编译后的运行结果是_____。

    A. x=0　y=0　　　　B. x=5　y=10　　　　C. 编译不能通过

3. 接口中可以有的语句是_____(从 ABCD 中多选)；一个类可以继承_____父类，实现_____接口；一个接口可以继承_____接口(从 EF 中单选)；接口_____继承父类，_____实现其他接口；实现某个接口的类_____被该接口类型引用(从 GH 中单选)；

    A. int x;　　　　　　B. int y=0;　　　　　C. public void aa();

    D. public void bb(){System.out.println("hello");}

    E. 仅一个　　　　　F. 一个或多个　　　　G. 可以　　　　　H. 不可以

4. 解释 this 和 super 的含义和作用。

5. 什么是继承？继承的意义是什么？如何定义继承关系？

6. 什么是多态？Java 程序如何实现多态？有哪些实现方式？

7. 利用多态性编程，实现求三角形、长方形和圆形的面积。

提示：

抽象出一个共享父类，声明一个为求面积的抽象方法，再重写各形状的求面积方法。在主类中创建不同类的对象并都由父类变量引用，然后求不同形状的面积。

8. 定义一个球类 Ball，包含私有成员变量半径 r 和两个公有成员方法，即设定半径和得到半径。定义一个台球类 Billiards，继承自 Ball 类，包含私有成员变量颜色和两个公有成员方法，即设定颜色和输出信息，其中输出信息要求输出台球的颜色和半径值。定义一个主类 TestBall，测试上述两个类。

9. 定义一个名为 Vehicle 的接口，其中包括两个方法：start()和 stop()。另外设计两个类，分别为 Bike 和 Bus，然后在这两个类中实现 Vehicle 接口。设计一个名为 interfaceDemo 的主类，在它的 main()方法中创建 Bike 和 Bus 的对象，并访问 start()和 stop()方法。

10. 设计一个名为 StaticDemo 的类，其中只定义了一个实例变量和一个类变量，要求对实例变量赋初值。再定义一个主类，并在 main()方法中生成 StaticDemo 类的两个不同对象，分别改变其实例变量和类变量的值，并输出改变后的变量的值。

第 7 章

字符串和常用库类

本章学习目标：

- 掌握字符串的定义
- 掌握 String 类型字符串的操作方法
- 掌握 StringBuffer 类型字符串的操作方法
- 初步掌握 StringTokenizer 字符分析器的操作方法
- 熟悉常用库类

7.1 字符串的创建

字符串可以看成是由若干字符(也可以为空)组成的数组，Java 语言使用 String 和 StringBuffer 两个类来存储和操作字符串，即字符串可以作为对象来处理。

Java 中的字符串与其他大多数语言一样，可以分为字符串常量和字符串变量两种。其中，字符串常量是由一系列字符用双引号括起来表示的，如"Hello!"；而字符串变量则是利用 String 或 StringBuffer 类的对象来存储操作字符串，例如：

```
String str;
str="Hello!";
```

其中，str 表示一个字符串变量，str 的值为"Hello!"。下面介绍如何创建 String 和 StringBuffer 类型的字符串对象。

7.1.1 创建 String 类型的字符串

创建 String 类型的字符串有以下几种方法。

(1) 由字符串常量直接赋值给字符串变量，例如：

```
String str＝"Hello! ";
```

(2) 由一个字符串来创建另一个字符串，例如：

```
String str1=new String("Hello");
String str2=new String(str);
String str3=new String();
```

其中，str3 为空字符串。

(3) 由字符数组来创建字符串，例如：

```
char num[]={'H', 'i'};
String str=new String(num);
```

(4) 由字节型数组来创建字符串，例如：

```
byte bytes[]={25,26,27};
String str=new String(bytes);
```

(5) 由 StringBuffer 对象来创建 String 类型的字符串，例如：

```
String str= new String(s);
```

其中，s 为 StringBuffer 类型的字符串对象。

7.1.2　创建 StringBuffer 类型的字符串

创建 StringBuffer 类型的字符串有以下几种方法。

(1) 由 String 对象来创建 StringBuffer 类型的字符串，方法如下：

```
StringBuffer( String s );
```

上述方法分配了 s 大小的空间和 16 个字符的缓冲区。例如：

```
StringBuffer str=new StringBuffer("Hello!");
```

注意：

字符串常量不能直接赋值给 StringBuffer 类型的字符串变量。

(2) 创建 StringBuffer 类型的空字符串，方法如下：

```
StringBuffer();
```

上述方法将创建一个具有 16 个字符缓冲区的空字符串。

```
StringBuffer(int len);
```

上述方法将生成具有 len 个字符缓冲区的空字符串对象。例如：

```
StringBuffer str=new StringBuffer();
StringBuffer str=new StringBuffer(12);
```

用户可以通过以上几种方法来生成 Sting 类型或 StringBuffer 类型的字符串对象，其中，String 类型的构造方法如表 7-1 所示。

表 7-1　String 类型的构造方法

构造方法	功能描述
String()	创建一个空的字符串对象
String(string)	用一个字符串来生成一个新的字符串对象，两个字符串相等

(续表)

构造方法	功能描述
String(char[]) String(char[],int,int)	用字符型数组来生成一个新的字符串，其中第一个参数是字符数组，第二和第三个参数分别用来指明字符型数组的起始位置和长度
String(byte[]) String(byte[],int,int)	用 byte 型数组生成一个新的字符串，其中第一个参数是 byte 型数组，第二和第三个参数分别指明生成字符串的 byte 型数组的起始位置和长度
String(StringBuffer)	利用 StringBuffer 对象来创建一个 String 类型的字符串对象

7.2　String 类型字符串的操作

Java 中的 String 类定义了许多成员方法，用来操作 String 类型的字符串。下面介绍常见的几类操作。

1. 求字符串的长度

String 类提供了 length()方法用来获得字符串的长度，该方法的声明如下：

```
public int length();
```

例如：

```
String s="You are great!";
String t="你很优秀!";
int len_s,len_t;
len_s=s.length();
len_t=t.length();
```

上面的语句可以得到字符串"You are great!"的长度 len_s 为 14 个字符，字符串"你很优秀!"的长度 len_t 为 5 个字符。需要注意的是，空格符也算一个字符。

Java 的字符类型采用 Unicode 编码，UTF-16 是 Unicode 字符集的一种编码方案，Java 采用 UTF-16 编码作为内码，也就是说在 JVM 内部，文本是用 16 位码元序列表示的，常用的文本就是字符(char)和字符串(String)字面常量的内容。Java 字符和字符串存在于以下几个地方。

(1) Java 源码文件：*.java，可以是任意字符编码，如 UTF-8、UTF-16 和 ANSI 等，可由文本编辑软件(含 IDE)设置。

(2) 字节码文件：*.class，采用的是一种改进的 UTF-8 编码(Modified UTF-8)。

(3) JVM：内存中使用 UTF-16 编码。

Java 编译器需要正确地读取源码，消除编码差异，然后编译成 UTF-8 编码的 class 文件。比如，默认情况下 javac 会读取操作系统的编码，可以使用参数-encoding 指定源码文件的字符编码。JVM 加载 class 文件，把其中的字符或字符串转成 UTF-16 编码序列。比如我的操作系统的编码是 GBK，GBK 属于 ANSI，在 ANSI 的国际通用集之中，GBK 是专门来解决中文编码的双字节的编码，不论中英文都是双字节。而 UTF-8 是另外一种编码方式，对英文使用 8 位，对中文使用 24 位，它与 ANSI 和 GBK 的编码方式是有本质区别的。我们记事本默认的保存方式是 ANSI，并且用不同的编码方式编写的文件必须用对应的编码格式来读取，否则就会出现乱码。

2. 字符串的连接

(1) 两个字符串使用+运算符进行连接，例如：

```
String str1="I"+"like"+"swimmming";
String str2;
str2=str1+" but Jane like running.";
System.out.println(str1);
System.out.println(str2);
```

打印输出结果如下：

```
I like swimming
I like swimming but Jane like running.
```

(2) 使用 contat()方法进行连接，该方法定义如下：

```
String contat();
```

例如：

```
String str1="I"+"like"+"swimmming";
String str2;
String s=str1. contat(" but Jane like running.")
System.out.println(s);
```

在屏幕上打印输出"I like swimming but Jane like running."。

3. 字符串的大小写转换

(1) 把字符串中所有的字符变为小写，方法定义如下：

```
String toLowerCase();
```

(2) 把字符串中所有的字符变成大写，方法定义如下：

```
String toUpperCase();
```

例如：

```
String date="Today is Sunday.";
String date_lower,date_upper;
date_lower=date. toLowerCase();
date_upper=date. toUpperCase();
```

执行以后，可以得到：

```
date_lower="today is sunday."
date_upper=" TODAY IS SUNDAY."
```

4. 求字符串的子集

(1) 获取给定字符串中的一个字符，方法如下：

```
char CharAt(int index);
```

CharAt()方法可以得到给定字符串中 index 位置的字符，字符串第一个字符的索引为 0，index 的范围是从 0 到字符串长度减一。

例如：

```
String date="Today is Sunday.";
System.out.print(data.CharAt(0));
System.out.print(data.CharAt(3) );
System.out.print(data.CharAt(s.length()-1));
```

输出结果如下：

```
Ta.
```

(2) 获得给定字符串的子串，有如下两个方法：

```
String substring(int begin_index);
String substring(int begin_index,int end_index);
```

substring(int begin_index)方法得到的是从 begin_index 位置开始到字符串结束的一个字符串，共有字符串长度减去 begin_index 个字符；而方法 substring(int begin_index,int end_index)得到的是 begin_index 位置和 end_index-1 位置之间连续的一个字符串，共有 end_index-begin_index 个字符。其中，begin_index 和 end_index 的取值范围都是从 0 到字符串长度减一，且 end_index 要大于 begin_index。

例如：

```
String date=" It is Sunday";
String str1,str2;
str1=date. substring(6) ;
str2=date. substring(6,9);
```

得到的结果为：

```
str1="Sunday";
str2="Sun";
```

需要注意的是：str2 子字符串获得的是原字符串第 6～8 位的字符串，而不是第 6～9 位的字符串。

5. 字符串的比较

(1) equals()和 equalsIgnoreCase()方法，方法定义如下：

```
boolean equals(String s);
boolean equalsIgnoreCase(String s);
```

equals()方法是把两个字符串进行比较，如果完全相同的话，则返回 true，否则返回 false；

equalsIgnoreCase()方法是把两个字符串进行比较，比较时不区分字符串中的大小写，如果除了字符的大小写不同，其他的完全相同的话，则返回 true，否则返回 false。

例如：

```
String date1="SunDay ",date2=" Sunday";
System.out.println(data1. equals (data2));
System.out.println(data1. equalsIgnoreCase (data2));
```

输出结果为：

```
false
true
```

注意：

Java 语言中比较两个字符串是否完全相同，不能使用＝运算符，因为即使两个字符串完全相同的情况下也会返回 false。

【例 7-1】比较两个字符串是否相同。

```
public class Test {
    public static void main(String[] args) {
        String s1=new String("SunDay");
        String s2=new String("SunDay");
        String s3="SunDay";
        String s4="SunDay";
        System.out.println("s1==s2? "+((s1==s2)? true: false));
        System.out.println("s3==s4? "+((s3==s4)? true: false));
        System.out.println("s2==s3? "+((s2==s3)? true: false));
        System.out.println("s2 equals s3? "+s2. equals(s3));
    }
}
```

程序运行结果如下：

```
s1==s2? false
s3==s4? true
s2==s3? false
s2 equals s3? true
```

本例定义了 4 个相同的字符串 s1、s2、s3 和 s4，利用＝符号进行判断时，得到 s1 和 s2 不相等，s2 和 s3 不相等，而 s3 和 s4 相等，这样的结果是因为 s3 和 s4 指向的是同一个对象，而 s1、s2 和 s3 分别指向不同的对象，＝符号比较的是两个字符串对象的引用(首地址)，而 equals() 方法比较的是它们的内容，因此，利用 equals()方法比较 s2 和 s3，可以得到它们是相等的。图 7-1 所示是这 4 个字符串在内存中的示意图。

(2) compareTo() 和 compareToIgnoreCase() 方法，方法定义如下：

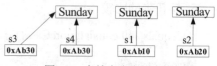

图 7-1　字符串内存示意图

```
int compareTo(String s);
```

```
int compareToIgnoreCase(String s);
```

compareTo()方法是把两个字符串按字典顺序进行比较，如果完全相同的话，则返回 0；如果调用 compareTo()方法的字符串大于字符串 s 的话，则返回正数；如果小于的话，则返回负数。compareToIgnoreCase()方法与 compareTo()方法类似，只是在两个字符串进行比较的时候，不区分两个字符串的大小写。

例如：

```
String s1="me" ,s2="6";
```

则 s1.compareTo("her")大于 0，s1.compareTo("you")小于 0，s1.compareTo("me")等于 0，s2.compareTo("35")大于 0，s2.compareTo("2")小于 0。值得注意的是："6"与"35"比较的并不是数值的大小，而是字符"6"和字符"3"在字典顺序中的大小。同样地，"6"与"2"比较的是字符"6"和字符"2"按字典顺序的大小。

(3) startsWith()和 endsWith()方法。

startsWith()方法定义如下：

```
boolean startWith(String s)
boolean startWith(String s,int index)
```

strarWith()方法用来判断字符串的前缀是否是字符串 s。如果是，则返回 true；否则，返回 false。其中，index 是指前缀开始的位置。

endsWith()方法定义如下：

```
boolean endsWith(String s)
```

endsWith()方法用来判断字符串的后缀是否是字符串 s。如果是，则返回 true；否则，返回 false。

例如：

```
String s="abcdgde ";
boolean b1,b2,b3;
b1=s. startsWith("abc");
b2=s.startsWith(s,2);
b3=s.endsWith("abc");
```

可以得到：b1 的值为 true，b2 的值为 false，b3 的值为 false。

(4) regionMatches()方法，方法定义如下：

```
boolean regionMatches(int index,String s,int begin,int end)
boolean regionMatches(boolean b,int index,String s,int begin,int end)
```

regionMatches 方法用来判断字符串 s 从 begin 位置到 end 位置结束的子串是否与当前字符串 index 位置之后 end-begin 个字符子串相同。如果相同，则返回 true；否则返回 false。

【例 7-2】判断一个字符串是否在另一个字符串当中，如果存在，返回所在位置的索引。

```
public class Hello {
    public static void main(String[] args) {
        String source="It is Sunday";
```

```
String s="Sunday";
int i=0,len=s.length();
while(i<=source.length()-len){
    if(source.regionMatches(i,s,0,len))
    break;
    i++;
}
if(i<=source.length()-len)
    System.out.println("Sunday 在源串中的索引为:"+i);
else
    System.out.println("Sunday 不在源串中。");
    }
}
```

程序的输出结果如下：

Sunday 在源串中的索引为:6

6. 字符串的检索

Java 中的 String 类提供了 indexOf()和 lastIndexOf()两种方法，用来查找一个字符串在另一个字符串中的位置。indexOf()是从字符串的第一个字符开始检索，lastIndexOf()则是从字符串的最后一个字符开始检索。

int indexOf(String s);

从开始位置向后搜索字符串 s，如果找到，则返回 s 第一次出现的位置，否则返回-1。

int lastIndexOf(String s);

从最后位置向前搜索字符串 s，如果找到，则返回 s 第一次出现的位置，否则返回-1。

int indexOf(String s,int begin_index);

从 begin_index 位置开始，向后搜索字符串 s，如果找到，则返回 s 第一次出现的位置，否则返回-1。

int lastIndexOf(String s,int begin_index);

从 begin_index 位置开始，向前搜索字符串 s，如果找到，则返回 s 第一次出现的位置，否则返回-1。

例如下面的代码：

```
String s="more and more",s1="more";
int a1,a2;
a1=s.indexOf(s1);
a2=s.lastIndexOf(s1);
```

得到的结果如下：

a1=0，a2=9

【例 7-3】求给定字符串中第一个单词出现的次数(单词之间用空格分隔)。

```java
public class Test {
    public static void main(String[] args) {
        String str="more pains more gains";
        int space_index=str.indexOf(" ");              //求出第一个空格的位置
        String first_word=str.substring(0,space_index); //求出第一个单词
        int totalnum=0,index=0;
        while(index!=-1) {
            index=str.indexOf(first_word,index+1);
            totalnum++;
        }
        System.out.println("字符串中第一个单词"+first_word+"出现的次数为: "+totalnum);
    }
}
```

程序的运行结果如下:

字符串中第一个单词 more 出现的次数为: 2

7. 字符串类型与其他类型的转换

1) 字符串类型与数值类型的转换

下面是由数据类型转换为字符串类型的各种重载方法。

```java
String static valueOf(boolean t);
String static valueOf(int t);
String static valueOf(float t);
String static valueOf(double t);
String static valueOf(char t);
String static valueOf(byte t);
```

valueOf()方法可以把 boolean、int、float、double、char、byte 类型转换为 String 类型,并返回该字符串。调用格式为 String.valueOf(数值类型的值),例如:

```java
String str1,str2;
str1=String.valueOf(25.1);
str2=String.valueOf('a');
```

下面是由字符串类型转换为数值类型的方法。

- public int parseInt(String s)。parseInt()方法是把 String 类型转换为 int 类型,调用格式为: Integer.parseInt(String)。
- public float parseFloat(String s)。parseFloat()方法是把 String 类型转换为 float 类型,调用格式为: Float.parseFloat(String)。
- public double parseDouble(String s)。parseDouble()方法是把 String 类型转换为 double 类型,调用格式为: Double. parseDouble(String)。
- public short parseShort(String s)。parseShort()方法是把 String 类型转换为 short 类型,调用格式为: Short. parseShort (String s)。
- public long parseLong(String)。parseLong()方法是把 String 类型转换为 long 类型,调用

格式为：Long. parseLong (String s)。

- public byte parseByte(String s)。parseByte()方法是把 String 类型转换为 byte 类型，调用格式为：Byte. parseByte (String)。

例如：

```
int a;
try{
    a=Integer.parseInt("Java");
}catch(Exception e){}
```

字符串类型转换为数值类型不一定会成功，所以在进行转换操作时要捕捉异常。

2) 字符串类型与字符或字节数组的转换

用字符数组或字节数组来构造字符串的方法如下：

```
String(char[],int offset,int length);
String(byte[],int offset,int length);
```

上述方法可以用来实现字符数组或字节数组到字符串的转换。

String 类也实现了字符串向字符数组的转换，方法如下：

```
char[] toCharArray();
```

调用格式为：字符串对象. toCharArray()，该方法返回一个一维字符数组的引用。

除了 toCharArray 方法，String 类还提供了另一种方法实现字符串向字符数组的转换：

```
public void getChars(int begin,int end,char c[],int index)
```

getChars()方法用来将字符串中从 begin 位置到 end-1 位置上的字符复制到字符数组中，并从字符数组的 index 位置开始存放。需要注意的是，end-begin 的长度应该小于 char 类型数组所能容纳的大小。

例如：

```
char c[]= new char[10];
"今天星期六".getChars(0, 5, c, 0);
String s=new String(c,0,4);
System.out.println(s);
```

得到的结果是：

今天星期

此外，String 类还实现了字符串向字节数组转换的方法，方法如下：

```
byte[] getBytes();
```

调用格式为：字符串对象.getBytes()，该方法返回一个字节数组的引用。

例如：

```
byte b[]= "今天星期六".getBytes();
String s=new String(b,4,6);
System.out.println(s);
```

得到的结果如下：

星期六

8. 字符串的替换

(1) 字符串中字符的替换，语句如下：

String replace(char oldChar,char newChar);

该方法用来把字符串中出现的某个字符全部替换成新字符。

例如：

```
String s="bag";
s=s.replace('a', 'e');
```

替换后可以得到：

s="beg"

(2) 字符串中子串的替换，语句如下：

String replaceAll(String oldstring,String newstring);

该方法用来把字符串中出现的子串 oldstring 全部替换为字符串 newstring。

例如：

```
String s="more and more ";
s=s.replaceAll ("more ", "less");
```

替换后可以得到：

s="less and less "

9. 字符串的其他操作

(1) 字符串前后部分空格的删除，语句如下：

String trim();

该方法用来把字符串前后部分的空格删除，返回删除空格后的字符串引用。

例如：

```
String str="  It is Sunday    ";
String s=str.trim();
```

可以得到：

s="It is Sunday"

(2) 对象的字符串表示，语句如下：

String toString();

toString()是 Object 类中的一个 public 方法，用来将任意类对象转换成 String 的字符串。

【例7-4】将 StringBuffer 类型和 Date 类型的对象转换为字符串输出。

```
import java.util.Date;
public class Hello {
    public static void main(String[] args) {
        StringBuffer s=new StringBuffer("Hello!");
        Date date=new Date();
        System.out.println(s.toString());
        System.out.println(date.toString());
    }
}
```

程序的输出结果如下:

```
Hello!
Sat Nov 27 10:16:02 CST 2021
```

7.3 StringBuffer 类型字符串的操作

StringBuffer 类也定义了许多成员方法用来对 StringBuffer 类型字符串进行操作。但 StringBuffer 类与 String 类不同,String 类型的字符串是对其副本(新生成的对象)进行操作,而 StringBuffer 类对字符串的操作是对原字符串本身进行的,操作后的结果会使原字符串发生改变。

7.3.1 字符串操作

1. 字符串的追加

(1) 追加基本数据类型的数据,语句如下:

```
StringBuffer append(数据类型 t);
```

该方法用来在字符串的后面追加基本数据类型的数据,包括 boolean、int、char、float、double、long 等。

(2) 追加 String 类型的数据,语句如下:

```
StringBuffer append(String s)
```

该方法用来在字符串的后面追加一个 String 类型的数据。

(3) 追加字符数组类型的数据,语句如下:

```
StringBuffer append(char[])
StringBuffer append(char[],int begin,int end)
```

该方法用来在字符串的后面追加一个字符数组类型的数据,begin 和 end 是指所增加字符数组中字符的开始位置和结束位置。

(4) 追加 Object 类型的数据,语句如下:

```
StringBuffer append(Object t)
```

该方法用来在字符串后面增加一个 Object 类型的数据。

下面对上述(1) (2)方法进行举例:

```
StringBuffer s=new StringBuffer("It is ");
s.append("JDK ");
s.append(17);
System.out.println(s);
```

输出结果如下:

```
It is JDK 17
```

值得注意的是，StringBuffer 类型的字符串不能用 "+" 运算符进行连接，只能用上面的 append()方法。

2. 字符串的插入

(1) 插入基本数据类型的数据，语句如下:

```
StringBuffer insert(int offset, 数据类型 t);
```

该方法用来在字符串的 offset 位置插入一个基本数据类型的数据，包括 boolean、int、char、float、double、long 等。

(2) 插入 String 类型的数据，语句如下:

```
StringBuffer insert(int offset, String t);
```

该方法用来在字符串的 offset 位置插入一个字符串。

(3) 插入字符数组类型的数据，语句如下:

```
StringBuffer insert(int offset,char[] t);
StringBuffer insert(int offset, char[] t,int begin,int end);
```

该方法用来在字符串的 offset 位置插入一个字符数组类型的数据，begin 和 end 是指所增加字符数组中字符的开始位置和结束位置。

(4) 插入 Object 类型的数据，语句如下:

```
StringBuffer insert(int offset,Object t);
```

该方法用来在字符串的 offset 位置插入一个 Object 类型的数据。

下面对上述(1) (2)方法进行举例:

```
StringBuffer s=new StringBuffer("It is ");
s.insert(6,17);
s.insert(6,"JDK ");
System.out.println(s);
```

输出结果如下:

```
It is JDK 17
```

3. 字符串的删除

(1) 删除字符串的一个字符，语句如下：

```
StringBuffer deleteCharAt(int index);
```

deleteCharAt 方法是删除字符串中 index 位置的一个字符。

(2) 删除字符串的子串，语句如下：

```
StringBuffer delete(int begin_index,int end_index);
```

delete 方法是删除从 begin_index 位置开始到 end_index-1 位置的所有字符,删除的字符总数为 end_index-begin_index。

例如：

```
StringBuffer s=new StringBuffer("It iss Sunday");
s=s.deleteCharAt(5) ;
s=s.delete(5,12);
```

删除后，s 的结果如下：

```
It is
```

4. 字符串的修改

```
void setLength(int length);
```

该方法用来把字符串的长度改为 length，操作后的字符串的字符有 length 个。需要注意的是：如果 length 的长度小于原字符串的长度，那么进行 setLength 操作后，字符串的长度变为 length，且后面的字符将被删除；如果 length 的长度大于原字符串的长度，那么进行 setLength 操作后，会在原字符串的后面补 Unicode 字符'\u0000'来使原字符串的长度变为 length。字符 '\u0000'是空字符(null)。

例如：

```
StringBuffer s=new StringBuffer("Sunday");
s.setLength(8) ;                //补两个空字符 null
System.out.println(s+"sun");    //null 空字符被自动转换为空格字符
s.setLength(3) ;
System.out.println(s);
```

输出结果如下：

```
Sunday sun
Sun
```

注意：

在 C 语言中，字符串和字符数组都需要结束符 NULL，而 Java 语言的字符串和字符数组都是不需要结束符的。Java 中无须结束符的原因是：Java 里面一切都是对象，其字符串是有长度的，编译器可以据此确定要输出的字符个数，所以没有必要浪费空间用以标明字符串的结束。比如，数组对象里有一个属性 length，即数组的长度，String 类里面有方法 length()可以确定字符串的长度。因此，对于输出函数来说，有直接的大小可以判断字符串的边界，编译器没有必要再去浪费 1 字节的空间标识字符串的结束。

5. 求字符串的长度和容量

(1) 获取字符串的长度，语句如下：

```
StringBuffer length()
```

length 方法同 String 类型的一样，用来求当前字符串的长度。

(2) 获取 StringBuffer 字符串的容量，语句如下：

```
StringBuffer capacity()
```

该方法用来求当前 StringBuffer 字符串和 StringBuffer 缓冲区大小之和。

例如：

```
StringBuffer s=new StringBuffer("Sunday");
int len1,len2;
len1=s.capacity();
len2=s.length();
```

得到的结果如下：

```
len1=22
len2=6
```

以 Sunday 为参数新建 StringBuffer 字符串对象，系统为其分配了 6+16 个字符的存储空间，其中 16 个字符属于缓冲区，因此，调用 s.capacity() 得到的结果为 22。

6. 字符串的替换

(1) 子串的替换，语句如下：

```
StringBuffer replace(int begin_index,int end_index,String s);
```

replace 方法是用字符串 s 来替换 begin_index 位置和 end_index 位置之间的子串。

(2) 单个字符的替换，语句如下：

```
void setCharAt(int index,char ch);
```

setCharAt 方法用来把字符串 index 位置的字符替换为 ch。

例如：

```
StringBuffer s=new StringBuffer("me them");
s.setCharAt(1,'y');
s.replace(3,7,"their");
System.out.println(s);
```

输出结果如下：

```
my their
```

7. 字符串的反转

```
StringBuffer reverse();
```

reverse 方法是将字符串倒序。

【例7-5】输入一个字符串，判断它是不是回文。

```
import java.util.*;
public class Hello {
    public static void main(String[] args) {
        Scanner scan = new Scanner(System.in);
        System.out.println("请输入字符");
        String str = scan.nextLine();              //从键盘输入字符
        StringBuffer oldstr=new StringBuffer(str);
        StringBuffer newstr=oldstr.reverse();
        String temp=new String(newstr);
        if(str.equals(temp))
        System.out.println(str+"是回文。");
        else
        System.out.println(str+"不是回文。");
    }
}
```

运行程序,如果输入字符串"abcba",则输出结果为"abcab 是回文";如果输入字符串"ttargs",则输出结果为"ttargs 不是回文"。

注意:

String 中对字符串的操作不是对原字符串本身进行操作，而是对新生成的一个原字符串对象的副本进行的，其操作的结果不影响原字符串。而 StringBuffer 中对字符串的操作是对原字符串本身进行的，可以对字符串直接进行修改而不产生副本。

【例7-6】String 与 StringBuffer。

```
public class Hello {
    public static void main(String[] args) {
        String prestr=new String("It is Monday.");
        StringBuffer presb=new StringBuffer("Dog is cute.");
        String str;
        StringBuffer sb;
        str=prestr.replaceAll("Monday","Sunday");
        sb=presb.replace(0,3,"Cat");
        System.out.println("String 类型源串为："+prestr+"替换结果为："+str+"源串仍为："+prestr);
        System.out.println("StringBuffer 类型源串为：Dog is cute."+"替换结果为："+sb+"源串变为："+presb);
    }
}
```

程序的输出结果如下:

```
String 类型源串为：It is Monday.替换结果为：It is Sunday.源串仍为：It is Monday.
StringBuffer 类型源串为：Dog is cute.替换结果为：Cat is cute.源串变为：Cat is cute.
```

可见，对 String 类型的字符串 prestr 进行替换后，源字符串并没改变，而对 StringBuffer 类型的字符串 presb 进行替换后，源字符串就被改变了。

7.3.2　字符分析器

Java 的 java.util 包中提供了一个名为 StringTokenizer 的类，该类可以通过分析一个字符串把字符串分解成可被独立使用的单词，这些单词称为语言符号。例如，字符串"It is Sunday"，如果把空格作为该字符串的分隔符的话，那么该字符串有 It、is 和 Sunday 3 个单词。而对于 "It;is;Sunday"字符串，如果把分号作为该字符串的分隔符的话，那么该字符串也有 3 个单词。

StringTokenizer 类的构造方法如下。

(1) StringTokenizer(String s)：为字符串 s 构造一个字符分析器，使用默认的分隔符。默认的分隔符包括空格符、Tab 符、换行符、回车符等。

(2) StringTokenizer(String s, String delim)：为字符串 s 构造一个字符分析器，使用字符串 delim 作为分隔符。

(3) StringTokenizer(String s, String delim,boolean isTokenReturn)：为字符串 s 构造一个字符分析器，使用 delim 作为分隔符，如果 isTokenReturn 为 true，则分隔符也被作为符号返回；如果 isTokenReturn 为 false，则不返回分隔符。

例如：

```
StringTokenizer s=new StringTokenizer("It;is;Sunday",";");
```

StringTokenizer 对象被称为字符分析器。字符分析器中有一些方法可以对字符串进行操作，常用的方法有如下几个。

```
public String nextToken();
```

该方法可以逐个获取字符串中的单词并将其作为字符串返回，使用默认的分隔符。

```
public String nextToken(String delim)
```

该方法以字符串 delim 作为分隔符逐个获取字符串中的单词并作为字符串返回。

```
public int countTokens()
```

该方法返回单词计数器的个数，即单词数。

```
public boolean hasMoreTokens();
```

该方法检测字符串中是否还有单词，如果还有单词，则返回 true，否则返回 false。

【例 7-7】分析字符串，输出单词的总数和每个单词。

```
import java.util.*;
public class Hello {
    public static void main(String[] args) {
        String s="Friday;Saturday;Sunday";
        StringTokenizer stk=new StringTokenizer(s,";");
        System.out.println("共有"+ stk.countTokens()+"个单词，分别为:");
        while(stk.hasMoreTokens()){
            System.out.println(stk.nextToken());
        }
    }
}
```

程序的输出结果：

```
共有 3 个单词，分别为:
Friday
Saturday
Sunday
```

7.3.3 main()方法

Java 的每一个程序都是从 public static void main(String[] args)方法开始执行的。显然，main 方法中的参数是字符串数组 args[]，args 是命令行参数，字符串数组 args[]的元素是在程序运行时从命令行输入的，其形式如下：

```
java 类文件名  arg[0] arg[1] arg[2] arg[3]…
```

其中，元素之间用空格分开。

【例 7-8】输出命令行上输入的字符串。

```java
public class Test {
    public static void main(String[] args) {
        for(int i=0;i< args.length;i++)
        System.out.println("输入的第"+(i+1)+"个字符串为: "+args [i]);
    }
}
```

如果在命令行中输入"java Test"，则程序没有任何输出；如果在命令行中输入"java Test Sunday 1.0 c"，则程序输出如下：

```
输入的第 1 个字符串为: Sunday
输入的第 2 个字符串为: 1.0
输入的第 3 个字符串为: c
```

可见，Sunday、1.0 和 c 分别对应着字符串数组的 args[0]、args[1]和 args[2]。

7.4 常用库类

Java 作为面向对象语言，通过类定义将数据和方法封装在一起，提供了很多现成的类，并以包的形式构建了一个庞大的类库，供开发人员使用，这大大提高了 Java 程序的开发效率。在常用库类中，包括将基本数据类型封装起来的包装类、处理常见数学问题的 Math 类、生成随机数的 Random 类、表示日期时间的 Date 类以及系统类 System 和输入类 Scanner。

7.4.1 包装类

Java 把基本数据类型进行了封装，提供了相应的包装类，如 int 型的包装类 Integer、double 型的包装类 Double、boolean 型的包装类 Boolean、char 型的包装类 Character 和数值型的包装类 Number。此外，还有 Byte、Short、Long 和 Float 等包装类。

1. Integer 类

在 Java 中，使用 int 类型数据时可能会有所要求：比如只能使用引用数据类型，但是因为 int 类型是基本数据类型，无法直接使用，所以需要进行包装，这就引入了 Integer 类，其他基本数据类型的包装类也是如此。Integer 类在定义中包装了一个基本类型 int 的值，该类提供了多个方法，能在 int 类型和 String 类型之间互相转换，还提供了处理 int 类型时非常有用的一些方法和常量。

```
int i=10;
String str1 = Interger.toBinaryString(i);
String str2 = Interger.toOctalString(i);
String str3 = Integer.toHexString(i);
```

通过查阅 API 文档可知上面用到的方法都有修饰符 static，即这些方法都是静态方法，可以直接通过类名来调用。上面例子通过调用 Integer 类的静态方法，可以直接将一个 int 型整数转换为相应的二进制、八进制和十六进制，并且以字符串类型对象返回结果。

```
String str="10";
Integer integer = new Integer(str);          //str 的字面值须是数字
int i = integer.intValue();                  //将包装类型转换为它所对应的基本类型，称为手动拆箱
int i1 = integer;                            //自动拆箱
int j = Integer.parseInt(str);               //直接使用 Integer 的 parseInt 静态方法，更方便
Integer integer1 = Integer.valueOf("10");    //字符串的字面值须是数字
Integer integer2 = Integer.valueOf(10);      //手动装箱，即将基本数据类型转换为包装类型
Integer integer3 = 10;                       //自动装箱
integer3 = integer3+10;                      //先自动拆箱，后自动装箱
```

但要注意：

```
Integer integer = null;
System.out.print("Hi, "+integer);           //输出 Hi，null 因为 integer 自动转换为字符串，所示不引发异常
int j =integer;        //无法自动拆箱转换引发 NullPointerException，应先判断是否为 null，然后再使用
```

关于异常，详见 8.8 节。下面的代码演示了 Integer 类当中常量的使用。

```
int max_value = Integer.MAX_VALUE;      // 获取 int 类型可取的最大值
int min_value = Integer.MIN_VALUE;      // 获取 int 类型可取的最小值
int size = Integer.SIZE;                // 获取以二进制补码形式表示 int 值的比特位数
Class c = Integer.TYPE;                 // 获取基本类型 int 的 Class 实例
```

关于 Integer 类的其他详情，读者可查阅 Java 的 API 文档说明。此外，Java 还提供了 BigInteger 类，它的数字范围比 Integer 类的数字范围大得多。

2. Double 类

在 Double 类中包含了许多常量，其中较为常用的如下。

(1) MAX_VALUE：值为 1.8E308 的常量，它表示 double 类型的最大正有限值的常量。

(2) MIN_VALUE：值为 4.9E-324 的常量，它表示 double 类型的最小正非零值的常量。

(3) SIZE：以二进制补码形式表示 double 值的比特位数。

(4) TYPE：表示基本类型 double 的 Class 实例。

```
String str1 = "3.1415";
double pi = Double.parseDouble(str1);       //将字符串转换为 double 类型的数值
double d = 3.1415;
String str2 = Double.toString(d);           //将 double 类型的数值转换为字符串
```

在将字符串转换为 double 类型的数值的过程中，如果字符串中包含非数值类型的字符，则程序执行将出现异常。关于 Double 类的详情，读者可查阅 Java 的 API 文档说明。此外，Java 还提供了 BigDecimal 类，用于超大超精度的浮点运算。

3. Boolean 类

Boolean 类中的常量如下。

(1) TYPE：表示基本类型 boolean 的 Class 实例。

(2) TRUE：其定义为 public static final Boolean TRUE = new Boolean(true);。

(3) FALSE：其定义为 public static final Boolean FALSE = new Boolean(false);。

Boolean 类中的常用方法有：

```
public static int compare(boolean x, boolean y){ //静态方法
    return (x ==y) ? 0 : (x ? 1 : -1);           // x 等于 y，返回 0；x 为 true，返回 1；x 为 false，返回-1
}
public int compareTo(Boolean b){                 //实例方法
    return compare(this.value, b.value);         //调用静态方法比较两个对象的值
}
public static boolean parseBoolean(String s){    //静态方法
    return ((s != null) && s.equalsIgnoreCase("true"));
//只要字符串等于 true(不区分大小写)，那么就是 true，否则都是 false
}
Example: Boolean.parseBoolean("True") returns true.
Example: Boolean.parseBoolean("yes") returns false.
public static Boolean valueOf(boolean b){        //静态重载方法
    return (b ? TRUE : FALSE);
}
public static Boolean valueOf(String s){         //静态重载方法
    return parseBoolean(s) ? TRUE : FALSE;
}
// 上述两个重载方法 valueOf，根据 boolean 本身的两个值，或者根据 parseBoolean 值，分别返回内置的两
个对象：TRUE 或 FALSE
public boolean booleanValue(){
    return value;
}
public String toString(){                        //实例方法
    return value ? "true" : "false";
}
public static String toString(boolean b){        //静态方法
    return b ? "true" : "false";
}
// 大家可以查阅 Java 的 API 文档学习其他方法:
https://docs.oracle.com/en/java/javase/17/docs/api/java.base/java/lang/Boolean.html
```

【例 7-9】Boolean 示例。

```
public class TestBoolean
{
    public static void main(String[] args){
        Boolean b1 =Boolean.valueOf("true");
        Boolean b2 =Boolean.valueOf("Hi");
        Boolean b3 =Boolean.valueOf(true);
        int i = b1.compareTo(b2);
        int j = b1.compareTo(b3);
        System.out.println("b1 转换为 boolean 值是: "+ b1.toString());
        System.out.println("b2 转换为 boolean 值是: "+ b2);   //b2 自动调用 toString()方法
        System.out.println("b3 转换为 boolean 值是: "+ b3);   //同上
        System.out.println("i="+i+"; j="+j);
    }
}
```

程序编译运行如下：

```
c:\工作目录>java TestBoolean.java    //编译并运行, 不生成字节码文件
b1 转换为 boolean 值是: true
b2 转换为 boolean 值是: false
b3 转换为 boolean 值是: true
i=1; j=0
```

请读者依据前面对 Boolean 常用方法的介绍，分析上述结果。

4. Character 类

使用 Character 的构造方法创建一个 Character 类对象，例如：

```
Character ch = new Character('i');
```

在某些情况下，Java 编译器会自动创建一个 Character 对象。例如，将一个 char 类型的参数传递给需要一个 Character 类型参数的方法时，那么编译器会自动地将 char 类型参数转换为 Character 对象，这种特征称为装箱，反过来称为拆箱。

```
// 原始字符 'i' 装箱到 Character 对象 ch 中
Character ch = 'i';
// 原始字符 'i' 用 method 方法装箱
// 返回拆箱的值到 c
char c = method('i'); //method(Character ch)声明
```

Character 类的常用方法如下。

(1) isLetter()：是否是一个字母。

(2) isDigit()：是否是一个数字字符。

(3) isWhitespace()：是否是一个空白字符。

(4) isUpperCase()：是否是大写字母。

(5) isLowerCase()：是否是小写字母。

(6) toUpperCase()：指定字母的大写形式。

(7) toLowerCase()：指定字母的小写形式。

(8) toString()：返回字符的字符串形式，字符串的长度仅为1。

对于方法的完整列表，请参考 java.lang.Character API 规范。

5. Number 类

所有的数值型包装类都是抽象类 Number 的子类，如图 7-2 所示。

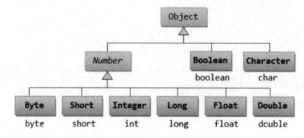

图 7-2　Number 类的继承树位置

Number 类定义了一些抽象方法，以各种不同数字格式返回对象的值。如 xxxValue()方法将 Number 对象转换为 xxx 数据类型的值并返回。Number 类的常用方法如下。

(1) byte byteValue()：返回 byte 类型的值。

(2) short shortValue()：返回 short 类型的值。

(3) int intValue()：返回 int 类型的值。

(4) long longValue()：返回 long 类型的值。

(5) float floatValue()：返回 float 类型的值。

(6) double doubleValue()：返回 double 类型的值。

抽象类不能直接实例化，而是必须实例化其具体的子类。如下代码演示了 Number 类的使用：

```
Number num = new Double(3.14);
System.out.println("返回 double 类型的值："+ num.doubleValue());  // 动态多态性，方法重写
System.out.println("返回 int 类型的值："+ num.intValue());
System.out.println("返回 float 类型的值："+ num.floatValue());
```

输出结果如下：

```
返回 double 类型的值：3.14
返回 int 类型的值：3
返回 float 类型的值：3.14
```

7.4.2　数字处理类

Java 提供一些数字处理类，如执行数学基本运算的 Math 类，生成随机数的 Random 类等。

1. Math 类

Math 类包含了用于执行基本数学运算的属性和方法，如初等指数、对数、平方根和三角函数等。Math 类的方法都被定义为 static 形式，通过 Math 类名可以直接调用。Math 类的使用示例如下所示：

```
System.out.println(Math.PI);
System.out.println(" π/2 的角度值： " + Math.toDegrees(Math.PI/2));
System.out.println("90 度的正弦值： " + Math.sin(Math.PI/2));
System.out.println("0 度的余弦值： " + Math.cos(0));
```

输出结果如下：

```
3.141592653589793
π/2 的角度值：90.0
90 度的正弦值：1.0
0 度的余弦值：1.0
```

Math 类有如下几种常用方法。

(1) floor()：返回小于或等于(<=)给定参数的最大整数的双精度值，也称地板函数。算法 Math.floor(x+0.5)，表示将原来的数字加上 0.5 后再向下取整。

(2) round()：表示四舍五入，Math.round(11.5)的结果为 12，Math.round(-11.5)的结果为-11。

(3) ceil()：返回大于或等于(>=)给定参数的最小整数的双精度浮点型，也称天花板函数。

(4) exp()：返回自然数底数 e 的参数次方。

(5) log()：返回参数的自然数底数的对数值。

(6) sqrt()：求参数的算术平方根。

(7) abs()：返回参数的绝对值。

(8) random()：返回一个随机数。

2. Random 类

在 Random 类中有以下两种构造方法。

(1) Random()：无参构造方法，用于创建一个伪随机数生成器，默认当前系统时间的毫秒数作为种子。我们使用的系统一般是北京时间，毫秒数从 1970-01-01 08:00:00 开始算起。

(2) Random(long seed)：有参构造方法，用一个 long 型的 seed 种子创建伪随机数生成器。

给定种子以后每一次生成的随机数是相同的，Random()由于种子是变动的，因此每一次生成的随机数是不同的。Random 类的 nextDouble()方法返回的是取值范围为 0.0~1.0 的 double 值，nextFloat()方法返回的是取值范围为 0.0~1.0 的 float 值，nextInt(int n)返回的是 0(包括)和 n(不包括)之间的 int 值。

```
Random random = new Random();          //无参构造方法新建动态伪随机数生成器
int i1 = random.nextInt();             //生成任意 int 类型随机数
int i2 = random.nextInt(100);          //生成[0,100]int 类型随机数
long l = random.nextLong();            //生成任意 long 类型随机数
float f = random.nextFloat();          //生成[0.0,1.0]float 类型随机数
double d = random.nextDouble();        //生成[0.0,1.0]double 类型随机数
boolean b = random.nextBoolean();      //生成 true false 随机布尔值
```

7.4.3 时间日期类

Java 提供了日期时间类 Date，Date 类的使用如下：

```
import java.util.*; //所在包
//创建一个代表系统当前日期的 Date 对象
```

```
Date d = new Date();
System.out.print(d);
//输出如: Sat Dec 04 09:08:06 CST 2021
//CST(时区缩写)指中国时区, GMT 指格林威治时间
```

除了 Date(long date)，Date 类的其他带参构造方法都已过时，被 Calendar 类所替代。Date(long date)中的 date 指的 January 1, 1970, 00:00:00 GMT.以来的毫秒数，由于我们的操作系统一般采用的是中国时区 CST，因此实际是从 January 1, 1970, 08:00:00 开始算起。System.currentTimeMillis() 返回的也是这个毫秒数。

Calendar 类比 Date 类强大得多，java.util.Calender 类主要用于描述特定的瞬间，取代 Date 类中的过时方法，实现全球化。该类是个抽象类，因此不能实例化对象，其具体子类是 GregorianCalendar，提供了世界上绝大多数国家/地区使用的标准日历系统。Calendar 日历类的常用属性如下：

```
static final int YEAR                    //年份
static final int MONTH                   //月份 (注意：从 0 开始算起，最大11；0 代表 1 月，11 代表 12 月)
static final int DATE                    //同 DAY_OF_MONTH，日期
static final int DAY_OF_MONTH            //同 DATE，日期
static final int DAY_OF_YEAR             //这一天是这一年中的第几天
static final int DAY_OF_WEEK_IN_MONTH    //当前月中的第几周
static final int DAY_OF_WEEK             //一周中的第几天 / 星期几
static final int HOUR                    //12 小时制的时间
static final int HOUR_OF_DAY             //24 小时制的时间
static final int MINUTE                  //分钟数
```

Calendar 类的常用方法如下：

```
protected Calendar()                     //构造方法，使用默认时区和国家
protected Calendar(TimeZone zone, Locale aLocale)
long getTimeInMillis()                   //返回系统毫秒数(相对时间)
TimeZone getTimeZone()                   //返回时区
int getWeeksInWeekYear()                 //返回 Calendar 时间当年共有多少周
final void set(int year, int month, int date, int hourOfDay, int minute, int second)
final void setTime(Date date)
void setTimeInMillis(long millis)
void setTimeZone(TimeZone value)         //设置时区
String toString()                        //返回 Calendar 时间的字符串对象
```

【例 7-10】Calendar 类示例。

```
import java.util.*;
public class TestCalendar{
    public static void main(String[] args) {
        Calendar calendar=Calendar.getInstance();  //返回默认时区地区的当前时间日历对象的引用
        System.out.println("现在时间是："+new Date());
        String year=String.valueOf(calendar.get(Calendar.YEAR));             //现在是哪一年
        String month=String.valueOf(calendar.get(Calendar.MONTH)+1);         //现在是几月份
        String day=String.valueOf(calendar.get(Calendar.DAY_OF_MONTH));      //现在是几月份的第几天
        String week=String.valueOf(calendar.get(Calendar.DAY_OF_WEEK)-1);    //现在是星期几
        System.out.println("现在时间是："+year+"年"+month+"月"+day+"日，星期"+week);
```

```
        }
    }
```

程序编译运行，输出结果如下：

```
c:\工作目录>java TestCalendar.java
现在时间是：Sat Dec 04 10:45:53 CST 2021
现在时间是：2021 年 12 月 4 日，星期六
```

注意，上面代码中的 Calendar.getInstance()方法的定义如下：

```
public static Calendar getInstance() {
    return new GregorianCalendar(); //以默认时区和地区的当前时间创建日历对象
}
```

【例 7-11】GregorianCalendar 类示例。

```
import java.util.*;
public class TestGregorianCalendar{
    public static void main(String[] args) {
        Calendar calendar = new GregorianCalendar();
        calendar.set(2022, 0, 1, 8, 0, 0); //重新设置时间,一月是 0，二月是 1，以此类推，12 月是 11
        System.out.println(calendar.getTime());
        //Calendar 提供日期的计算功能 calendar.add(field, amount)
        //field 是域，表示年或者月或者日，amount 表示相应域的增减数量
        calendar.add(Calendar.YEAR, -1);//减去 1 年
        Date d = calendar.getTime();
        System.out.print(d);
    }
}
```

程序编译运行，输出结果如下：

```
c:\工作目录>java TestGregorianCalendar.java
Sat Jan 01 08:00:00 CST 2022
Fri Jan 01 08:00:00 CST 2021
```

7.4.4 System 类

System 类是我们较早接触到的，常用 System.out.println()方法来进行打印输出。System 类代表当前 Java 程序的运行平台，是一个系统类，它位于 java.lang 包下，该类被 final 修饰，即不能被继承。System 类提供了一些类变量和方法，允许直接通过 System 类来调用这些类变量和方法。

System 类提供了进行标准输入 in、标准输出 out 和错误输出 err 的 3 个类变量，它们都是静态对象，其中 out 对象是最常用到的，in 对象用来获取输入数据。

System 类提供的常用方法如下：

```
static long currentTimeMillis()              //获取当前时间毫秒数(相对时间)
static void exit(int status)                 //退出 JVM 系统
static void gc()        //启动 JVM 的垃圾收集器进行内存回收。调用 gc 方法意味着 Java 虚拟机做了一些努
```

力来回收未用对象或失去了所有引用的对象，以便能够快速地重用这些对象当前占用的内存。当控制权从方法调用中返回时，虚拟机已经尽最大努力从所有丢弃的对象中回收了内存空间

```
static Properties getProperties()                      //获取系统属性，属性分为键和值两部分
static String getProperty(String key)   //获取指定键 key 的系统属性，如 System.getProperty("os.name");语句可
                                         以获知当前操作系统名称。
static void setProperties(Properties props)            //设置系统属性集
static String setProperty(String key, String value)    //设置指定键的系统属性值为 value
static String getenv(String name)                      //获取指定环境变量值，如 System. getenv("classpath");
```

7.4.5 Scanner 类

System.out 表示向控制台输出，而 System.in 表示从控制台输入，Scanner 类则是一个扫描类，用它扫描控制台输入 System.in 就可以获取用户输入的数据。Scanner 类位于 java.util.包，使用前须导入该包或直接导入 java.util.Scanner 类。Scanner 类提供的方法有很多，常用的有以下几个：

```
String next()           //扫描输入流获取一个字符串，默认以空格结束
boolean nextBoolean()   //扫描获取一个布尔值
byte nextByte()         //扫描获取一个 byte 值
double nextDouble()     //扫描获取一个 double 值
float nextFloat()       //扫描获取一个 float 值
int nextInt()           //扫描获取一个 int 值
String nextLine()       //扫描获取一行字符串
long nextLong()         //扫描获取一个 long 值
short nextShort()       //扫描获取一个 short 值
```

【例 7-12】Scanner 类的使用。

```
import java.util.*;
public class TestScanner{
    public static void main(String[] args) {
        Scanner s = new Scanner(System.in);
        System.out.println(s.nextInt());   //等待读取一个 int 值，默认到空格或回车结束，打印输出
        System.out.println(s.nextInt());   //再读取一个 int 值，默认到空格或回车结束，输出
        System.out.println(s.next());      //接着读取一个字符串，默认到空格或回车结束
        System.out.println(s.next());      //再读取一个字符串，默认到空格或回车结束
        s.close();
    }
}
```

程序编译运行，输出结果如下：(注意输入数据须同各个读取数据的类型相匹配，空格间隔开)

```
c:\工作目录>java Test.java
1 2 red blue
1
2
red
blue
```

倘若输入数据不慎导致数据类型不匹配，如下所示：

```
c:\工作目录>java Test.java
i 2 s s
Exception in thread "main" java.util.InputMismatchException
        at java.base/java.util.Scanner.throwFor(Scanner.java:939)
        at java.base/java.util.Scanner.next(Scanner.java:1594)
        at java.base/java.util.Scanner.nextInt(Scanner.java:2258)
        at java.base/java.util.Scanner.nextInt(Scanner.java:2212)
        at Test.main(Test.java:7)
```

程序因引发 InputMismatchException 异常而中断退出，关于异常，将在 8.8 节对其进行介绍。
上面程序运行时，如果用户每输入一个数据就回车的话，程序会如何输出呢？请读者测试一下，
并分析程序的执行流程。

7.5　小结

本章学习了字符串的两种类型 String 和 StringBuffer，主要介绍了如何利用它们创建字符串，
并着重对 String 类和 StringBuffer 类的各种成员方法做了详细介绍和实例讲解，还分析了两种类
型的区别。此外，本章介绍了如何使用字符分析器来分析字符串以及 main() 方法中字符串数组
参数的用法。最后，本章对一些常用库类进行了简要介绍。

7.6　思考练习

1. String 类型与 StringBuffer 类型的区别是什么？
2. 有如下 4 个字符串 s1、s2、s3 和 s4:

```
String s1="Hello World! ";
String s2=new String("Hello World! ");
s3=s1;
s4=s2;
```

求下列表达式的结果？_____。

```
s1==s3
s3==s4
s1==s2
s1.equals(s2)
s1.compareTo(s2)
```

3. 下列程序的输出结果是_____。

```
public class Test {
    public static void main(String[] args) {
        String s1="I like cat";
        StringBuffer sb1=new StringBuffer ("It is Java");
```

```
        String s2;
        StringBuffer sb2;
        s2=s1.replaceAll("cat","dog");
        sb2=sb1.delete(2,4);
        System.out.println("s1 为: "+s1);
        System.out.println("s2 为: "+s2);
        System.out.println("sb1 为: "+s1);
        System.out.println("sb2 为: "+s2);
    }
}
```

4. 设 s1 和 s2 为 String 类型的字符串，s3 和 s4 为 StringBuffer 类型的字符串，下列哪些语句或表达式是不正确的？

```
s1="Hello World! ";
s3="Hello World! ";
String s5=s1+s2;
StringBuffer s6=s3+s4;
String s5= s1-s2;
s1<=s2
char c=s1.charAt(s2.length());
s4.setCharAt(s4.length(),'y');
```

5. StringTokenizer 类的主要用途是什么？该类有哪几种重要的方法？它们的功能分别是什么？

6. 下列程序的输出结果是_____。

```
import java.util.*;
public class Hello {
    public static void main(String[] args) {
        String s="Friday;Saturday/Sunday Monday,Tuesday";
        StringTokenizer stk=new StringTokenizer(s,"; /");
        while(stk.hasMoreTokens()){
            System.out.println(stk.nextToken());
        }
    }
}
```

7. 编写程序，编译成功后，在 dos 命令行运行 "java 类名 11 24 62 73 103 56"，求这一串数字中的最大值和平均值。

8. 编写程序，输入两个字符串，完成如下几个功能。

(1) 求出两个字符串的长度。

(2) 检验第一个字符串是否为第二个字符串的子串。

(3) 把第一个字符串转换为 byte 类型并输出。

9. 编写程序，采用一个循环结构，循环体中有一两条语句即可，但要循环十万次。请利用日期时间类或 System 类，计算出该循环所耗费的时间。

10. 编写程序，生成一个随机数[1,100]，然后让用户猜数字，观察用户需要猜几次。

第8章

多线程和异常机制

本章学习目标：

- 理解什么是多线程
- 掌握线程的创建方法、生命期及其状态
- 掌握线程的调度方法和设置优先级的方法
- 了解线程组的概念及其实现方法
- 熟悉异常机制

8.1 多线程

随着计算机技术的飞速发展，个人计算机上的操作系统可以在同一时间内执行多个程序，于是，引入了进程的概念。所谓进程，就是一个动态执行的程序，当用户运行一个程序的时候，就创建了一个用来容纳组成代码和数据空间的进程。

例如，在 Windows 10 系统上运行的每一个程序都是一个进程。而且每一个进程都有自己的一块内存空间和一组系统资源，它们之间是相互独立的。进程概念的引入，使得计算机操作系统同时处理多个任务成为可能。

跟进程相似，线程是比进程更小的单位，一个进程可由多个线程组成。所谓线程，是指进程中单一顺序的执行流，线程间可以共享内存单元和系统资源，但不能单独执行，而必须存在于某个进程当中。由于线程本身的数据通常只有 CPU 的寄存器数据和一个供程序执行时使用的堆栈，因此，线程也被称作轻负荷进程。一个进程中至少会包括一个线程。

前面编写的程序实例都是单线程的，即一个进程中只包含一个线程，也就是说一个程序只有一条执行路线。但是，现实中的很多进程都是可以按照多条路线来执行的。例如，在浏览器中，可以在下载图片的同时滚动页面来浏览不同的内容。这与多线程的概念是相似的，多线程其实就意味着一个程序可以按照不同的执行路线共同工作。而多线程的定义是指在单个程序中，可以同时(并发)运行多个不同的线程执行不同的任务。

需要注意的是，计算机系统中多个线程是并发执行的，因此，任意时刻只能有一个线程在执行，但是由于 CPU 的速度非常快，给用户的感觉就像是多个线程在同时运行，多 CPU、CPU 多核除外。

图 8-1 所示描绘了单线程和多线程程序的不同。

Java 语言本身就支持多线程。Java 中的线程由虚拟的 CPU、CPU 所执行的代码和 CPU 所处理的数据 3 部分组成。虚拟处理机被封装在 java.lang.Thread 类中，有多少个线程就有多少个虚拟处理机在同时运行，提供对多线程的支持。Java的多线程就是系统每次给 Java 程序一个 CPU 时间，Java 虚拟处理机在多个线程之间轮流快速切换，保证每个线程都能机会均等地使用 CPU 资源，不过每个时刻只能有一个线程在运行。Java 是从 main 方法入口开始执行程序的，因此会启动一个 main 线程，倘若Java 程序中还有其他没运行结束的线程，即使 main方法执行完最后一句，Java 虚拟处理机也不会结束该程序进程(释放系统资源)，而是一直等到所有线程都运行结束后才停止。

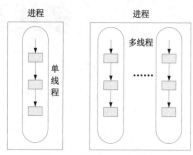

图 8-1　单线程和多线程

8.2　多线程的创建

在 Java 中，可以通过 java.lang.Thread 类来实现多线程，有两种途径可以实现多线程的创建：一种是直接继承 Thread 类并重写其中的 run()方法，另一种是使用 Runnable 接口。这两种途径都是通过 run()方法来实现的，Java 语言把线程中真正执行的语句块称为线程体，run()方法就是一个线程体。在一个线程被创建并初始化之后，系统会自动调用 run( )方法。

8.2.1　Thread 子类创建线程

要实现多线程，可以通过继承 Thread 类并重写其中的 run()方法来实现，把线程实现的代码写到 run( )方法中，线程从 run( )方法开始执行，直到执行完最后一行代码或线程消亡。

Java 中 Thread 类的构造方法如下：

```
public Thread ();
public Thread (Runnable target);
public Thread (Runnable target,String name);
public Thread (String name);
public Thread (ThreadGroup group,Runnable target);
public Thread (ThreadGroup group,String name);
public Thread (ThreadGroup group,Runnable target,String name);
```

其中，target 通过实现 Runnable 接口来指明实际执行线程体的目标对象；name 为线程名，Java 中的每个线程都有自己的名称，可以给线程指定一个名称，如果不特意指定，Java 会自动提供唯一的名称给每一个线程；group 指明该线程所属的线程组，线程组 ThreadGroup 的具体知识和用法将在后面 8.7 节中介绍。

【例 8-1】利用 Thread 子类创建一个线程。

```
class SimpleThread extends Thread {
    private String threadname;                    //定义成员变量
    public SimpleThread(String str) {             //定义构造函数
```

```
                    threadname=str;
                }
            public void run() {                          //重写 run 方法
                for (int i = 0; i < 6; i++) {
                    System.out.println(threadname+"被调用！");
                    try {
                        sleep(10) ;                       //线程睡眠 10s
                        } catch (InterruptedException e) {
                        }
                    }
                System.out.println(threadname+"运行结束");  //线程执行结束
                }
            }
public class Test {
    public static void main (String args[]) {
        SimpleThread First_thread=new SimpleThread("线程 1");
        SimpleThread Second_thread=new SimpleThread("线程 2");
        First_thread.start();                        //启动线程
        Second_thread.start();
        }
    }
```

程序的运行结果如下：

```
线程 1 被调用
线程 2 被调用
线程 2 被调用
线程 1 被调用
线程 2 被调用
线程 1 被调用
线程 1 被调用
线程 2 被调用
线程 2 被调用
线程 1 被调用
线程 1 被调用
线程 2 被调用
线程 1 运行结束
线程 2 运行结束
```

本例通过 SimpleThread 类的构造方法创建 First_thread 和 Second_thread 两个线程对象，两个对象通过 start()方法进行启动，调用 SimpleThread 类的 run()方法，在 run()方法中实现被调用的线程循环输出 6 次，并且为了使每个线程都有机会获得调度，所以定期让线程睡眠 10s。由于两个线程是独立的，而 Java 线程在睡眠一段时间被唤醒后，系统调用哪个线程是随机的，因此得到的上述执行结果不是唯一的。为了实现线程的休眠，程序调用了 sleep()方法。注意，本例程序运行的结果并不是唯一的，读者可以上机测试。

8.2.2 使用 Runnable 接口

要实现多线程，除了通过继承 Thread 子类之外，另一种途径就是实现 Runnable 接口，利用 Runnable 接口来提供 run()方法的实现。利用 Runnable 接口可以让其他类的子类实现多线程的创建，这是利用继承 Thread 类的方法无法实现的。不过，采用 Runnable 接口的方式来创建线程时，还是要调用 Thread 类的构造方法，把实现 Runnable 接口的类对象作为参数传递给 Thread 类引用。

【例 8-2】实现 Runnable 接口创建线程。

```java
class SimpleThread implements Runnable {
    private String threadname;                      //定义成员变量
    public SimpleThread(String str) {               //定义构造方法
        threadname=str;
    }
    public void run() {                             //重写 run 方法
        for (int i = 0; i < 10; i++) {
            System.out.println(threadname+"被调用！");
            try {
                Thread.sleep(10);                   //线程睡眠 10s
            } catch (InterruptedException e) {
            }
        }
        System.out.println(threadname+"运行结束");   //线程执行结束
    }
}
public class Test {
    public static void main (String args[]) {
        Thread First_thread =new Thread(new SimpleThread("线程 1"));
        Thread Second_thread =new Thread(new SimpleThread("线程 2"));
        First_thread.start();                       //启动线程
        Second_thread.start();
    }
}
```

上述程序的功能与例 8-1 相同，只是实现的方法不同。在 main 方法中，通过 Thread 类的构造方法创建了 SimpleThread 类的两个线程对象：线程 1 和线程 2，并把实现 Runnable 接口的 SimpleThread 对象作为实参，新建了两个 Thread 类的对象，由 First_thread 和 Second_thread 两个 Thread 类变量引用。

注意：

使用子类直接继承 Thread 类的方法创建线程，可以在子类中增加新的成员变量和成员方法，使得子类线程具有新的属性和功能，但由于 java 不支持多继承，因此 Thread 子类不能扩展其他的类。而利用 Runnable 接口的实现，线程可以从其他类继承，使得代码和数据可以分开，但还是需要使用 Thread 对象的引用来操纵线程。

8.3　线程的生命期及其状态

8.3.1　线程的状态

线程的生命期是指从线程被创建开始到死亡的过程，通常包括 5 种状态：新建、就绪、运行、阻塞、死亡。在线程的生命期内，这 5 种状态通过线程的调度而进行转换，转换关系如图 8-2 所示。

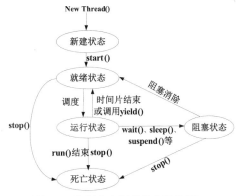

图 8-2　线程生命期的状态转换图

1. 新建状态

当用 Thread 类或其子类创建一个线程对象时，该线程对象就处于新建状态，系统为新线程分配了内存空间和其他资源。

2. 就绪状态

如果系统资源未满足线程的调度，线程就开始排队，等待 CPU 的时间片，此时线程处于就绪状态。有以下 3 种情况使得线程进入就绪状态：一是新建状态的线程被启动，但不具备运行的条件；二是处于正在运行的线程时间片结束或调用了 yield() 方法；三是被阻塞的线程引起阻塞的因素消除了，进入排队队列等待 CPU 的调度。

3. 运行状态

当线程被调度获得 CPU 控制权时，就进入了运行状态。线程在运行状态时，会调用本对象的 run() 方法。一般在子类中重写父类的 run() 方法来实现多线程。

4. 阻塞状态

当运行的线程被人为挂起或者由于某些操作使得资源不满足的时候，线程将暂时终止自己的运行，让出 CPU，进入阻塞状态。有下面 4 种原因可以使得线程进入阻塞状态。

- 在线程运行过程中，调用了 wait() 方法，使得线程等待。等待中的线程并不会排队等待 CPU 的调度，必须调用 notify() 通知方法，才能使它重新进入排队队列等待 CPU 的时间片，也就是进入就绪状态。
- 在线程运行过程中，调用了 sleep(int time) 方法，使得线程休眠。休眠中的线程只有经过休眠时间 time 之后，才会重新进入排队队列等待 CPU 的调度，也就是进入就绪状态。

- 在线程运行过程中,调用了 suspend()方法,使得线程挂起。挂起的线程需要调用 resume()恢复方法,才能进入就绪状态。
- 在线程运行过程中,由于输入输出流而引起阻塞。被阻塞的线程并不会排队等待 CPU 的调度,只有引起阻塞的原因消除后,才能使它重新进入排队队列等待 CPU 的时间片,也就是进入就绪状态。

5. 死亡状态

线程消亡(即处于死亡状态)有两种情况:一种是线程的 run()方法执行完所有的任务,正常结束;另一种是线程被 stop()方法强制终止。

8.3.2　与线程状态有关的 Thread 类方法

1. 线程状态的判断

isAlive()方法用于判断线程是否在运行。如果是,返回 true;否则返回 false。不管是线程未开启还是已结束,isAlive()方法都会返回 false。

2. 线程的新建和启动

通过 new Thread()方法可以创建一个线程对象,不过此时 Java 虚拟机并不知道它,因此,还需要通过 start()方法来启动它。

【例 8-3】每隔一段时间检测一下线程是否在运行。

```java
class SimpleThread extends Thread{
    public void run() {
        System.out.println("线程开始");
        try{
            for(int i=0;i<3;i++) {
                System.out.println(Thread.currentThread().isAlive()?"线程在运行":"线程结束");
                Thread.sleep(100);
            }
        }catch(InterruptedException e){}
    }
}
public class Hello {
    public static void main (String[] args) {
        SimpleThread td=new SimpleThread();
        System.out.println(td.isAlive()?"线程开始":"线程未开始");
        td.start();
        try{
            Thread.sleep(1000);
        }catch(InterruptedException e){}
    System.out.println(td.isAlive()?"线程在运行":"线程结束"); }
}
```

程序的运行结果如下:

```
线程未开始
线程开始
```

线程在运行
线程在运行
线程在运行
线程结束

本例中，通过 new SimpleThread()创建了一个线程对象，接着用 isAlive()方法进行判断，由于线程此时还没有启动，因此，isAlive()返回 false，然后通过 td.start()方法启动线程，线程每隔 100ms 判断一次线程是否在运行，最后，让线程等待 1000ms 后再判断一次线程 td 是否结束，可以看到，此时线程 td 已经结束了。

3. 线程的阻塞和唤醒

1) wait()方法

wait()方法是让线程等待并释放占有的资源。该方法可能会抛出 InterruptedException 异常，因此需要写在 try{}语句中。方法定义如下：

```
public final void wait() throw InterruptedException;
public final void wait(long time) throw InterruptedException;
public final void wait(long time,int args) throw InterruptedException;
```

其中，参数 time 表示睡眠时间的毫秒数，args 表示睡眠时间的纳秒数。调用 wait()方法的线程，必须通过调用 notify()方法来唤醒它。notify 方法的定义如下：

```
public final void notify();
public final void notifyAll();
```

其中，notify()方法是随机唤醒一个等待的线程，而 notifyAll()方法则是唤醒所有等待的线程。wait()、notify()和 notifyAll()方法通常是在线程同步方法中使用，具体例子将在 8.4 节中介绍。

2) sleep()方法

sleep ()方法是让线程睡眠一段时间后，再重新进入排队队列等待 CPU 的调度。sleep()方法会抛出 InterruptedException 异常，因此需要写在 try{}语句中。方法定义如下：

```
public static void sleep(long time) throw InterruptedException ;
public static void sleep(long time,int args) throw InterruptedException ;
```

其中，参数 time 表示睡眠时间的毫秒数，args 表示睡眠时间的纳秒数，sleep ()方法的例子可以参见例 8-1。

注意：

Thread 类的 sleep()方法使线程进入睡眠状态，但它并不会释放线程持有的资源，不能被其他资源唤醒，不过，睡眠一段时间后会自动醒过来；而 wait()方法让线程进入等待状态的同时也释放了线程持有的资源，线程能被其他资源唤醒。

3) join()方法

join()方法是指线程的联合，即在一个线程运行过程中，若其他线程调用了 join()方法与当前运行的线程联合，则运行的线程会立刻阻塞，直到与它联合的线程运行完毕后才重新进入就绪状态，等待 CPU 的调度。不过，倘若与运行线程联合的线程调用 join()方法的时候，已经运行完毕了，那么调用 join()方法将不会对正在运行的线程产生影响。join()方法的定义如下：

```
public final void join() throw InterruptedException;
public final void join(long time) throw InterruptedException;
public final void join(long time,int args) throw InterruptedException;
```

【例 8-4】利用 join()方法实现线程的等待。

```
class SimpleThread extends Thread
{
    SimpleThread(String s) {
        super(s) ;
    }
    public void run() {
        for(int i=0 ; i<3 ; i++) {
            System.out.println(getName()+"：  "+ i) ;
        }
    }
}
public class Test
{
    public static void main(String args[]) {
        SimpleThread t1 = new SimpleThread("first") ;
        SimpleThread t2 = new SimpleThread("second") ;
        t1.start() ;
        try{
            t1.join() ;
        }catch(InterruptedException e) {

        }
        t2.start() ;
        try{
            t2.join() ;
        }catch(InterruptedException e) {

        }
        System.out.println("主线程运行！") ;
    }
}
```

程序的运行结果如下：

```
first：  0
first：  1
first：  2
second：  0
second：  1
second：  2
主线程运行！
```

上面的例子中启动了子线程 t1 和 t2，在 t2 启动之前调用了子线程 t1 的 join()方法，因此，t2 要等待 t1 运行结束才被启动，t2 启动后，又调用了子线程 t2 的 join()方法，因此，运行 main 方法的线程要等待 t2 运行结束，才继续往后执行。

4) yield()方法

yield()方法是释放当前 CPU 的控制权。当线程调用 yield()方法时，若系统中存在相同优先级的线程，则线程将立刻停止并调用其他优先级相同的线程；若不存在相同优先级的线程，那么 yield()方法将不产生任何效果，当前调用的线程将继续运行。

5) suspend()方法

在 Java2 之前，可以利用 suspend()和 resume()方法对线程进行挂起和恢复，但这两个方法可能会导致死锁，因此，现在不提倡使用。Java 语言建议采用 wait()和 notify()来代替 suspend()和 resume()方法。

4. 线程的停止

在 Java2 之前，使用 stop()方法停止一个线程，不过 stop()方法是不安全的，停止一个线程可能会使线程发生死锁，所以不推荐使用。Java 建议使用其他的方法来代替 stop()方法。例如，可以把当前线程对象设置为空，或者为线程类设置一个布尔标志，定期地检测该标志是否为真，如果要停止一个线程，就把该布尔标志设置为 true。

【例 8-5】线程的停止示例。

```java
public class ThreadStop {
    class SimpleThread extends Thread{
        private boolean stop_singal=false;
        public void run() {
            try{
                while(stop_singal==false&&t==Thread.currentThread()) {
                System.out.println("Go on!");
                Thread.sleep(100);
                }
            }catch(InterruptedException e){}
        }
    }
    SimpleThread t=new SimpleThread();
    public void startThread(){
        t.start();
    }
    public void StopThread1(){
        System.out.println("用方法 1 使线程 1 停止");
        t=null;
    }
    public void StopThread2() {
        System.out.println("用方法 2 使线程 2 停止");
        t.stop_singal=true;
    }
    public static void main (String[] args) {
        ThreadStop t1=new ThreadStop();
        ThreadStop t2=new ThreadStop();
```

```
        t1.startThread();
        System.out.println("线程 1 开始");
        t2.startThread();
        System.out.println("线程 2 开始");
        try{
            Thread.sleep(500);
        }catch(InterruptedException e){}
            t1.StopThread1();
            t2.StopThread2();
        }
    }
```

程序的某次运行结果如下：(运行结果不唯一，读者可上机实测)

```
线程 1 开始
Go on!
线程 2 开始
Go on!
Go on!
Go on!
Go on!
Go on!
Go on!
Go on!
Go on!
Go on!
用方法 1 使线程 1 停止
用方法 2 使线程 2 停止
```

本例中通过 stopThread1 和 stopThread2 两种方法来实现线程的停止。stopThread1 方法是把当前线程对象设置为空来实现的，而 stopThread2 方法是把停止的标志设置为 true 来实现的。两种方法在本质上是一样的。

8.4 线程的同步

前面提到的线程都是独立的、异步执行的，不存在多个线程同时访问和修改同一个变量的情况。但是，实际应用中经常有一些线程需要对同一数据进行操作的情况。例如，假设有两个线程 Thread1 和 Thread2 同时要访问变量 num，线程 Thread1 对其进行 num=num+1 的操作，线程 Thread2 是把 num 加 1 后的值赋值给一个变量 data，而线程 Thread1 的加操作需要三步来执行：第一，把 num 装入寄存器；第二，对该寄存器加 1；第三，把寄存器内容写回 num。假设在第一步和第二步完成后该线程被切换，如果此时线程 Thread2 具有更高优先级线程，线程 Thread2 占用了 CPU，紧接着就把 num 值赋给了 data，虽然 num 的值已加 1，但是还在寄存器中，于是出现了数据不一致性。为了解决共享数据的操作问题，Java 语言引入了线程同步的概念。线程同步的基本思想就是避免多个线程同时访问同一个资源。

Java 中使用关键字 synchronized 来实现线程的同步。当一个方法或对象用 synchronized 修饰时，表明该方法或对象在任一时刻只能由一个线程访问，其他线程只要调用该同步方法或对象就会发生阻塞，阻塞的线程只有当正在运行同步方法或对象的线程交出 CPU 控制权且引起阻塞的原因消除后，才能被调用。

当一个方法或对象使用 synchronized 关键字声明时，系统就为其设置一个特殊的内部标记，称为锁。当一个线程调用该方法或对象的时候，系统都会检查锁是否已经给其他线程。如果没有，系统就把该锁给它。如果该锁已经被其他线程占用，那么该线程就要等到锁被释放以后，才能访问该方法或对象。有时，需要暂时释放锁，使得其他线程可以调用同步方法，这时可以利用 wait()方法来实现。wait()方法可以使持有锁的线程暂时释放锁，直到有其他线程通过 notify 方法使它重新获得该锁为止。

Java 中的线程同步有方法同步和对象同步两种情况，下面介绍这两种线程同步的情况。

8.4.1 方法同步

一个类中的任何方法都可以设计成为 synchronized 方法。下面通过例 8-6 来说明线程是如何实现同步的。

本例中有两个线程：Company 和 Staff。职员 Staff 有一个账户，公司 Company 每个月把工资存到该职员的账户上，该职员可以从账户上领取工资，职员每次要等 Company 线程把钱存到账户以后，才能从账户上领取工资，这就涉及线程的同步机制。

【例 8-6】线程同步示例。

```java
class Bank{
    private int[] month =new int[8];
    private int num=0;
    public synchronized void save(int mon){
        num++;
        month[num]=mon;
this.notify();
    }
    public synchronized int take(){
        while(num ==0){
                try{
                        this.wait();
                }catch(InterruptedException e){}
        }
        num--;
        return month[num+1];
    }
}
class Company implements Runnable{
    Bank account;
    public Company(Bank s){
        account = s;
    }
    public void run(){
        for(int i=1;i<7;i++){
            account.save(i);
```

```
            System.out.println("公司存:第"+i+"个月的工资");
                try{
                Thread.sleep((int)(Math.random()*10));
                }catch(InterruptedException e){}
            }
        }
}
class Staff implements Runnable{
 Bank account;
 public Staff(Bank s){
        account =s;
 }
    public void run(){
        int temp;
        for(int i=1;i<7;i++){
            temp=account.take();
            System.out.println("职员取：第"+temp+"个月的工资");
            try{
                Thread.sleep((int)(Math.random()*10));
                }catch(InterruptedException e){}
        }
    }
}
public class Test {
        public static void main(String args[]){
Bank staffaccount = new Bank();
Company com=new Company(staffaccount);
        Staff sta = new Staff(staffaccount);
        Thread t1 = new Thread(com); //线程实例化
        Thread t2 = new Thread(sta);
        t1.start(); //线程启动
        t2.start();
        }
}
```

程序的某次运行结果如下：(运行结果不唯一，读者可自测)

```
公司存：第1个月的工资
职员取：第1个月的工资
公司存：第2个月的工资
职员取：第2个月的工资
公司存：第3个月的工资
公司存：第4个月的工资
职员取：第4个月的工资
公司存：第5个月的工资
公司存：第6个月的工资
职员取：第6个月的工资
职员取：第5个月的工资
职员取：第3个月的工资
```

本例中，Company 线程和 Staff 线程共享了 Bank 对象。当 Company 线程调用 save()方法时，就获得了锁，锁定了 Bank 对象。这样，Staff 线程就不能访问 Bank 对象，也就不能使用 take() 方法。当 save() 方法运行结束后，Company 线程释放对 Bank 对象的锁。同样，对于 Staff 线程引用 take() 方法也是类似的。程序中，使用了 wait() 方法来保证当账户里没有工资的时候，职员不能取钱，此时，一旦 Staff 线程调用 take() 方法就要进行等待，直到 Company 线程调用了 save() 方法然后唤醒它。

8.4.2　对象同步

除了放在方法前面表示整个方法为同步方法以外，synchronized 还可以放在对象前面限制一段代码的执行，实现对象同步。例如，可以把例 8-6 改写为下面的形式：

```java
public synchronized void save(int mon){
    synchronized(this){
        num++;
        month[num]=mon;
        this.notify();
    }
}
public synchronized int take(){
synchronized(this){
    while(num ==0){
            try{
                this.wait();
            }catch(InterruptedException e){}
    }
    num--;
    return month[num+1];
    }
}
```

上面对象同步实现的效果与方法同步实现的效果是等价的。

倘若一个对象拥有多个资源，synchronized(this) 方法为了只让一个线程使用其中一部分资源，会将所有线程都锁在外面。由于每个对象都有锁，因此可以使用如下所示的 Object 对象来上锁：

```java
class Bank{
    Object o1=new Object();
    Object o2=new Object();
    public synchronized void save(int mon){
        synchronized(o1){
            ……
        }
    }
    public synchronized int take(){
        synchronized(o2){
            ……
        }
    }
}
```

　　为什么要实现对象同步呢？因为如果是整个方法同步的话，倘若该方法执行时间很长，而实现同步的关键数据却很短或者一个对象拥有多个共享资源，那么在这种情况下，将导致其他线程因无法调用该线程的其他 synchronized 方法进行操作而长时间无法继续执行，这会降低程序的运行效率。

8.4.3　饿死和死锁

　　当一个程序中存在多个线程共享一部分资源时，必须保证公平性，也就是说，每个线程都应该有机会获得资源而被 CPU 调度，否则可能发生饿死和死锁。在程序设计中，我们应该避免这种情况的发生。如果一个线程执行时间很长，一直占着 CPU 资源，从而使得其他线程不能运行，就可能导致"饿死"。而如果两个或多个线程都在互相等待对方持有的锁(唤醒)，那么这些线程都将进入阻塞状态，永远地等待下去，无法执行，程序就出现了死锁。Java 中没有办法解决线程的饿死和死锁现象，所以要求程序员在编写代码时应尽量保证程序不会发生这两种情况。

　　【例 8-7】发生死锁的程序。

```java
public class DeadLock implements Runnable {
    public boolean test = true;
    static Object r1 = "资源一";
    static Object r2 = "资源二";
    public void run() {
        if(test == true) {
        System.out.println("资源一被锁住" );
            synchronized(r1) {
                try {
                    Thread.sleep(100);
                } catch (Exception e) {}
                synchronized(r2) {
                    System.out.println("running2");
                }
            }
        }
        if(test == false) {
            synchronized(r2){
            System.out.println("资源二被锁住" );
                try {
                    Thread.sleep(100);
                } catch (Exception e) {}
                synchronized(r1) {
                    System.out.println("running1");
                }
            }
        }
    }
    public static void main(String[] args) {
        DeadLock d1 = new DeadLock();
        DeadLock d2 = new DeadLock();
```

```
            d1.test = true;
            d2.test = false;
            Thread t1 = new Thread(d1);
            Thread t2 = new Thread(d2);
            t1.start();
            t2.start();
        }
}
```

程序的某次运行结果如下：(运行结果也不唯一，先后次序可能会对调)

资源一被锁住
资源二被锁住

　　线程 t1 先占有了资源一，继续运行时需要资源二，而此时资源二却被线程 t2 占有了，因此，只能等待 t2 释放资源二才能继续运行，同时，t2 也在等待 t1 释放资源一才能运行，也就是说，t1 和 t2 在互相等待对方的资源，都无法运行，即发生了死锁。

8.5　线程的优先级和调度

8.5.1　线程的优先级

　　在 Java 中，可以给每个线程设置一个从 1 到 10 的整数值来表示线程的优先级，优先级决定了线程获得 CPU 调度执行的优先程度。其中，Thread.MIN_PRIORITY(通常为 1)的优先级最小，Thread.MAX_PRIORITY(通常为 10)的优先级最高，Thread.NORM_PRIORITY 表示默认优先级，默认值为 5。有以下两种方法对优先级进行操作。

　　(1) 获取线程的优先级，方法如下：

```
int getPriority();
```

　　(2) 改变线程的优先级，方法如下：

```
void setPriority(int newPriority);
```

　　其中，newPriority 是要设置的新优先级。

8.5.2　线程的调度

　　Java 实现了一个线程调度器，用于监控某一时刻由哪一个线程在占用 CPU。Java 调度器调度遵循以下原则：优先级高的线程比优先级低的线程先被调度；优先级相等的线程按照排队队列的顺序进行调度，先到队列的线程先被调度。当一个优先级低的线程在运行过程中，来了一个高优先级的线程，在时间片方式下，优先级高的线程要等优先级低的线程时间片运行完毕才能被调度；而在抢占式调度方式下，优先级高的线程可以立刻获得 CPU 的控制权。由于优先级低的线程只有等到优先级高的线程运行完毕或优先级高的线程进入阻塞状态时才有机会运行，因此为了让优先级低的线程也有机会运行，通常会不时地让优先级高的线程进入睡眠或等待状态，让出 CPU 的控制权。

【例8-8】设置线程的优先级。

```java
class SimpleThread extends Thread {
    String name;
    SimpleThread ( String threadname ) {
        name = threadname;
    }
    public void run() {
        for ( int i=0; i<2; i++ )
        System.out.println( name+"的优先级为: "+getPriority() );
    }
}

class Test{
    public static void main( String args [] ) {
        Thread t1 = new SimpleThread("c1");
        t1.setPriority( Thread.MIN_PRIORITY );
        t1.start( );
        Thread t2 = new SimpleThread ("c2");
        t2.setPriority( Thread.MAX_PRIORITY );
        t2.start( );
        Thread t3 = new SimpleThread ("c3");
        t3.start( );
        Thread t4 = new SimpleThread ("c4");
        t4.start( );
    }
}
```

程序的某次运行结果如下: (运行结果不唯一,请读者自测)

```
c2 的优先级为: 10
c2 的优先级为: 10
c3 的优先级为: 5
c3 的优先级为: 5
c4 的优先级为: 5
c4 的优先级为: 5
c1 的优先级为: 1
c1 的优先级为: 1
```

8.6 守护线程

setDaemon(boolean on)方法是把调用该方法的线程设置为守护线程。线程默认为非守护线程,也就是用户线程。当一个线程被设置为守护线程时,守护线程在所有非守护线程运行完毕后,即使它的 run()方法还没执行完,守护线程也会立刻结束。把一个线程设置为守护线程的格式如下:

```
thread. setDaemon(true);
```

值得注意的是：要在调用 start()方法之前调用 setDaemon()方法来设置守护线程，一旦线程运行之后，setDaemon()方法就会无效。

【例 8-9】守护线程示例。

```
class Thread1 extends Thread {
    public void run() {
        if(this.isDaemon()==false)
            System.out.println("thread1 is not daemon");
        else
            System.out.println("thread1 is    daemon");
        try {
            Thread.sleep(500);
        }catch (InterruptedException e){}
        System.out.println("thread1 done!");
    }
}

class Thread2 extends Thread {
    public void run() {
        if(this.isDaemon()==false)
            System.out.println("thread2 is not daemon");
        else
            System.out.println("thread2 is    daemon");
        try {
            for(int i=0;i<15;i++){
                System.out.println(i);
                Thread.sleep(100);
            }
        }catch (InterruptedException e){}
        System.out.println("thread2 done!");
    }
}
public class Test {
    public static void main (String[] args) {
        Thread t1=new Thread1();
        Thread t2=new Thread2();
        t2.setDaemon(true);
        t1.start();
        t2.start();
    }
}
```

程序的某次运行输出如下：(运行结果不唯一，读者可自行运行验证)

```
thread1 is not daemon
thread2 is    daemon
0
1
2
3
```

```
4
thread1 done!
```

在本例中，main 方法定义了 t1 和 t2 两个线程，接着把线程 t2 设置为守护线程，线程 t1 不进行任何设置，因此，t1 为系统默认的线程即用户线程，然后启动线程 t1 和 t2。线程 t1 启动后，睡眠了 500ms 后结束，在这段时间内，线程 t2 循环输出 0~4，在线程 t1 结束的时候，虽然线程 t2 还有 10 个数字未输出，但由于线程 t2 为守护线程，所以，即使 run() 方法还没运行结束也要立刻停止，因此得到了上述运行结果，该结果不唯一。

8.7　线程组

线程组是把多个线程集成到一个对象中，并可以同时管理这些线程。每个线程组都有一个名字以及与它相关的一些属性。每个线程都属于一个线程组。在线程创建时，可以将线程放在某个指定的线程组中，也可以将它放在一个默认的线程组中。如果创建线程时不明确指定属于哪个线程组，它们就会自动归属于系统默认的线程组。一旦线程加入了某个线程组，它将一直是这个线程组的成员，而不能改变到其他的组中。实现线程创建的同时指定其属于哪个线程组的 Thread 类的构造方法有以下 3 个：

```
public Thread (ThreadGroup group,Runnable target);
public Thread (ThreadGroup group,String name);
public Thread (ThreadGroup group,Runnable target,String name);
```

当 Java 程序开始运行时，系统将生成一个名为 main 的线程组，如果没有指定线程组，那它就属于 main 线程组。需要注意的是：线程可以访问自己所在的线程组，却不能访问父线程组。对线程组进行操作相当于对线程组中的所有线程同时进行操作。

Java 中的线程组由 ThreadGroup 类来实现，ThreadGroup 类提供了一些方法对线程组进行操作，常用的方法如下：

```
activeCount()                  //返回线程组中当前所有激活的线程的数目
activeGroupCount()             //返回当前激活的线程作为父线程的线程组的数目
getName()                      //返回线程组的名字
getParent()                    //返回该线程的父线程组的名称
setMaxPriority(int priority)   //设置线程组的最高优先级
getMaxPriority()               //获取线程组包含的线程中的最高优先级
getTheradGroup()               //返回线程组
isDestroyed()                  //判断线程组是否已经被销毁
destroy()      //销毁线程组及其包含的所有线程，但查阅 JDK17 的 API Documentation，有已过时、待删除
               的提醒：
// (Since JDK16) Deprecated, for removal: This API element is subject to removal in a future version.
// The API and mechanism for destroying a ThreadGroup is inherently flawed.
interrupt()                    //向线程组及其子组中的线程发送一个中断信息
parentOf(ThreadGroup group)    //判断线程组是否是线程组 group 或其子线程组的成员
setDaemon(booleam daemon)      //将该线程组设置为守护状态，该方法已过时，待删除
isDaemon()                     //判断是否是守护线程组，该方法已过时，待删除
list()                         //显示当前线程组的信息
```

toString()　　　　　　　　　//返回一个表示本线程组的字符串
enumerate(Thread[ ] list)　　　　//将当前线程组中所有的线程复制到 list 数组中
enumerate(Thread[ ] list,boolean args)
//将当前线程组中所有的线程复制到 list 数组中，若 args 为 true，则把所有子线程组中的线程也复制到 list 数组中
enumerate(ThreadGroup[ ] group) //将当前线程组中所有子线程组复制到 group 数组中
enumerate(ThreadGroup[ ] group,boolean args)
//将当前线程组中所有的子线程组复制到 group 数组中，若 args 为 true，则把所有子线程组中的子线程组也复制到 group 数组中

【例 8-10】线程组常用方法示例。

```java
public class Test {
    public static void main(String[] args) {
        ThreadGroup group = Thread.currentThread().getThreadGroup();
        group.list();
        ThreadGroup g1 = new ThreadGroup("线程组 1");
        g1.setMaxPriority(Thread.MAX_PRIORITY);
        Thread t = new Thread(g1, "线程 a");
        t.setPriority(5) ;
        g1.list();
        ThreadGroup g2 = new ThreadGroup(g1, "g2");
        g2.list();
        for (int i = 0; i < 3; i++)
        new Thread(g2, Integer.toString(i));
        group.list();
        System.out.println("Starting all threads:");
        Thread[] all_thread = new Thread[group.activeCount()];
        group.enumerate(all_thread);
        System.out.println(group.getParent());
        for(int i = 0; i < all_thread.length; i++)
        if(!all_thread[i].isAlive())
            all_thread[i].start();
        System.out.println("all threads started");
        group.destroy();        // JDK17 之前版本才可用！
    }
}
```

在 JDK17 之前的版本，程序可以正常编译运行，并输出结果如下：

```
java.lang.ThreadGroup[name=main,maxpri=10]
    Thread[main,5,main]
java.lang.ThreadGroup[name=线程组 1,maxpri=10]
java.lang.ThreadGroup[name=g2,maxpri=10]
java.lang.ThreadGroup[name=main,maxpri=10]
    Thread[main,5,main]
    java.lang.ThreadGroup[name=线程组 1,maxpri=10]
    java.lang.ThreadGroup[name=g2,maxpri=10]
Starting all threads:
java.lang.ThreadGroup[name=system,maxpri=10]
all threads started
```

但在 JDK17 下，编译会出现警告：[removal] ThreadGroup 中的 destroy()已过时，且标记为待删除，但依旧可以编译为字节码，运行程序，输出结果如下：

```
c:\工作目录>java Test
java.lang.ThreadGroup[name=main,maxpri=10]
    Thread[main,5,main]
java.lang.ThreadGroup[name=线程组 1,maxpri=10]
java.lang.ThreadGroup[name=g2,maxpri=10]
java.lang.ThreadGroup[name=main,maxpri=10]
    Thread[main,5,main]
    java.lang.ThreadGroup[name=线程组 1,maxpri=10]
        java.lang.ThreadGroup[name=g2,maxpri=10]
Starting all threads:
java.lang.ThreadGroup[name=system,maxpri=10]
all threads started
Exception in thread "main" java.lang.IllegalThreadStateException
        at java.base/java.lang.ThreadGroup.destroy(ThreadGroup.java:803)
        at Test.main(Test.java:23)
```

出现异常该怎么解决呢？通过捕获异常吗？由于这是 destroy 方法的内在缺陷造成，因此，真正要解决这个问题，还有待 Oracle 公司的 Java 研究人员的努力，给出替代方法。当然，读者感兴趣的话，可以追问这个问题，尤其是你想将来成为编程高手的话！

8.8 异常机制

上面的例 8-10 在 JDK17 版本下运行发生了异常 Exception，且是 java.lang 包中的 IllegalThreadStateException。我们可以通过 try、catch 语句对其进行捕获，并进行处理，比如打印输出相应的异常信息：

```
try {
    group.destroy();        // JDK17 之前版本才可用！
}catch(IllegalThreadStateException e) {
    System.out.print("destroy 方法过时了");
}
```

将例 8-10 如上改写后，编译时仍会"警告: [removal] ThreadGroup 中的 destroy() 已过时，且标记为待删除"，但运行时，由于该异常已被捕获和处理，因此不会出现系统自动发出的异常提醒信息，改之为 "destroy 方法过时了"。读者可以自行验证。

在 Java 语言中，将程序编译或执行中发生的不正常情况称为"异常"。异常可以分为编译时异常和运行时异常。Java 定义了异常类 Exception，然后由它派生出 RuntimeException、IOException(FileNotFoundException 为其子类异常类)、ReflectiveOperationException (ClassNotFoundException 为其子类异常类)和 SQLException 等，RuntimeException 为运行时异常，其他如 IOException 和 SQLException 等为 checked 异常，即编译时要检查的异常。编译时出现异常，我们必须加以解决，否则无法通过编译；运行时异常，可预期的异常必须加以处理，即必须对其进行捕获处理，否则程序将中断退出，不可预期的异常在运行时出现，也必须进行处理，发现一个便处理一个，这就是软件测试员的工作，也是软件开发人员首先要做的 Debug 调试工作。软件开发人员应尽可能将程序编写得健壮些，才经得起后面测试人员的各种"攻击"测试，否则，可能小小的一个 Bug 异常，就让整个大软件终止运行退出。

8.8.1　异常示例

【例 8-11】编译时异常。

```
import java.io.*;
public class TestIOException
{    public static void main(String[] args)    // throws IOException
     {    char sex;
          System.out.println("请输入性别代号:");
          sex = (char)System.in.read();
          if ( sex != 'u' )
               {   if ( sex == 'm' )
                        System.out.println("男性");
                   if ( sex == 'f' )
                        System.out.println("女性");
               }
          else System.out.println("未知");
     }
}
```

上述程序编译报错如下：

```
c:\工作目录>javac TestIOException.java
TestIOException.java:6: 错误: 未报告的异常错误 IOException; 必须对其进行捕获或声明以便抛出
        sex = (char)System.in.read();
                              ^
```

上面 6 表示是代码第 6 行 System.in.read()方法引发的异常，异常类型为 IOException，编译系统提示：必须对其进行捕获或声明以便抛出。上述代码中将注释//去掉，抛出该异常，编译便成功。又比如第 10 章将介绍的 Java 输入输出中，例 10-6 有如下一行代码：

```
FileInputStream fis = new FileInputStream("data.dat");
```

new FileInputStream("data.dat")可能会由于文件 data.dat 路径不对或名称不对，而引发 FileNotFoundException，若未对其进行该异常捕获或抛出声明，则编译将失败。此外，初学者在编译程序时，也常会遇到 ClassNotFoundException 的编译时异常，这种情况往往是由于环境变量 classpath 的路径设置遗漏或设置不对以及包名(包目录)可能有误而引发，读者注意 Check 下相关设置，确保编译系统编译时能找到相应的类，问题即可获得解决。下面看几个运行时异常的例子：

```
public void RunTimeE1() {
    short x[ ] = new short[6];
    System.out.println(x[7]);    //引发 ArrayIndexOutOfBoundsException 数组下标越界异常
}
```

```
public void RunTimeE2() {
    String str = "ok";
    int i = Integer.parseInt(str);   //引发 NumberFormatException 数字格式异常
}

public void RunTimeE3() {
    char[] s = null;
    System.out.println(s[1]); //引发 NullPointerException 空指针异常，即空引用
}

public void RunTimeE4() {
    int i = 10;
    int j = 0;
    int k = i / j;   //引发 ArithmeticException 算数异常，即除 0 异常
}
```

8.8.2 异常抛出和处理

例 8-11 通过抛出异常 throws IOException 的声明，解决了其编译时异常问题。

1. 异常抛出：throws 和 throw

throws 出现在方法的声明中，表示该方法中的代码可能会引发异常，故将其抛出，交给上层调用它的方法处的程序进行处理，若该方法调用处也没有处理，则须继续向上抛出，直至得到处理，若一直到 main 方法中也得不到处理，则须在 main 方法声明处将其继续抛出，抛给 JVM(Java Virtual Machine，Java 虚拟机，即 Java[运行时]系统)进行默认处理，也就是抛给 Java 系统内置的异常机制进行处理，此时用户程序将被中断退出，JVM 系统会给出相应异常信息提示，指导用户对程序进行纠错，将异常控制在用户程序内进行处理，避免程序异常退出。比如例 8-11 中，main 方法被 Java 编译系统强制要求抛出 IOException，因为 main 方法中调用了库类的 System.in.read()方法，而 Java 系统规定：必须对其进行捕获处理或声明以便抛出。Java 允许 throws 声明后面有多个异常类型，多个异常类型间以逗号间隔开，throws 声明位于方法声明的尾部。

为什么例 8-11 没有进行异常捕获处理呢？这是因为它的代码简单，用户任意输入都不会引发异常，假如它的代码复杂，在 System.in.read()方法被调用前，出于某种需要，System.in.close()方法被调用了，即 in 这个输入流对象被关闭，则此时将引发 IOException。这种情况下，为了避免程序异常退出，必须对其进行捕获处理，而不仅仅是抛给 JVM 系统处理。关于 System.in 的 Java 输入输出，将在第 10 章进行介绍。

throws 是异常的抛出声明，而 throw 则是抛出异常，即引发异常。引发异常有两种，一种是程序代码问题被动引发异常，一种是 throw 语句主动(抛出)引发异常。throw 只出现在方法体中，当方法在执行过程中遇到异常情况时，主动生成异常对象，然后 throw 出去，让本方法或上(上)层调用它的方法通过 try-catch 语句进行捕获处理。throw 常用于程序出现某种逻辑错误时程序员主动抛出某种特定类型的异常，即程序员用户的自定义异常类。关于自定义异常类，下文会有举例介绍。

throws 声明表示本方法体内的代码有可能会引发异常；throw 则是抛出(引发)了异常，执行

throw 语句一定引发异常，因为它生成并抛出了某种异常对象。

2. 异常处理：try-catch-finally

异常处理的 try-catch-finally 语句格式如下：

```
try{
    …   //可能出现异常的代码
}catch(XException e){
    …   //处理 XException 的代码
}catch(YException e){
    …   //处理 YException 的代码
}catch(ZException e){
    …   //处理 ZException 的代码
}
…
finally{
    …   //一定会执行的代码
}
```

try-catch-finally 语句中需注意以下几点。

(1) finally 是可选的。

(2) 使用 try 将可能会出现异常的代码段包装起来。在执行过程中，一旦出现异常，就会生成一个对应异常类的对象，根据此对象的类型去 catch 中进行匹配。

(2) 一旦 try 中的异常对象匹配到某一个 catch 时，就进入 catch 中进行异常的处理。一旦处理完成，就跳出当前的 try-catch 结构(在没有写 finally 的情况)。继续执行其后的代码。

(3) catch 中的异常类型如果没有父子类关系，则谁声明在上，谁声明在下无所谓。catch 中的异常类型如果满足父子类关系，则要求子类一定声明在父类的上面，否则会报错。

(4) finally 中编写的代码一定会被执行，主要用于将 try 中生成的资源对象进行释放，如输入输出流、数据库连接等。

(5) 程序继续执行。

有了 try-catch-finally 异常处理的保护，代码的健壮性得以增强，避免了代码异常导致的程序中断退出。

【例 8-12】运行时异常的异常处理示例。

```java
public class ProcessRunTimeExceptions{
    public static void main(String[] args) {
        short x[ ] = new short[6];
        try {
            System.out.println(x[7]);   //①
        }catch(ArrayIndexOutOfBoundsException e){
            System.out.println("数组下标越界异常:"+e.getMessage());
        }
        //上面语句①引发 ArrayIndexOutOfBoundsException 异常，异常被处理
        String str = "ok";
        try {
            int i = Integer.parseInt(str); //②
        }catch(NumberFormatException e){
```

```
            System.out.println("数字格式异常:"+e.getMessage());
        }
    //上面语句②引发 NumberFormatException 异常，异常被处理
    char[] s = null;
    try {
            System.out.println(s[1]);   //③
        }catch(NullPointerException e){
            System.out.println("空指针异常:"+e.getMessage());
        }
    //上面语句③引发 NullPointerException 异常，异常被处理
    int i = 10;
    int j = 0;
    try {
            int k = i / j;   // ④
        }catch(ArithmeticException e){
            System.out.println("算数异常即除 0 异常:"+e.getMessage());
        }
        finally{
            System.out.println("上述几个运行时异常都被处理了，程序不会异常退出！");
        }
    //上面语句④引发 ArithmeticException 异常，异常被处理
    System.out.println("异常处理成功，程序继续执行...");
    }
}
```

程序在 JDK17 下编译成功，运行结果如下所示：

```
c:\工作目录>java ProcessRunTimeExceptions
数组下标越界异常:Index 7 out of bounds for length 6
数字格式异常:For input string: "ok"
空指针异常:Cannot load from char array because "<local3>" is null
算数异常即除 0 异常:/ by zero
上述几个运行时异常都被处理了，程序不会异常退出！
异常处理成功，程序继续执行...
```

上面几个异常中，只要有一个异常遗漏未被处理，程序都会在引发异常处即中断退出。然而，在实际编程过程中，运行时异常往往会由于程序员的疏忽或者程序规模较大较难掌控而引发。对于程序运行一次就会引发的异常，程序员可以立刻查找原因，对引发异常的代码进行异常处理；而对于其他一些异常，可能要运行多次，才会发现有异常。因此，程序员在交付程序前，务必要进行多次测试。关于软件测试，也是一门学问，大家参与实际项目开发时会有所体会。

【例 8-13】主动抛出异常并进行异常处理。

```
public class LoginException {
    public static void login(String user,String pwd) {
        if(user==null||pwd==null)
            throw new NullPointerException("用户名或者密码为空"); //主动抛出异常
        //...
    }
    public static void main(String[] args) {
        try {
```

```
                String user = null;
                String pwd = null;
                login(user,pwd);
            } catch (Exception e) {
                System.out.println(e.getMessage()); // getMessage 获得的信息见运行输出
            }
        }
    }
```

程序编译运行，输出结果如下：

```
c:\工作目录>java LoginException
用户名或者密码为空
```

【例 8-14】较复杂的异常处理示例(使用了第 10 章介绍的 Java 输入输出技术)。

```
import java.io.*;
public class Company {
    public static void main(String[] args) {
        bossOrder();
    }

    public static void bossOrder()    {
        try {
                managerProcess();    //老板找经理要一份文件的复印件
            } catch (IOException e) {    //捕获文件被关在保险柜无法扫描读取异常
                System.out.print("经理报告文件关在保险柜，老板能打开");
            }
    }

    public static void managerProcess() throws IOException {
        try {
                employeePrintFile();    //经理吩咐员工去复印
            } catch (FileNotFoundException e) {    //捕获员工找不到文件异常
                System.out.print("员工找不到待复印文件，经理能找到");
            }
    }

    public static void employeePrintFile() throws IOException {
        //员工复印文件
        File file = new File("welcome.dat");
        //若上一行的文件不存在或文件名不对，下一行将引发 FileNotFoundException(找不到文件)
        FileInputStream fileInputStream = new FileInputStream(file);
        //fileInputStream.close();           //文件被关在保险柜   ※
        // 若上一行注释语句被执行，下一行代码将引发 IOException(无法扫描读取文件)
        int data = fileInputStream.read();    //扫描读取文件
        while(data != -1){
            System.out.print((char)data);    //复印文件
            data = fileInputStream.read();
        }
        fileInputStream.close();
```

```
    }
  }
```

上述程序编译成功，第一次运行输出结果如下：

```
// welcome.dat 文件未不存在
员工找不到待复印文件，经理能找到
```

新建 welcome.dat 文件，录入三行信息，再次运行，输出结果如下：

```
c:\工作目录>java Company
Hello, everybody!
      Nice 2 meet u.
Jack.
```

将倒数第 10 行即标※处语句的注释去掉，编译运行，输出结果如下：

```
c:\工作目录>javac Company.java
c:\工作目录>java Company
经理报告文件关在保险柜，老板能打开
```

上例有些复杂，请读者自行分析，可结合微课讲解进行学习。

8.8.3 异常类

Java 类库自带定义了很多异常类，它们的根类是 Throwable，如图 8-3 所示。

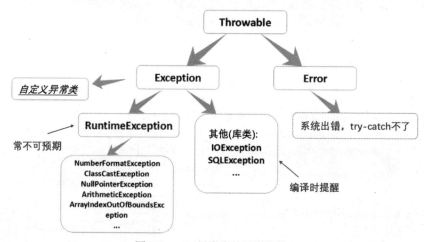

图 8-3 Java 异常类的组织结构

1. 库类异常类

Java 库类中的异常类根类是 Throwable，由它派生出了两个子类：Exception 类和 Error 类。Throwable 类提供了三个非常有用的方法。

(1) String getMessage()：获取异常的描述信息。

(2) String toString()：获取异常的类型、异常描述信息。

(3) void printStackTrace()：打印异常的跟踪栈信息并输出到控制台，但不能在 System.out.println()中使用该方法；打印信息包含异常的类型、异常的原因、异常出现的位置；

在开发和调试阶段，该方法十分有用，方便调试和修改。

由于 Throwable 是根类，它的子类 Exception 类和 Error 类及它们再派生出的所有子类，都继承了该方法。

【例 8-15】Throwable 类的三个常用方法。

```java
public class ProcessRunTimeExceptions1{
    public static void main(String[] args) {
        short x[ ] = new short[6];
        try {
                System.out.println(x[7]);
            }catch (ArrayIndexOutOfBoundsException e){
                System.out.println(e.getMessage());
                System.out.println(e.toString());
                System.out.println("异常栈追踪: ");
                e.printStackTrace();
            }
    }
}
```

编译，运行如下：

```
c:\工作目录>java ProcessRunTimeExceptions1
Index 7 out of bounds for length 6        // e.getMessage();
java.lang.ArrayIndexOutOfBoundsException: Index 7 out of bounds for length 6 // e.toString();
异常栈追踪: //下面是 e.printStackTrace();
java.lang.ArrayIndexOutOfBoundsException: Index 7 out of bounds for length 6
        at ProcessRunTimeExceptions1.main(ProcessRunTimeExceptions1.java:5) //5 是代码出错行
```

Error 类及其子类属于系统错误，不能通过 try-catch 异常处理加以解决，它们是 Java 虚拟机也无法解决的，如 JVM 系统内部错误、资源耗尽等严重错误。Error 子类 VirtualMachineError 又派生了 StackOverflowError 和 OutOfMemoryError 等子类错误。

【例 8-16】StackOverflowError 示例。

```java
public class StackOverflowErrorExample {
  public static void main(String[] args) {
     //栈溢出错误：java.lang.StackOverflowError
     main(args);   //无限递归导致
  }
}
```

编译成功，但运行如下：

```
c:\工作目录>java StackOverflowErrorExample
Exception in thread "main" java.lang.StackOverflowError
        at StackOverflowErrorExample.main(StackOverflowErrorExample.java:4) //4 是代码出错行
        at StackOverflowErrorExample.main(StackOverflowErrorExample.java:4)
        at StackOverflowErrorExample.main(StackOverflowErrorExample.java:4)
        ......
        ......
c:\工作目录>    // 程序出错被中断退出
```

【例 8-17】OutOfMemoryError 示例。

```
public class OutOfMemoryErrorExample {
    public static void main(String[] args) {
        //堆溢出:java.lang.OutOfMemoryError
        Long[] arr = new Long[1024*1024*1024]; //索要 8GB 空间导致
    }
}
```

编译成功,但运行如下:

```
c:\工作目录>java OutOfMemoryErrorExample
Exception in thread "main" java.lang.OutOfMemoryError: Java heap space //Java 堆空间
        at OutOfMemoryErrorExample.main(OutOfMemoryErrorExample.java:4) //4 是出错代码行
// 程序出错被中断退出
c:\工作目录>
```

从上可见,遇到 Error 类错误,程序都将被中断而退出,而且 Error 类错误是无法用异常处理解决的,即使程序员用 try-catch 去捕获处理也无济于事,只能依靠程序员查错修改源代码,方能解决。

另外,我们通常说的异常主要是指 Exception。类 Exception 又派生出运行时异常 RuntimeException 和其他(库类)异常,如 IOException 和 SQLException 等。除 RuntimeException 以外的其他(库类)异常,程序员必须进行处理,即进行抛出异常声明和捕获异常处理,虽然只进行抛出异常声明,程序也能编译通过,但一旦引发异常,由 Java 虚拟机来处理,那么程序会被中断退出。所以,若要让程序能抵御异常保持运行,程序员必须采用 try-catch 来捕获处理异常。

其他(库类)异常如 IOException 和 SQLException 等有 Java 编译系统的报错提醒,给程序员提供了很大的方便,但 RuntimeException 没有报错提醒,因为它们往往无法预期,在编译阶段是查不出来的,只有当程序运行时,运行时异常才会出现。一旦发现程序有运行时异常,程序员必须进行纠错,要么直接修改出错源代码,要么对引发异常的源代码进行 try-catch 处理。Java 中都有哪些运行时异常类,请读者自行上网查阅 Java 的 API 文档。在 https://docs.oracle.com/en/java/javase/17/docs/api/index.html 中搜索 RuntimeException 即可。

2. 自定义异常类

由图 8-3 可见,程序员可以自定义异常类,它们继承自 Exception 类,所以可以使用父类的各种方法。程序员也可以自己编写方法来处理特定的事件。不过,在实际开发中,自定义异常类常直接从 RuntimeException 类继承,因为用户自定义异常类一般都属于运行时异常,这样可以使用更多的父类方法。

【例 8-18】用户自定义异常类示例。

```
import java.util.*;
class UserDefinedException extends RuntimeException{    // 注意不要误写为 RunTimeException
    public UserDefinedException(String message) {
        super(message);
    }
}
```

```
public class TestUserDefinedException {

    static void inputData() throws UserDefinedException {
        Scanner scanner = new Scanner(System.in);
        System.out.println("请输入购买个数：");
        int i = scanner.nextInt();    //可能引发 InputMismatchException 异常
        if(i >=0){
            System.out.println("您的购买数量为："+i+"个。");
        }else {
            throw new UserDefinedException("您的输入数据有误，请确认！");
        }
    }

    public static void main(String[] args) {
        try {
            inputData();
        } catch (UserDefinedException e) {
            System.out.println(e.getMessage());
        }
    }
}
```

程序编译成功，运行如下：

```
c:\工作目录>java TestUserDefinedException
请输入购买个数：
0
您的购买数量为：0个。
```

第二次运行：

```
请输入购买个数：
9
您的购买数量为：9个。
```

第三次运行：

```
请输入购买个数：
-9
您的输入数据有误，请确认！
```

再次运行：

```
请输入购买个数：
i    //输入非数字
Exception in thread "main" java.util.InputMismatchException    //引发 InputMismatchException 异常
        at java.base/java.util.Scanner.throwFor(Scanner.java:939)
        at java.base/java.util.Scanner.next(Scanner.java:1594)
        at java.base/java.util.Scanner.nextInt(Scanner.java:2258)
        at java.base/java.util.Scanner.nextInt(Scanner.java:2212)
        at TestUserDefinedException.inputData(TestUserDefinedException.java:13) //第 13 行出错
        at TestUserDefinedException.main(TestUserDefinedException.java:23)      //第 23 行调用的
```

//程序发生异常被中断而退出
c:\工作目录>

由于输入非数字，上面的运行中引发了 InputMismatchException 异常，程序被中断退出。如何采用 try-catch 异常处理来解决这个问题呢？请读者亲自实践一下。这也是课后思考练习的第 15 题内容，希望读者先尝试自己解决，然后再参考答案。

处理异常需遵循以下原则：①自定义异常建议从 RuntimeException 类继承，且尽量避开已存在的异常；②异常只能用于非正常情况，try-catch 的存在会影响程序性能，应尽量缩小 try-catch 的代码范围；③在循环之外使用 try-catch，不宜在循环体中进行异常处理；④尽量避免常见运行时异常的出现，如 NullPointerException 等。

8.9　小结

本章简单介绍了进程和线程的区别，阐述了多线程的基本概念，以及创建多线程程序的两种方法和应用实例，讲解了线程的不同状态之间的转换关系和调用方法，接着又进一步讲述了控制线程的一些基本方法、线程的调度策略以及优先级的定义，然后介绍了守护线程和线程组的相关知识，最后对 Java 的异常机制进行了简要介绍。

8.10　思考练习

1. Java 为什么要引入线程机制？什么是线程？线程和进程的区别是什么？什么是 Java 的多线程？

2. 线程的创建方式有哪两种？请举例说明。

3. 线程的生命周期包括哪几种状态？它们的关系是什么？

4. 请举例说明如何实现线程的同步(使用两种方法)。

5. Java 中有哪些情况会导致线程的不可运行？

6. wait()方法和 sleep()方法的区别是什么？

7. 线程组的作用是什么？如何创建一个线程组？

8. Java 线程调度的原则是什么？

9. 如何理解死锁？

10. 下列程序的输出结果是_____。

```java
class Daemon extends Thread {
    public void run() {
        if(this.isDaemon()==false)
            System.out.println("thread is not daemon");
        else
            System.out.println("thread is daemon");
        try {
            for(int i=0;i<10;i++){
                System.out.println(i);
```

```
            Thread.sleep(200);
        }
    }catch (InterruptedException e){}
    System.out.println("thread done!");
    }
}
public class Test {
    public static void main (String[] args) {
        Thread t=new Daemon();
        t.setDaemon(true);
        t.start();
        try {
            Thread.sleep(900);
        }
    }catch (InterruptedException e){}
    System.out.println("main done!");
    }
}
```

11. 编写程序实现功能：一个线程进行运算 $1 \times 2 + 2 \times 3 + 3 \times 4 + \cdots + 1999 \times 2000$，而另一个线程则每隔一段时间读取一次上一个线程的运算结果。

12. 编写程序实现如下功能：第一个线程打印 6 个 a，第二个线程打印 8 个 b，第三个线程打印数字 1～10，第二和第三个线程要在第一个线程打印完成后才能开始打印。

13. 编写一个线程同步程序：有一个字符缓冲区，长度为length，创建两个线程，其中一个线程向字符缓冲区写入一个字符(注：字符缓冲区一次只能装入一个字符)，另一个线程从字符缓冲区取出一个字符并且输出，要保证当一个线程在写字符的时候，另一个线程不能访问字符缓冲区，而且在字符缓冲区为空的时候取不出字符，在字符缓冲区满的时候写不进字符。

14. 异常处理的原则有哪些？

15. 例 8-18 程序运行可能引发InputMismatchException，请用try-catch做异常处理。

第 9 章

图形用户界面

本章学习目标:
- 了解图形用户界面的历史及其设计原则
- 掌握 AWT 组件中的各类组件
- 理解 AWT 的事件处理机制
- 学会编写常见事件处理程序
- 了解 Swing 组件集及其简单编程

9.1 概述

图形用户界面(Graphical User Interface, GUI)大大方便了人机交互,是一种结合计算机科学、美学、心理学、行为学,以及各商业领域需求分析的人机系统工程,强调人—机—环境三者作为一个系统进行总体设计。大家最熟悉的图形用户界面莫过于美国微软公司开发的 Windows 操作系统了,以前曾有人评价微软公司对于当时 IT 界最杰出的贡献有两项:图形用户界面技术和 Web-Services 技术。但事实上,GUI 技术并不是微软首创的,早在 20 世纪 70 年,代施乐公司帕洛阿尔托研究中心(Xerox PARC)就提出了图形用户界面这一概念,他们建构了 WIMP(也就是视窗、图标、菜单、点选器和下拉菜单)范例,并率先在施乐的一台实验性计算机上使用。而微软公司的第一个视窗版本操作系统 Windows 1.0 直到 1985 年才发布,它是基于 MAC OS 的 GUI 进行设计的。

下面以时间为序,简单介绍一下与图形用户界面技术相关的一些历史。

- 1973 年施乐公司帕洛阿尔托研究中心开发了第一台带真正 GUI 的计算机——Xerox,并建构了 WIMP 图形界面。
- 1980 年出现 Three Rivers Perq Graphical Workstation。
- 1981 年出现 Xerox Star。
- 1983 年出现 Visi On。该图形用户界面最初是一家公司为电子制表软件而设计的,这个电子制表软件就是具有传奇色彩的 VisiCalc。1983 年,它首先引入了在 PC 环境下的"视窗"和鼠标的概念,虽然先于"微软视窗"出现,但 Visi On 并没有成功研制出来。
- 1984 年苹果公司发布 Macintosh。Macintosh 是首例成功使用 GUI 并将其用于商业用途的产品。1984 年以来,Macintosh 的 GUI 一直在进行修改,在 System 7 中做了主要的一次升级。2001 年 Mac OS X 问世，这是它最大规模的一次修改。

- 1985 年发布第一个微软视窗版本操作系统 Windows 1.0，以及其后陆续推出的 Windows 2.0、Win 3.0、Win NT、Win 95、Win 98、Win Me、Win 2000、Win XP、Win 2003 Server、Win Vista、Win 7、Win 10 和最新的 Win 11。

图形用户界面的开发通常要遵循如下设计原则。

(1) 用户至上的原则。设计界面时一定要充分考虑用户的实际需要，使程序能真正吸引用户，让用户觉得简单易用。

(2) 交互界面要友好。在程序与用户交互时，弹出的对话框、提示栏等一定要美观，不要"吓"着用户。另外，能替用户做的事情，最好都在后台处理掉。一定不要在不必要的时候弹出任何提示信息，否则会招致用户的厌烦。

(3) 配色方案要合理。建议用柔和的色调，不用太刺眼的颜色，具体的色彩搭配要取决于设计者的艺术水准，也可以参考一些成熟产品(如 Windows 操作系统)。

基于 Java 的图形用户界面开发工具(即组件集)以前最主流的有 3 种：AWT、Swing 和 SWT/JFace。其中，前两个是美国 Sun 公司随 JDK 一起发布的(SUN 后来被 Oracle 收购了)，而 SWT 则是由 IBM 领导的开源项目(现在已脱离 IBM 了)Eclipse 的一个子项目。这就意味着假如使用 AWT 或 Swing，则只要机器上安装了 JDK 或 JRE，发布软件时便无须附带其他的类库。但如果使用的是 SWT，那么在发布时就必须要附带上 SWT 的*.dll(Windows 平台)或 *.so(Linux&UNIX 平台)文件连同相关的*.jar 打包文件。虽然 SWT 最初仅仅是 Eclipse 组织为了开发 Eclipse IDE 环境所编写的一组底层图形界面 API，但 SWT 在性能和外观上都是比较友好的。本书第 12 章是一个实战项目开发，它就采用了 SWT/JFace 组件集。本章重点介绍基础性的 AWT 组件集，同时对 Swing 组件集做一个简单介绍。

特别说明：AWT 是 JDK 的第一代 GUI 框架，Swing 则是在 AWT 基础上推出的第二代 GUI 技术，它们都是用来开发桌面窗体程序。但由于各种原因，目前市场上的主流桌面 GUI 开发都不采用 Java 的技术，它们已经过时。然而，AWT 和 Swing 都是 JDK 自带的功能，并且很好地体现了 Java 语言在 OOP 上的设计，因此本书仍会对它们进行介绍，希望对读者打基础和将来学习更先进 GUI 技术有所帮助。对于 IT 开发人员而言，工具很重要，但编程思想更重要！

9.2 AWT 组件集

AWT(Abstract Windowing Toolkit)，中文可译为抽象窗口工具集，是 Java 提供的用来开发图形用户界面的基本工具。AWT 由 JDK 的 java.awt 包提供，其中包含了许多可以用来建立图形用户界面(GUI)的类，一般称这些类为组件(component)。AWT 提供的这些图形用户界面基本组件可用于编写 Java Applet 小程序(注：Applet 自从 JDK9 就过时了，且没有替代者，读者要编译运行它，必须采用 JDK8 或之前版本，它们可从 Oracle 官网下载得到)和 Java Application 独立应用程序。

AWT 中常用组件的继承关系如图 9-1 所示。

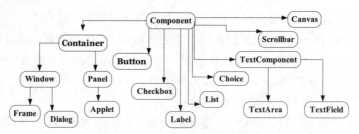

图 9-1　AWT 组件的继承关系图

AWT 组件大致可以分为以下 3 类：①容器类组件；②布局类组件；③普通组件。下面详细介绍这 3 类组件。

9.2.1　容器类组件

容器类组件由 Container 类派生而来，常用的有 Window 类型的 Frame 类和 Dialog 类，以及 Panel 类型的 Applet 类，如图 9-1 所示。这些容器类组件可以用来容纳其他普通组件或者容器组件自身，起到组织用户界面的作用。通常，一个程序的图形用户界面总是对应一个总的容器组件，如 Frame，这个容器组件可以直接容纳普通组件(如 Label、List、Scrollbar、Choice 和 Checkbox 等)，也可以容纳其他容器类组件，如 Panel 等，再在 Panel 容器上布置其他组件元素，从而设计出满足用户需求的界面。容器类组件有一定的范围和位置，并且它们的布局也从整体上决定了所容纳的组件的位置。因此，在界面设计的初始阶段，首先要考虑容器类组件的布局。

9.2.2　布局类组件

布局类组件本身是非可视组件，但它们能很好地在容器中布置其他普通的可视组件。AWT 提供了 5 种基本的布局方式：FlowLayout、BorderLayout、GridLayout、GridBagLayout 和 CardLayout，它们都是 Object 类的子类，如图 9-2 所示。

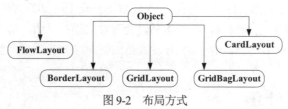

图 9-2　布局方式

上述布局类组件的布局方式不使用绝对坐标，即不采用传统的像素坐标来设定位置，这样可以使设计好的 UI 界面与平台无关，即程序在不同运行平台上都能保持同样的界面效果，这也是 Java 语言与平台无关的一个表现。下面具体介绍每一种布局方式的特点。

1. FlowLayout

FlowLayout 是最简单的一种布局方式，被容纳的可视组件将从左向右、从上至下依次排列。若某一组件在本行放置不下，就会自动排到下一行的开始处，该方式为 Panel 类和 Applet 类容器的默认布局方式。请看例 9-1，该例须用 JDK8 之前版本来编译运行。

备注：本章后面有些实例是采用Applet技术来实现的，由于Applet技术从JDK9就过时了，因此不建议读者亲自验证这些Applet例子，大家对其了解或大致理解即可。

【例 9-1】Applet 中的 FlowLayout 布局方式。

```
import java.awt.*;
import java.applet.Applet;
public class myButtons extends Applet {        //定义 myButtons 为 Applet 子类，因此它成了容器
                                               //myButtons 容器如图 9-3 所示
    Button button1, button2, button3;          //定义 Button 类的 3 个引用变量
    public void init() {                       //初始化入口
        button1 = new Button("确认");           //新建 Button 对象，由 button1 引用指向它
        button2 = new Button("取消");           //新建 Button 对象，由 button2 引用指向它
        button3 = new Button("关闭");
        add(button1);        //向当前容器即 myButtons 中添加按钮 1，如图 9-3 所示
        add(button2);
        add(button3);
    }
}
```

在上述 Applet 小程序中，利用 AWT 提供的可视组件 Button 创建了 3 个按钮，按钮上显示的文本分别为"确认""取消"和"关闭"，然后通过 add()方法将这 3 个按钮添加至名为 myButtons 的 Applet 子类容器中。其显示效果如图 9-3 所示。

图 9-3 FlowLayout 显示效果

值得注意的是：当用户手动改变窗口的尺寸时，界面也会随之改变。如例 9-1 中，当用户缩小窗口宽度时，若按钮在一行放不下，就会自动排至下一行，如图 9-4 所示。

对于其他容器类组件，如 Frame 或 Dialog，由于其默认布局方式为 BorderLayout，因此，若要在 Frame 或 Dialog 容器中使用 FlowLayout 布局方式，则需要调用 Container.set Layout() 方法来做相应的设置，如例 9-2 所示。

图 9-4 FlowLayout 换行效果

【例 9-2】在 Frame 容器中设置 FlowLayout 布局方式。

```
import java.awt.*;
public class myButtons1    {
    public static void main(String[] args)
    {  Frame frame = new Frame();
       frame.setLayout(new FlowLayout( ) );
       frame.add(new Button("第 1 个按钮"));
       frame.add(new Button("第 2 个按钮"));
       frame.add(new Button("第 3 个按钮"));
       frame.add(new Button("第 4 个按钮"));
       frame.add(new Button("第 5 个按钮"));
       frame.setSize(200,200);
       frame.show();        //show 是 Frame 类的父类 Window 的方法，可查阅官方 API Documentation:
    }                       // Deprecated，As of JDK5, replaced by setVisible(boolean).
}                           //在 JDK17 下依然能编译通过，但有 API "已过时"的提醒
```

上述程序在 JDK17 下的运行结果，如图 9-5 所示。

默认情况下，FlowLayout 的对齐方式为 CENTER 即居中对齐，这一点可从图 9-5 中看出。

除了居中对齐，FlowLayout 还提供了其他对齐方式，如 LEFT 或 RIGHT。假如要对图 9-5 中的按钮按居左方式对齐的话，可以将"frame.setLayout(new FlowLayout( ));"语句修改为"frame.setLayout(new FlowLayout(FlowLayout.LEFT));"，其界面如图 9-6 所示。

图 9-5　Frame 类容器的 FlowLayout 布局

图 9-6　居左的 FlowLayout 布局

除了在构造方法中设置对齐方式以外，也可以通过 setAlignment()方法来进行设置。此外，对于图 9-6 中的 3 行按钮，还可以设置其水平和垂直的间距，该间距通常以像素为单位。默认情况下，水平和垂直的间距值均为 3 像素。也可以通过下面的 FlowLayout 构造方法进行设置，例如：

```
frame.setLayout(new FlowLayout( FlowLayout.LEFT, 9, 12) );
```

上述语句设置可视按钮组件的水平和垂直间距分别为 9 和 12 像素。

上机验证的读者会发现：上述程序执行后，单击窗体右上角的"关闭"图标按钮无法退出，怎么办呢？只要在"frame.show();"语句前添加如下语句：

```
frame.addWindowListener( new WindowAdapter( ) {
    public void windowClosing(WindowEvent e)
        {    System.exit(0);    }
}
);    //这个要注意，不能漏了！
```

并在程序最前面添加"import java.awt.event.*;"语句引入相应的包，现在再运行程序就可以轻松退出了。该程序如果去掉"frame.setLayout(new FlowLayout( ));"这一设置布局方式的语句，则会呈现如图 9-7 所示的默认 BorderLayout 的布局界面。

图 9-7　默认 BorderLayout 布局

从图 9-7 可以看出，一旦将布局设置语句去掉，即采用 Frame 类容器默认的 BorderLayout 布局方式，界面马上就发生了改变。为什么 BorderLayout 的布局是这样的效果呢？下面来介绍这种布局方式。

注：上例若将 frame.show();改写为 frame.setVisible(true);，在 JDK17 下编译便不会有"使用或覆盖了已过时的 API"的提示了。

2. BorderLayout

BorderLayout 布局方式将容器划分为"东""西""南""北""中"5 个区，分别为 BorderLayout.EAST、BorderLayout.WEST、BorderLayout.SOUTH、BorderLayout. NORTH 和 BorderLayout.CENTER，每个区可以摆放一个组件，因此最多可以在 BorderLayout 的容器组件中放置 5 个子组件。前面已提到过，该布局方式是 Frame 或 Dialog 容器类组件的默认布局方式。与 FlowLayout 布局方式相同，如果要往容器组件中添加子组件，也需要调用 add()方法，不过 BorderLayout 布局的 add()方法多了一个参数，用来指明子组件的方位位置。若要在南边布置一个按钮，则可以使用如下代码。

```
add(BorderLayout.SOUTH, new Button("南边按钮"));
```

或

```
add(new Button("南边按钮"), BorderLayout.SOUTH);
```

或

```
add(new Button("南边按钮"), "South");
```

或

```
add("South", new Button("南边按钮"));
```

注意：

上面的方位字符串"South"不能写成"south"，否则就会出错。

当然，也可以不指出方位位置，这时就采用默认的 BorderLayout.CENTER 方位，会出现如图 9-7 所示的显示效果。由于每一个按钮的方位都是 BorderLayout.CENTER，因此后添加的按钮就遮盖住了前面的按钮。一般应给每个组件指明一个不同的方位位置，请看例 9-3。

【例 9-3】 在 Frame 容器的不同方位上放置按钮组件。

```java
import java.awt.*;
import java.awt.event.*;
public class myButtons2  {
    public static void main(String[] args)
    {  Frame frame = new Frame();
       frame.add(new Button("第 1 个按钮"),BorderLayout.EAST);
       frame.add(new Button("第 2 个按钮"),BorderLayout.WEST);
       frame.add(new Button("第 3 个按钮"),BorderLayout.SOUTH);
       frame.add(new Button("第 4 个按钮"),BorderLayout.NORTH);
       frame.add(new Button("第 5 个按钮"),BorderLayout.CENTER);
       frame.setSize(200,200);
       frame.addWindowListener( new WindowAdapter( ) {
           public void windowClosing(WindowEvent e) {
               System.exit(0);
           }
       }
       );   //不能漏了！
       frame.setVisible(true);
```

```
        }
    }
```

程序在 JDK17 下编译、运行，界面如图 9-8 所示。

由图 9-8 可见，对于"东""西"向组件，会在容器水平方向进行延伸并占满；对于"南""北"向组件，会在垂直方向进行延伸并占满；而居中的组件则占满剩下的区域。图 9-9 所示为仅添加"南""北""中"3 个方位的按钮时的界面效果。

图 9-8　BorderLayout 布局

图 9-9　3 个按钮的情况

此外，BorderLayout 布局也允许在组件之间设置水平和垂直间距，间距同样以像素为单位进行计算。

3. GridLayout

GridLayout 布局将容器划分为行和列的网格，每个网格单元可以放置一个组件，组件通过 add()方法按从上到下、从左至右的顺序加入每个网格单元中。因此，在使用这种布局时，用户应该首先设计好排列位置，然后依次调用 add()方法进行添加。另外，在创建 GridLayout 布局组件时，需要指定网格的行数和列数，方法如下所示：

```
setLayout(new GridLayout(3, 3));
```

GridLayout 布局也允许在组件之间设置水平和垂直间距，间距同样以像素为单位。如下面的语句将创建 6 行 6 列，水平间距和垂直间距均为 10 像素的 GridLayout 布局对象：

```
setLayout(new GridLayout(6, 6, 10, 10));
```

【例 9-4】GridLayout 布局示例。

```
import java.awt.*;
import java.awt.event.*;
public class myButtons3    {
    public static void main(String[] args)
    {   Frame frame = new Frame();
        frame.setLayout(new GridLayout(3,3,6,18));
        frame.add(new Button("第 1 个按钮"));
        frame.add(new Button("第 2 个按钮"));
        frame.add(new Button("第 3 个按钮"));
        frame.add(new Button("第 4 个按钮"));
        frame.add(new Button("第 5 个按钮"));
        frame.add(new Button("第 6 个按钮"));
```

```
        frame.add(new Button("第 7 个按钮"));
        frame.add(new Button("第 8 个按钮"));
        frame.add(new Button("第 9 个按钮"));
        frame.setSize(200,200);
        frame.addWindowListener( new WindowAdapter( ) {
            public void windowClosing(WindowEvent e)
            {
                System.exit(0);
            }
        }
    );
        frame.setVisible(true);
    }
}
```

程序在 JDK17 下的运行界面如图 9-10 所示。

图 9-10　GridLayout 布局界面

4. GridBagLayout

GridBagLayout 是所有 AWT 布局管理方式中最复杂的，同时也是功能最强的一种布局方式。这主要是因为它提供了许多可设置的参数，使得容器的布局方式可以得到准确控制。尽管设置步骤相对复杂，但是只要理解了它的基本布局思想，就可以很容易地使用 GridBagLayout 来进行界面设计。

GridBagLayout 与 GridLayout 相似，都是在容器中以网格的形式来布置组件，不过 GridBagLayout 布局方式的功能却要强大很多。首先，GridBagLayout 设置的所有行和列都可以是大小不同的；其次，GridLayout 布局把每个组件都以同样的样式整齐地限制在各自的单元格中，而 GridBagLayout 则允许不同组件在容器中占据不同大小的矩形区域。

GridBagLayout 通常由一个专门的类来对布局行为进行约束，该类为 GridBag Constriants，它的所有成员都是 public(公有)的。若要掌握如何使用 GridBagLayout 布局，首先需要先熟悉这些约束变量，以及如何设置这些约束变量。以下是 GridBagConstraints 中的常用成员变量属性：

```
public girdx              //组件所处位置的起始单元格列号
public gridy              //组件所处位置的起始单元格行号
public gridheight         //组件在垂直方向占据的单元格个数
public gridwidth          //组件在水平方向占据的单元格个数
public double weightx     //容器缩放时，单元格在水平方向的缩放比例
public double weighty     //容器缩放时，单元格在垂直方向的缩放比例
public int anchor         //当组件较小时，指定其在网格中的起始位置
public int fill           //当组件分布区域变大时，指明是否缩放，以及如何缩放
public Insets insets      //组件与外部分布区域边缘的间距
public int ipadx          //组件在水平方向的内部缩进
public int ipady          //组件在垂直方向的内部缩进
```

当把 gridx 的值设置为 GridBagConstraints.RELETIVE 时，添加的组件将被放置在前一个组件的右侧。同理，当把 gridy 的值设置为 GridBagConstraints.RELETIVE 时，添加的组件将被放置在前一个组件的下方，这是一种根据前一个组件来决定当前组件的相对位置的方式。对

gridwidth 和 gridheight 也可以采用 GridBagConstraints 的 REMAINDER 方式，此时，创建的组件会从创建的起点位置开始一直延伸到容器所能允许的范围为止。该功能使得用户可以创建跨越某些行或列的组件，从而控制相应方向上的组件数量。weightx 和 weighty 属性用来控制在容器变形时，单元格本身如何缩放，这两个属性都是浮点型，描述了每个单元格在拉伸时横向或纵向的分配比例。当组件在横向或纵向上小于所分配到的单元格面积时，anchor 属性就会起作用。在这种情况下，anchor 将决定组件如何在可用的空间中进行对齐。默认情况下，组件会固定在单元格的中心，而周围均匀分布多余空间，用户也可以指定其他的对齐方式，包括下面的几种：

```
GridBagConstraints.NORTH
GridBagConstraints.SOUTH
GridBagConstraints.NORTHWEST
GridBagConstraints.SOUTHWEST
GridBagConstraints.SOUTHEAST
GridBagConstraints.NORTHEAST
GridBagConstraints.EAST
GridBagConstraints.WEST
```

weightx 和 weighty 属性控制的是容器增长时单元格缩放的程度，但它们对各个单元格中的组件并没有直接的影响。实际上，当容器变形时容器的所有单元格都增长了，而网格内的组件并没有相应的增长，这是因为在所分配的单元格内部，组件的增长是由 GridBagConstraints 对象的 fill 成员属性来控制的，它可以有如下取值：

```
GridBagConstraints.NONE          //不增长
GridBagConstraints.HORIZONTAL    //只横向增长
GridBagConstraints.VERTICAL      //只纵向增长
GridBagConstraints.BOTH          //双向增长
```

当创建一个 GridBagConstraints 对象时，其 fill 值默认为 NONE，所以在单元格增长时，单元格内部的组件并不会增长。另外，insets 属性可以用来调整组件周围的空间大小，而 ipadx 和 ipady 两个属性则是在对容器进行 GridBagLayout 布局时，把每个组件的最小尺寸作为如何分配空间的一个约束条件来考虑。如果一个按钮的最小尺寸是 20 像素宽，15 像素高，而相关联的约束对象中，ipadx 为 3，ipady 为 2，那么按钮的最小尺寸将会成为横向 26 像素，纵向 19 像素。

有关其他的设置说明，这里不再赘述，请读者自行参考 JDK 相关文档。需要说明的是，上述约束变量一经设置后，会对后面的所有添加组件生效，直到下一次修改设置为止。

下面请看 GridBagLayout 布局方式的两个示例。

【例 9-5】GridBagLayout 布局示例 1。

```java
import java.awt.*;
public class GridBag1 extends Panel {
    private Panel panel1 = new Panel();
    private Panel panel2 = new Panel();
    public GridBag1() {
        panel1.setLayout(new GridLayout(3, 1));
        panel1.add(new Button("1"));
        panel1.add(new Button("2"));
```

```
        panel1.add(new Button("3"));
        panel2.setLayout(new GridLayout(3, 1));
        panel2.add(new Button("a"));
        panel2.add(new Button("b"));
        setLayout(new GridBagLayout());
        GridBagConstraints c = new GridBagConstraints();
        c.gridx = 0;    c.gridy = 0;
        add(new Button("上左"), c);
        c.gridx = 1;
        add(new Button("上中"), c);
        c.gridx = 2;
        add(new Button("上右"), c);
        c.gridx = 0; c.gridy = 1;
        add(new Button("中左"), c);
        c.gridx = 1;
        add(panel1, c);
        c.gridy = 2;
        add(new Button("中下"), c);
        c.gridx = 2;
        add(panel2, c);
    }
    public static void main(String args[])    {
        Frame f = new Frame("GridBagLayout 布局");
        f.add(new GridBag1());
        f.pack();
        //... 窗体关闭代码见例 9-4
        f.setVisible(true);
    }
}
```

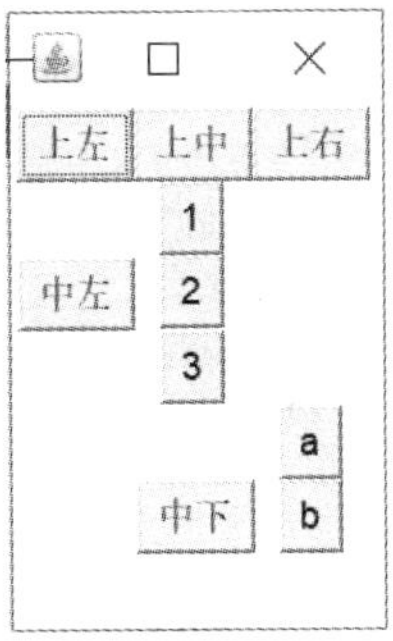

图 9-11 GridBagLayout 布局 1

程序在 JDK17 下的运行效果如图 9-11 所示。

【例 9-6】GridBagLayout 布局示例 2。

```
import java.awt.*;
import java.util.*;
import java.applet.Applet;
public class GridBag extends Applet {
    protected void addbutton(String name,GridBagLayout gridbag, GridBagConstraints c) {
        Button button = new Button(name);
        gridbag.setConstraints(button, c);
        add(button);
    }
    public void init() {
        GridBagLayout gridbag = new GridBagLayout();
        GridBagConstraints c = new GridBagConstraints();
        setFont(new Font("Helvetica", Font.PLAIN, 14));
        setLayout(gridbag);
        c.fill = GridBagConstraints.BOTH;
        c.weightx = 1.0;
        addbutton("Button1", gridbag, c);
        addbutton("Button2", gridbag, c);
```

```
            addbutton("Button3", gridbag, c);
            c.gridwidth = GridBagConstraints.REMAINDER;      //行末
            addbutton("Button4", gridbag, c);
            c.weightx = 0.0;
            addbutton("Button5", gridbag, c);      //下一行
            c.gridwidth = GridBagConstraints.RELATIVE;       //扩展至行末
            addbutton("Button6", gridbag, c);
            c.gridwidth = GridBagConstraints.REMAINDER;      //行末
            addbutton("Button7", gridbag, c);
            c.gridwidth = 1;
            c.gridheight = 2;
            c.weighty = 1.0;
            addbutton("Button8", gridbag, c);
            c.weighty = 0.0;
            c.gridwidth = GridBagConstraints.REMAINDER;
            c.gridheight = 1;
            addbutton("Button9", gridbag, c);
            addbutton("Button10", gridbag, c);
            setSize(200, 300);
        }
        public static void main(String args[])    {
            Frame f = new Frame("GridBagLayout 示例");
            GridBag gb = new GridBag();
            gb.init();
            f.add("Center", gb);
            f.pack();
            f.setSize(f.getPreferredSize());
            f.setVisible(true);
        }
    }
```

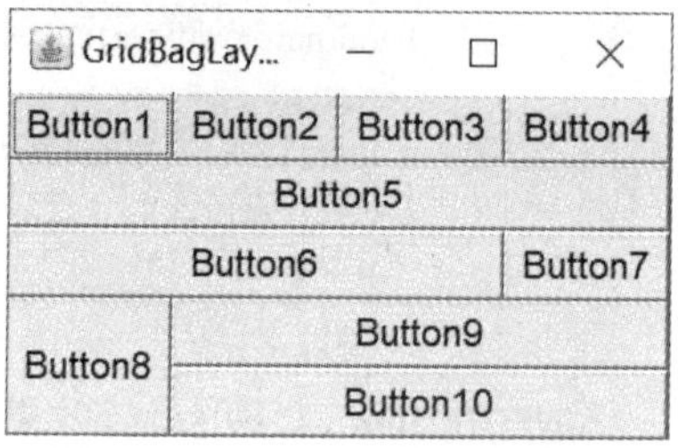

程序在 JDK17 下的运行效果如图 9-12 所示。

图 9-12　GridBagLayout 布局 2

5. CardLayout

CardLayout 布局将组件(通常是 Panel 类的容器组件)像扑克牌(卡片)一样叠起来，每次只能显示其中的一张，实现分页的效果，每一页都可以有各自的界面，这样相当于扩展了原本有限的屏幕区域。

CardLayout 布局组件提供了如下方法来对各张 Card 页面进行切换。

```
public void first (Container parent)                      //显示第一张卡片
public void next (Container parent)                       //显示下一张卡片
public void previous (Container parent)                   //显示上一张卡片
public void show (Container parent，String name)         //显示指定卡片
public void last (Container parent)                       //显示最后一张卡片
```

【例 9-7】CardLayout 布局示例 1。

```
import java.awt.*;
import java.awt.event.*;
public class cardLayout    {
```

```
public static void main(String[] args) throws InterruptedException
{    Frame frame = new Frame();
     CardLayout cardLayout = new CardLayout( ) ;
     frame.setLayout(cardLayout);
     Button a = new Button("按钮 1");
     Button b = new Button("按钮 2");
     Button c = new Button("按钮 3");
     frame.add("第 1 页",a);
     frame.add("第 2 页",b);
     frame.add("第 3 页",c);
     frame.setSize(200,200);
     frame.show();
     Thread.sleep(1000L);
     cardLayout.show(frame,"第 2 页");
     Thread.sleep(1000L);
     cardLayout.previous(frame);
     Thread.sleep(1000L);
     cardLayout.next(frame);
     Thread.sleep(1000L);
     cardLayout.first(frame);
     Thread.sleep(1000L);
     cardLayout.last(frame);
     frame.addWindowListener( new WindowAdapter( ) {
          public void windowClosing(WindowEvent e) {
               System.exit(0);
          }
     }
     );
}
}
```

当上述程序运行时，界面首先显示第 1 页(即"按钮 1")，然后通过调用"cardLayout. show(frame,"第 2 页");"显示第 2 页(即"按钮 2")，接着通过调用其他方法陆续显示第 1 页、第 2 页、第 1 页和最后的第 3 页，每一页的显示时间间隔为 1000ms，即 1s。读者可上机实践，体会该卡片布局方式。

【例 9-8】CardLayout 布局示例 2。

```
import java.awt.*;
import java.applet.*;
public class CardApplet extends Applet
{
     CardLayout cardLayout;
     Panel panel;
     Button button1, button2, button3;
     public void init()
     {
          panel = new Panel();
          add(panel);
          cardLayout = new CardLayout(0, 0);
          panel.setLayout(cardLayout);
```

```
                button1 = new Button("Button1");
                button2 = new Button("Button2");
                button3 = new Button("Button3");
                panel.add("Button1", button1);
                panel.add("Button2", button2);
                panel.add("Button3", button3);
            }
            public boolean action(Event evt, Object arg)
            {
                cardLayout.next(panel);
                return true;
            }
        }
```

该程序与例 9-7 有所不同。例 9-7 的程序是通过 Thread.sleep() 来自动切换不同的卡片页，而本程序则借助事件(鼠标单击按钮)处理来实现翻页功能。事实上，事件处理在 GUI 设计中占据非常重要的地位，图形界面中各元素的设计功能以及界面的变换都需要依靠事件处理来实现。关于事件处理的相关知识，将在 9.2.4 节进行详细介绍。

提示：

尽管有些 Java IDE 也提供了基于绝对像素坐标的 XYLayout 布局方式(用户在此布局方式下可以进行可视化的拖放操作)，但用户需要清楚，Java 用户界面设计的独到之处恰恰在于其与平台无关的布局方式。因此，一般不建议采用 XYLayout 布局，它使用起来不但要依赖于特定的包，而且还有损 Java 的平台独立性，不利于程序移植，除非用户认定所编写的程序就只在某种特定平台(如 Windows)下运行。

9.2.3　普通组件

AWT 提供了一系列的普通组件以构建图形用户界面，主要包括标签、文本框、文本域、按钮、复选框、单选框、列表框、下拉框、滚动条和菜单等。下面对这些普通组件进行简单介绍。

1. 标签

标签是最简单的一种组件，一般用来显示标识性的文本信息，常被放置于其他组件的旁边起提示作用。AWT 提供的标签类为 Label，因此，可以通过创建 Label 对象来使用标签。Label 类的构造方法如下：

```
Label()                        //构造一个不显示任何信息的标签
Label(String text)             //构造一个显示 text 信息的标签
Label(String text, int alignment)  //构造一个显示 text 信息的标签，并指定其对齐方式
```

Label 的对齐方式有 Label.LEFT、Label. CENTER 和 Label.RIGHT，分别代表左对齐、居中对齐和右对齐。

Label 类提供的方法较少，主要有如下几个：

```
public String getText()        //获取 Label 对象的当前文本
public void setText()          //设置 Label 对象的显示文本
```

```
public int getAlignment()          //获取 Label 对象的对齐方式
public void setAlignment()         //设置 Label 对象的对齐方式
```

标签同样是通过调用容器类组件提供的 add()方法来加入界面中的。

【例 9-9】Label 标签组件。

```
import java.awt.*;
import java.applet.Applet;
public class myLabel extends Applet {   //本例只能在老版本 JDK 下运行，了解即可。
    Label Label1, Label2, Label3;
    public void init() {                // 初始化入口
        Label1 = new Label("确认");
        Label2 = new Label("取消");
        Label3 = new Label("关闭");
        add(Label1);
        add(Label2);
        add(Label3);
    }
}
```

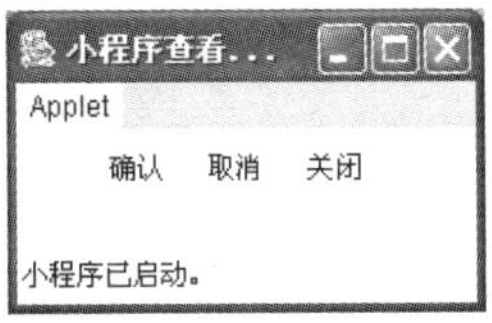

上述 Applet 小程序的运行界面如图 9-13 所示，不必上机验证。

图 9-13　Label 标签组件

2. 文本框

文本框是图形用户界面中用于接收用户输入或程序输出的一种组件，它只允许输入或显示单行的文本信息，且用户还可以限定文本框的宽度。AWT 提供的文本框类为 TextField，它直接继承于 TextComponent，而 TextComponent 则从 Component 类继承而来。TextField 类提供了以下构造方法：

```
public TextField()                         //创建一个 TextField 文本框对象
public TextField(int columns)              //创建一个限定宽度的 TextField 文本框对象
public TextField(String text)              //创建一个带有初始文本的 TextField 文本框对象
public TextField(String text, int columns) //创建一个限定宽度且有初始文本的 TextField 文本框对象
```

TextField 类的常用方法有如下几个：

```
public String getText()            //获取文本框中的输入文本
public String getSelectedText()    //获取文本框中选中的文本
public boolean isEditable()        //返回文本框是否可输入
public void setEditable(boolean b) //设置文本框的状态：可输入或不可输入
public int getColumns()            //获取文本框的宽度
public void setColumns(int columns)//设置文本框的宽度
public void setText(String t)      //设置文本框中的文本为 t
```

其中，前 4 个方法是从父类 TextComponent 继承而来的。

【例 9-10】TextField 文本框组件示例。

```
import java.awt.*;
import java.applet.Applet;
public class myTextField extends Applet {
```

```
        TextField TextField1, TextField2, TextField3, TextField4;
        public void init() {
            TextField1 = new TextField();
            TextField2 = new TextField(10);
            TextField3 = new TextField("北京");
            TextField4 = new TextField("南京",10);
            add(TextField1);
            add(TextField2);
            add(TextField3);
            add(TextField4);
        }
    }
```

程序在旧版本 JDK 下的运行界面如图 9-14 所示。

图 9-14   文本框组件

细心的读者可能会发现，上述程序只是使用了构造方法来创建文本框对象，并没有调用其他的常用方法。关于组件常用方法的调用将在 9.2.4 节进行介绍，因为组件的方法通常是在事件处理程序中被调用的。

3. 文本域

文本域组件也是用来接收用户输入或显示程序输出的。与文本框不同的是，它允许进行多行文本的输入或输出，因此，它一般用于处理大量文本的情况。AWT 提供的文本域组件为 TextArea 类，它也是从 TextComponent 类继承而来的。文本域的构造方法如下：

```
public TextArea()                               //创建文本域对象
public TextArea(int rows, int columns)          //创建 rows 行 columns 列的文本域对象
public TextArea(String text)                    //创建初始文本为 text 的文本域对象
public TextArea(String text, int rows, int columns)  //创建 rows 行 columns 列且初始文本为 text 的文本域对象
public TextArea(String text, int rows, int columns, int scrollbars)    //创建初始文本为 text 的 rows 行 columns
列文本域对象，滚动条可见性由 scrollbars 决定，其取值可以为 SCROLLBARS_BOTH(带水平和垂直滚动条)，
SCROLLBARS_VERTICAL_ONLY(带垂直滚动条)，SCROLLBARS_HORIZONTAL_ONLY(带水平滚动条)，
SCROLLBARS_NONE(不带滚动条)
```

文本域的常用方法如下：

```
public String getText()                         //获取文本域中的输入文本
public String getSelectedText()                 //获取文本域中选中的文本
public boolean isEditable()                     //返回文本域是否可输入
public void setEditable(boolean b)              //设置文本域的状态：可输入或不可输入
public void append(String str)                  //在原文本后插入 str 文本
public void replaceRange(String str,int start,int end)  //将 start 与 end 位置的原文本替换为 str 文本
public int getRows()                            //获取文本域对象的行数设置
public void setRows(int rows)                   //设置文本域对象的行数
public int getColumns()                         //获取文本域对象的列数设置
```

```
public void setColumns(int columns)          //设置文本域对象的列数
public int getScrollbarVisibility()          //获取文本域对象滚动条的可见性
```

【例 9-11】TextArea 文本域组件示例。

```
import java.awt.*;
import java.applet.Applet;
public class myTextArea extends Applet {
    TextArea TextArea1, TextArea2, TextArea3, TextArea4;
    public void init() {
        TextArea1 = new TextArea(5,5);
        TextArea2 = new TextArea("Java 程序设计教程");
        TextArea3 = new TextArea("清华大学出版社",20,10);
        TextArea4 = new TextArea("高等教育出版社",15,10,TextArea.SCROLLBARS_NONE);
        add(TextArea1);
        add(TextArea2);
        add(TextArea3);
        add(TextArea4);
    }
}
```

程序在旧版本 JDK 下的运行界面如图 9-15 所示。

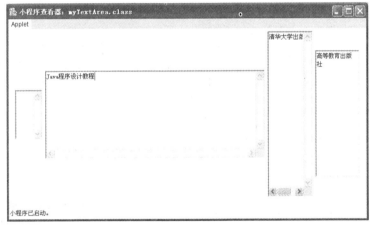

图 9-15　TextArea 文本域组件

4. 按钮

按钮组件在前面讲布局方式时已经接触过，它主要用于接收用户的输入(如鼠标单击或双击等)并完成特定的功能，在 9.2.4 节还会进一步介绍，这里先了解一下按钮组件的基本情况。AWT提供的按钮类为 Button，它是从 Component 类直接继承来的。Button 类的构造方法有以下两个：

```
public Button()                  //创建按钮对象
public Button(String label)      //创建带有 label 文本标识的按钮对象
```

Button 类的常用方法如下：

```
public String getLabel()              //获取按钮的文本标识
public void setLabel(String label)    //设置按钮的文本标识
```

由于前面已经接触过按钮，这里不再举例。

5. 复选框

复选框组件也是图形用户界面上用于接收用户输入的一种快捷方式，一般是在界面上提供多个复选框选项，用户根据实际情况可以多选也可以单选或不选。AWT 提供的复选框类为 Checkbox，该组件类似于具有开关选项的按钮，用户单击选中，再次单击则取消选中。复选框的构造方法如下：

```
public Checkbox()                              //创建 Checkbox 类对象
public Checkbox(String label)                  //创建带文本标识的 Checkbox 类对象
public Checkbox(String label, boolean state)   //创建带文本标识和初始状态的 Checkbox 类对象
```

Checkbox 的常见方法如下：

```
public String getLabel()              //获取标识文本信息
public void setLabel(String label)    //设置标识文本信息
public boolean getState()             //获取 Checkbox 的状态：选中或没选中
public void setState(boolean state)   //设置 Checkbox 的状态为选中或没选中
```

【例 9-12】复选框组件示例。

```
import java.awt.*;
import java.applet.Applet;
public class myCheckbox extends Applet {
    Checkbox Checkbox1, Checkbox2, Checkbox3, Checkbox4, Checkbox5;
    public void init() {
        Checkbox1 = new Checkbox("篮球",true);
        Checkbox2 = new Checkbox("足球",false);
        Checkbox3 = new Checkbox("跳水",true);
        Checkbox4 = new Checkbox("跨栏",true);
        Checkbox5 = new Checkbox("体操",false);
        add(new Label("请选出您希望观看的奥运会比赛项目"));
        add(Checkbox1);
        add(Checkbox2);
        add(Checkbox3);
        add(Checkbox4);
        add(Checkbox5);
    }
}
```

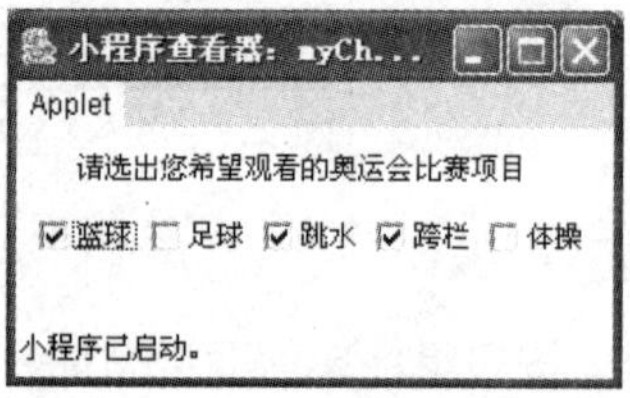

图 9-16 复选框组件

程序在老版本 JDK 下的运行界面如图 9-16 所示。

6. 单选框

程序界面有时给用户提供多个选项，但是只允许用户选择其中的一个，这就是单选框的概念。单选框是从复选框衍生而来的，它也采用 Checkbox 作为其组件类，为了实现单选效果，还需要另外一个组件类：CheckboxGroup。当把 Checkbox 对象添加进某个 CheckboxGroup 对象后，它就变成了单选框。为此，Checkbox 类提供了对应的构造方法：

```
public Checkbox(String label, boolean state, CheckboxGroup group)
public Checkbox(String label, CheckboxGroup group, boolean state)
```

//创建带有 label 标识、初始状态为 state 以及属于 group 的 Checkbox 对象，此时的 Checkbox 对象不再是复选框，而是单选框

CheckboxGroup 类的常用方法如下：

```
public Checkbox getSelectedCheckbox()            //获取选中的单选框
public void setSelectedCheckbox(Checkbox box)    //设置选中的单选框
```

此外，Checkbox 类针对单选框的情况，还提供了如下两个常用方法：

```
public CheckboxGroup getCheckboxGroup()          //获取单选框所属的 group 信息
public void setCheckboxGroup(CheckboxGroup group) //设置单选框归属于某个 group 组
```

【例 9-13】单选框组件示例。

```
import java.awt.*;
import java.applet.Applet;
public class myCheckboxGroup extends Applet {
    Checkbox Checkbox1, Checkbox2, Checkbox3, Checkbox4, Checkbox5;
    public void init() {
        CheckboxGroup c = new CheckboxGroup();
        Checkbox1 = new Checkbox("西瓜", false,c);
        Checkbox2 = new Checkbox("苹果", true, c);
        Checkbox3 = new Checkbox("香蕉", false,c);
        Checkbox4 = new Checkbox("菠萝", false,c);
        Checkbox5 = new Checkbox("柠檬", false,c);
        add(new Label("请选出您最喜欢的水果"));
        add(Checkbox1);
        add(Checkbox2);
        add(Checkbox3);
        add(Checkbox4);
        add(Checkbox5);
    }
}
```

图 9-17　单选框组件

程序在旧版本 JDK 下的运行界面如图 9-17 所示。

7. 列表框

列表框组件看起来像文本域，可以有多行，每一行文本代表一个选项。文本域组件多为用户编辑所用，而列表框组件则向用户提供几个选项进行选择，可以多选也可以单选。AWT 提供的列表框类为 List，它直接继承于 Component 类，其构造方法如下：

```
public List()                            //创建列表框 List 对象
public List(int rows)                    //创建允许容纳 rows 个选项的列表框 List 对象
public List(int rows, boolean multipleMode) //创建允许容纳 rows 个选项的列表框 List 对象，并指明是否允许用户多选
```

列表框 List 类的常用方法如下：

```
    public void add(String item)              //往 List 对象中添加 item 选项
    public void add(String item,int index)    //往 List 对象的 index 位置插入 item 选项
    public void replaceItem(String newValue,int index)  //用 newValue 替换 index 处的原选项
```

```
    public void removeAll()                       //删除 List 对象中的所有选项
    public void remove(String item)               //删除 List 对象中的 item 选项
    public void remove(int position)              //删除 List 对象中 position 处的选项
    public int getSelectedIndex()                 //获取被选中选项的位置，-1 代表没有选中项
    public int[] getSelectedIndexes()             //获取被选中选项们的位置，数组长度为 0 代表无选中项
    public String getSelectedItem()               //获取选中选项的文本信息
    public String[] getSelectedItems()            //获取选中选项们的文本数组
    public void select(int index)                 //选中 index 处的选项
    public void deselect(int index)               //不选择 index 处的选项
    public boolean isIndexSelected(int index)     //判断 index 处的选项是否被选中
    public int getRows()                          //获取 List 对象的选项个数
    public boolean isMultipleMode()               //判断是否支持多选模式
    public void setMultipleMode(boolean b)        //设置是否支持多选模式
```

以上方法可以用来对 List 对象进行各种各样的操作，以支持列表框的功能。

【例 9-14】列表框组件示例。

```
import java.awt.*;
import java.applet.Applet;
public class myList extends Applet {
    public void init() {
        add(new Label("请选出您希望观看的奥运会比赛项目"));
        List list = new List(5,true);
        list.add("篮球");
        list.add("足球");
        list.add("跳水");
        list.add("跨栏");
        list.add("体操");
        add(list);            //将 list 列表框对象加入 myList 容器
    }
}
```

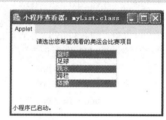

图 9-18　列表框组件

程序在旧版本 JDK 下的运行界面如图 9-18 所示。

8. 下拉框

下拉框组件提供了一些选项供用户来选择，每次只能选择一个，选中的选项会被单独显示出来，而改变选项则可以通过单击组件右边的箭头，再从下拉框中进行选择。下拉框相比列表框占据较小的界面区域。AWT 提供的下拉框类为 Choice，它直接继承于 Component 类，构造方法只有一个：

```
public Choice()    //创建下拉框对象
```

Choice 类的常用方法如下：

```
public void add(String item)                  //添加选项
    public void insert(String item,int index)     //在 index 处插入选项
    public void remove(String item)               //删除 item 选项
    public void remove(int position)              //删除 position 处的选项
    public void removeAll()                       //删除所有选项
    public String getSelectedItem()               //获取选中选项
```

```
    public int getSelectedIndex()                //获取选中选项的序号
    public void select(int pos)                  //选中 pos 处的选项
    public void select(String str)               //选中 str 选项
```

【例 9-15】下拉框组件示例。

```
import java.awt.*;
import java.applet.Applet;
public class myChoice extends Applet {
    public void init() {
        add(new Label("请选出您希望观看的奥运会比赛项目"));
        Choice choice = new Choice();
        choice.add("篮球");
        choice.add("足球");
        choice.add("跳水");
        choice.add("跨栏");
        choice.add("体操");
        choice.add("乒乓球");
        choice.add("游泳");
        choice.add("射击");
        add(choice);    //将 choice 下拉框对象加入 myChoice 容器
    }
}
```

程序在老版本 JDK 下的运行界面如图 9-19 所示。

9. 滚动条

滚动条是图形用户界面中常见的组件之一，它既可以
用作取值器，也可以用来滚动显示某些较长的文本信息。
AWT 提供的滚动条类为 Scrollbar，它也是直接从
Component 类继承来的，其构造方法如下：

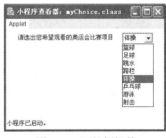

图 9-19　下拉框组件

```
public Scrollbar()                    //创建滚动条对象
public Scrollbar(int orientation)     //创建指定方位的滚动条对象
public Scrollbar(int orientation, int value, int visible, int minimum, int maximum)
//创建带有方位、初始值、可见量、最小值和最大值的滚动条对象
```

其中，orientation 代表方位，可以取值为 HORIZONTAL、VERTICAL 或者 NO_ORIENTATION，
而可见量主要用于滚动显示某些较长的文本信息时使用。

Scrollbar 类的常用方法如下：

```
public int getMaximum()                                          //获取滚动条对象的最大取值
public void setMaximum(int newMaximum)                           //设置滚动条对象的最大取值
public int getVisibleAmount()                                    //获取可见量
public void setVisibleAmount(int newAmount)                      //设置可见量
public void setValues(int value,int visible,int minimum,int maximum)  //设置各个参数值
```

【例 9-16】滚动条组件示例。

```
import java.awt.*;
import java.applet.Applet;
```

```
public class myScrollbar extends Applet {
    Scrollbar red,green,blue;
    public void init() {
        add(new Label("请滚动选择红绿蓝三原色的各自分量值(0~255)"));
        red=new Scrollbar(Scrollbar.VERTICAL, 0, 1, 0, 255);
        green=new Scrollbar(Scrollbar.VERTICAL, 100, 1, 0, 255);
        blue=new Scrollbar(Scrollbar.VERTICAL, 250, 1, 0, 255);
        add(red);
        add(green);
        add(blue);
    }
}
```

程序在老版本 JDK 下的运行界面如图 9-20 所示。

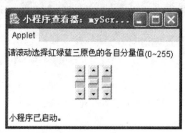

图 9-20 滚动条组件

10. 菜单

菜单是图形用户界面中最常见的组件之一，通过菜单可以将系统的各种功能以直观的方式展现出来，以供用户选择，大大方便了用户与系统的交互。菜单相比其他组件类来说比较特殊，它是由几个菜单相关类共同构成的菜单系统。AWT 提供的菜单系统类包括 MenuBar、MenuItem、Menu、CheckboxMenuItem 及 PopupMenu。它们之间的继承关系如图 9-21 所示。

从图 9-21 可以看出，菜单系统比较特殊，它们

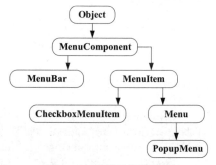

图 9-21 菜单系统继承树

不是从 Component 类继承而来的，而是从 MenuComponent 类继承而来。

MenuBar类对应菜单系统的整体，Menu类对应菜单系统中的一列菜单(实际上它只是一种特殊的菜单项)，MenuItem和CheckboxMenuItem类则对应具体的菜单项。其中，CheckboxMenuItem为带复选框的菜单项，而PopupMenu类对应弹出式快捷菜单，它是菜单Menu类的子类。

MenuBar 类的构造方法和常用方法如下：

public MenuBar()	//创建 MenuBar 对象
public Menu add(Menu m)	//添加菜单 m
public void remove(int index)	//删除 index 处的菜单
public void remove(MenuComponent m)	//删除菜单 m
public int getMenuCount()	//获取菜单数
public Menu getMenu(int i)	//获取序号为 i 的菜单

MenuItem 类的构造方法和常用方法如下：

public MenuItem()	//创建 MenuItem 菜单项
public MenuItem(String label)	//创建带 label 标识的 MenuItem 菜单项
public MenuItem(String label,MenuShortcut s)	//创建带 label 标识和快捷方式的 MenuItem 菜单项
public String getLabel()	//获取 MenuItem 菜单项的 label 标识
public void setLabel(String label)	//设置 MenuItem 菜单项的 label 标识
public boolean isEnabled()	//判断 MenuItem 菜单项是否可用
public void setEnabled(boolean b)	//设置 MenuItem 菜单项是否可用

Menu 类的构造方法和常用方法如下：

public Menu()	//创建菜单
public Menu(String label)	//创建 label 标识的菜单
public int getItemCount()	//获取菜单项的数量
public MenuItem getItem(int index)	//获取 index 处的菜单项
public MenuItem add(MenuItem mi)	//给菜单添加 mi 菜单项
public void add(String label)	//同上，这是更方便的方法
public void insert(MenuItem menuitem,int index)	//在菜单的 index 处插入一个菜单项
public void insert(String label,int index)	//同上，这是更方便的做法
public void remove(int index)	//删除 index 处的菜单项
public void removeAll()	//删除本菜单的所有菜单项

CheckboxMenuItem 类的构造方法和常用方法如下：

public CheckboxMenuItem()	//创建带复选框的菜单项
public CheckboxMenuItem(String label)	//创建带复选框和 label 标识的菜单项
public CheckboxMenuItem(String label,boolean state)	//创建带复选框、label 标识和初始状态的菜单项
public boolean getState()	//获取带复选框菜单项的当前状态
public void setState(boolean b)	//设置带复选框菜单项的当前状态

PopupMenu 类的构造方法和常用方法如下：

public PopupMenu()	//创建弹出式菜单对象
public PopupMenu(String label)	//创建带 label 标识的弹出式菜单对象
public void show(Component origin,int x,int y)	//在 origin 组件的(x,y)坐标处显示弹出式菜单

注意：

由于各个类之间存在继承关系，因而子类可以调用父类提供的部分常用方法。

菜单系统创建好之后，必须调用 Frame 类的 setMenuBar()方法才能将其加入框架界面中。

【例 9-17】菜单组件示例。

```java
import java.awt.*;
public class myMenu1 extends Frame {
    String[] operations = { "撤销", "重做", "剪切", "复制", "粘贴" };
    MenuBar mb1 = new MenuBar();
    Menu f = new Menu("文件");
    Menu m = new Menu("编辑");
    Menu s = new Menu("特殊功能");
    CheckboxMenuItem[] specials = {
        new CheckboxMenuItem("插入文件"),
```

```
            new CheckboxMenuItem("删除活动文件")
    };
    MenuItem[] file = {
        new MenuItem("新建"),
        new MenuItem("打开"),
        new MenuItem("保存"),
        new MenuItem("关闭")
    };
    public myMenu1() {
        for(int i = 0; i < operations.length; i++)
            m.add(new MenuItem(operations[i]));
        for(int i = 0; i < specials.length; i++)
            s.add(specials[i]);
        for(int i = 0; i < file.length; i++){
            f.add(file[i]);
            //每 3 个菜单项添加一条间隔线
            if((i+1) % 3 == 0)
                f.addSeparator();
        }
        f.add(s);
        mb1.add(f);
        mb1.add(m);
        setMenuBar(mb1);
    }
    public boolean handleEvent(Event evt) {
        if(evt.id == Event.WINDOW_DESTROY)
            System.exit(0);
        else
            return super.handleEvent(evt);
        return true;
    }
    public static void main(String[] args) {
        myMenu1 f = new myMenu1();
        f.resize(300,200);
        f.setVisible(true);
    }
}
```

程序在 JDK17 下的运行效果如图 9-22 所示。

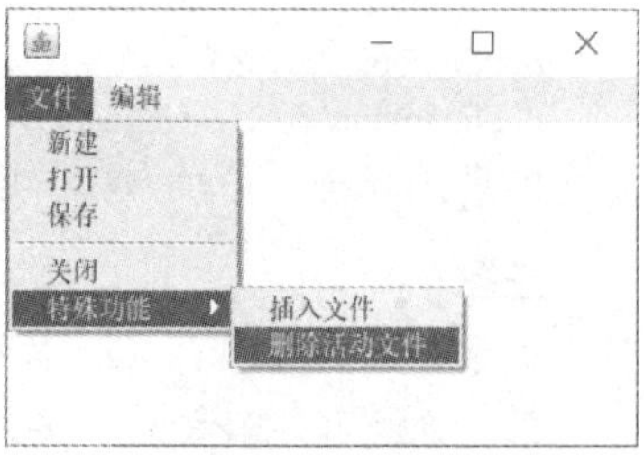

图 9-22　菜单组件

9.2.4　事件处理

前面已经介绍了很多的图形用户界面组件，有可见的，有不可见的，有容器类的，也有非容器类的(即普通的组件)。知道了这些组件的常用方法，怎么调用它们来实现相应的功能呢？大多数的方法都是在事件处理过程中进行调用的，本节将介绍AWT提供的事件处理机制。

在早先的 JDK 1.0 版本中，提供的是称为层次事件模型的事件处理机制。在层次事件模型中，当一个事件发生后，首先传递给直接相关的组件，该组件可以对事件进行处理，也可以忽略事件不处理，如果组件没有对事件进行处理，则 AWT 事件处理系统会将事件继续向上传递给组件所在的容器，同样，容器可以对事件处理，也可以忽略不处理，如果事件又被忽略，则

AWT 事件处理系统会将事件继续向上传递，以此类推，直到事件被处理，或是已经传递到顶层容器为止。这种基于层次事件模型的事件处理机制由于其效率不高，因此在 JDK 1.1 以后的版本中便被基于事件监听模型的事件处理机制替代了，也有人称这种机制为事件派遣机制或授权事件机制，它的处理效率相比层次事件模型大为提高。图 9-23 所示为该事件处理机制的示意图。

图 9-23　事件监听模型示意图

基于事件监听模型的事件处理是从一个事件源授权到一个或多个事件监听者，组件作为事件源可以触发事件，通过 addXxxListener()方法向组件注册监听器。一个组件可以注册多个监听器，如果组件触发了相应类型的事件，该事件就会被传送给已注册的监听器，事件监听器通过调用相应的实现方法来负责处理事件。

提示：

事件监听器的方法实现中通常都会调用到前面介绍过的组件的常用方法，以对组件属性进行所需的改变。

AWT 提供了很多事件类及其对应的监听器(接口)，它们都被放置到 JDK 的 java.awt.event 包中，现列举如下。

1. ActionEvent 类

该类表示一个广义的行为事件，可以是鼠标单击按钮或者菜单，也可以是列表框的某个选项被双击或者文本框中的回车按键行为。ActionEvent 类对应的监听器为 ActionListener 接口，该接口只有 1 个抽象方法：

```
public abstract void actionPerformed(ActionEvent actionevent);
```

注册该监听器需要调用组件的 addActionListener()方法，撤销则调用组件的 removeActionListener()方法。

2. KeyEvent 类

当用户按下或释放按键时产生该类事件，也称为键盘事件。对应的监听器为 KeyListener 接口，该接口定义了如下 3 个抽象方法：

```
public abstract void keyTyped(KeyEvent keyevent);
public abstract void keyPressed(KeyEvent keyevent);
public abstract void keyReleased(KeyEvent keyevent);
```

注册键盘监听器可以通过调用组件的 addKeyListener()方法来实现。

3. MouseEvent 类

当用户按下鼠标、释放鼠标或移动鼠标时会产生鼠标事件。该事件对应两种监听器：MouseListener 和 MouseMotionListener 监听器。鼠标按钮相关的事件由 MouseListener 监听器实现，而鼠标移动相关的事件由 MouseMotionListener 监听器实现。MouseListener 接口定义的抽象方法有如下 5 个：

```
public abstract void mouseClicked(MouseEvent mouseevent);
public abstract void mousePressed(MouseEvent mouseevent);
public abstract void mouseReleased(MouseEvent mouseevent);
public abstract void mouseEntered(MouseEvent mouseevent);
public abstract void mouseExited(MouseEvent mouseevent);
```

MouseMotionListener 接口定义的抽象方法有如下 2 个：

```
public abstract void mouseDragged(MouseEvent mouseevent);
public abstract void mouseMoved(MouseEvent mouseevent);
```

注册鼠标事件监听器可以调用组件的 addMouseListener()和 addMouseMotionListener()方法。

4. TextEvent 类

当一个文本框或文本域的内容发生改变时就会产生相应的 TextEvent 事件。该事件对应的监听器为 TextListener 接口，它仅定义了一个抽象方法：

```
public abstract void textValueChanged(TextEvent textevent);
```

注册文本事件监听器必须调用组件的 addTextListener()方法。

5. FocusEvent 类

当一个组件得到或失去焦点时，就会产生焦点事件。在当前活动窗口中，有且只有一个组件拥有焦点，当用户用 Tab 键操作或用鼠标单击其他组件时，焦点就会转移至其他组件上，此时就会产生 FocusEvent 事件。该事件对应的监听器为 FocusListener 接口，它有如下 2 个抽象方法：

```
public abstract void focusGained(FocusEvent focusevent);
public abstract void focusLost(FocusEvent focusevent);
```

注册焦点事件监听器需要调用组件的 addFocusListener()方法。

6. WindowEvent 类

当一个窗口被打开、关闭、激活、撤销激活、图标化或撤销图标化时都会产生窗口事件。WindowEvent 类对应的监听器为 WindowListener 接口，该接口定义了如下 7 个抽象方法：

```
public abstract void windowOpened(WindowEvent windowevent);
public abstract void windowClosing(WindowEvent windowevent);
public abstract void windowClosed(WindowEvent windowevent);
public abstract void windowIconified(WindowEvent windowevent);
public abstract void windowDeiconified(WindowEvent windowevent);
public abstract void windowActivated(WindowEvent windowevent);
public abstract void windowDeactivated(WindowEvent windowevent);
```

注册窗口事件监听器需要调用组件的 addWindowListener()方法。

7. AdjustmentEvent 类

调节可调整的组件(如移动滚动条)时就会产生此类事件。其对应的监听器为 AdjustmentListener 接口，它只定义了 1 个抽象方法:

```
public abstract void adjustmentValueChanged(AdjustmentEvent adjustmentevent);
```

注册调整事件监听器需要调用组件的 addAdjustmentListener()方法。

8. ItemEvent 类

当列表框、下拉框及复选框(包括复选菜单)等的选项被选中或取消选中时触发此类事件。其对应的监听器为 ItemListener 接口，该接口中只定义了 1 个抽象方法:

```
public abstract void itemStateChanged(ItemEvent itemevent);
```

注册选项事件监听器需要调用组件的 addItemListener()方法。

此外，还有其他几个事件，如 ComponentEvent、ContainerEvent、InputEvent 和 PaintEvent 等，这里不再赘述。读者如果想知道它们所对应的接口定义的抽象方法，可以查阅其 API 文档说明，或用 Java 反编译工具打开查看 java.awt.event 包中的字节码文件。

事件处理程序的编写步骤大致如下。

(1) 实现某一事件的监听器接口(定义事件处理类并实现监听器接口)。

(2) 在事件处理类中根据实际需要实现相应的抽象方法。

(3) 给组件注册相应的事件监听器以指明该事件的事件源有哪些。

如果说组件是构成程序的界面的话，那么事件处理则是构成程序的逻辑。换句话说，组件就是程序的视图(View)元素，而事件处理才是程序的真正控制者(Controller)，它们可以被设计为 MVC 模式的前后端分离技术。下面列举几个具体的实例来说明事件处理。

【例 9-18】ActionEvent 行为事件处理。

```java
import java.awt.*;
import java.awt.event.*;
public class ActionEvent1
{
    private static Frame frame;        //定义为静态变量以便 main 使用
    private static Panel myPanel;      //该面板用来放置按钮组件
    private Button button1;            //定义按钮组件
    private Button button2;            //以便 addActionListener
    private TextField textfield1;      //定义文本框组件
    private TextField textfield2;      //以便 addActionListener
    private Label    info;            //显示哪个按钮被单击或哪个文本框回车了
    public ActionEvent1()             //构造方法，建立图形界面
    {
        //创建面板容器类组件
        myPanel = new Panel();
        //创建按钮组件
        button1 = new Button("按钮 1");
        button2 = new Button("按钮 2");
        textfield1 = new TextField();
```

```
        textfield2 = new TextField();
        //创建标签组件
        info = new Label("目前没有任何行为事件发生");
        MyListener myListener = new MyListener();
        //建立一个 actionlistener 让两个按钮共享
        button1.addActionListener(myListener);
        button2.addActionListener(myListener);
        textfield1.addActionListener(myListener);
        textfield2.addActionListener(myListener);
        myPanel.add(button1); //添加组件到面板容器
        myPanel.add(button2);
        myPanel.add(textfield1);
        myPanel.add(textfield2);
        myPanel.add(info);
    }
    //定义行为事件处理内部类，它实现了 ActionListener 接口
    private class MyListener implements ActionListener    // MyListener 是内部类
    {
        /*
        利用该内部类来监听所有行为事件源产生的事件
        */
        public void actionPerformed(ActionEvent e)
        {
            //利用 getSource()方法获得组件对象名
            //也可以利用 getActionCommand()方法来获得组件标识信息
            //如 e.getActionCommand().equals("按钮 1")
            Object obj = e.getSource();
            if (obj == button1)
            info.setText("按钮 1 被单击");
            else if (obj == button2)
            info.setText("按钮 2 被单击");
            else if (obj == textfield1)
            info.setText("文本框 1 回车");
            else
            info.setText("文本框 2 回车");
        }
    }
    public static void main(String s[])
    {
        ActionEvent1 ae = new ActionEvent1();  //新建 ActionEvent1 对象
        frame = new Frame("ActionEvent1");      //新建 Frame
        //处理窗口关闭事件的通常方法(属于匿名内部类)
        frame.addWindowListener(new WindowAdapter() {
        public void windowClosing(WindowEvent e)
        {System.exit(0);} });
        frame.add(myPanel);
        frame.pack();
        frame.setVisible(true);
    }
}
```

上述程序在 JDK17 下编译运行，如果用鼠标单击"按钮 1"，则标签信息将显示"按钮 1 被单击"，如果单击"按钮 2"，则标签信息显示"按钮 2 被单击"，如果在"文本框 1"中按下回车键，标签信息显示"文本框 1 回车"，如果在"文本框 2"中按下回车键，标签信息显示"文本框 2 回车"。其界面效果如图 9-24 所示。

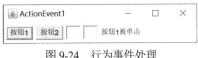

图 9-24　行为事件处理

下面分析一下上述代码是如何工作的：在 main()方法中定义了一个 Frame，然后将面板 myPanel 添加到框架窗体中，该面板包含两个按钮、两个文本框和一个标签，相应的类成员引用变量 frame、myPanel、button1、button2、textfield1、textfield2 和 info，定义在类体的开头部分。在程序入口 main()方法中，首先实例化 ActionEvent1 类的对象 ae，并在其构造方法中新建面板组件对象：新建按钮、文本框和标签组件，并将其添加到面板容器中。此外，按钮和文本框组件还通过调用各自的 addActionListener()方法注册行为事件监听器 myListener。当用户单击按钮或在文本框中按下回车键时，程序就会调用 actionPerformed()方法，通过 if 语句来判断是哪一个按钮被单击或是哪一个文本框中按下了回车键，然后用标签显示相应的行为事件信息。

建议读者上机实践一下，并且尝试将"textfield1.addActionListener(myListener);"语句注释掉，然后重新编译运行，这时就会发现"文本框 1"不再监听回车这一行为事件了，这样，即使用户在文本框 1 中按下回车键，程序中的 actionPerformed()方法也不会被调用执行，标签也不会显示"文本框 1 回车"信息。

上述程序中只用了一个监听器 myListener 来同时监听 4 个组件的行为事件，这种方式的特点是：当同时监听多个组件时，需要用一大串的 if 语句来进行判断处理。在 Java 中，也可以为每一个组件(或某一类组件)设置一个监听器。对于例 9-18，也可以为按钮类和文本框类组件各设置一个监听器，即为 4 个组件各设置一个监听器，其实现代码如下：

```
private class Button1Handler implements ActionListener
{
    public void actionPerformed(ActionEvent e)
    {
        info.setText("按钮 1 被单击");
    }
}
private class Button2Handler implements ActionListener
{
    public void actionPerformed(ActionEvent e)
    {
        info.setText("按钮 2 被单击");
    }
}
private class TextField1Handler implements ActionListener
{
    public void actionPerformed(ActionEvent e)
    {
        info.setText("文本框 1 回车");
    }
}
```

```
private class TextField2Handler implements ActionListener
{
    public void actionPerformed(ActionEvent e)
    {
        info.setText("文本框 2 回车");
    }
}
button1.addActionListener(new Button1Handler());
button2.addActionListener(new Button2Handler());
textfield1.addActionListener(new TextField1Handler());
textfield2.addActionListener(new TextField2Handler());
```

这种设置多个同类监听器的做法，使得单个监听处理器的代码减少了，但总的代码量并没有减少，读者可以自行决定采用哪一种方式。

Java 还允许用户采用匿名内部类的方式来实现各组件的事件监听。还以例 9-18 为例，也可以这样编写代码，为 4 个组件各设置一个监听器：

```
//定义并创建匿名内部类来监听各组件的行为事件
button1.addActionListener(
    new ActionListener()
    {
        public void actionPerformed(ActionEvent e)
        {
            info.setText("按钮 1 被单击");
        }
    }
);
button2.addActionListener(
new ActionListener()
{
    public void actionPerformed(ActionEvent e)
    {
        info.setText("按钮 2 被单击");
    }
}
);
textfield1.addActionListener(
new ActionListener()
{
    public void actionPerformed(ActionEvent e)
    {
        info.setText("文本框 1 回车");
    }
}
);
textfield2.addActionListener(
new ActionListener()
{
    public void actionPerformed(ActionEvent e)
    {
```

```
            info.setText("文本框 2 回车");
        }
    }
);
```

从上可见，为每个组件都设置一个监听器，采用匿名内部类的方式会显得更简洁些。
下面再来看一个关于菜单事件处理的示例程序。

【例 9-19】菜单事件处理。

```
import java.awt.*;
import java.awt.event.*;
public class myMenu2 extends Frame {
    Tex tArea info = new    TextArea("",10,25,TextArea.SCROLLBARS_VERTICAL_ONLY);
    MenuBar mb = new MenuBar();
    Menu f = new Menu("文件");
    Menu s = new Menu("特殊功能");
    CheckboxMenuItem[] specials = {
        new CheckboxMenuItem("功能 1"),
        new CheckboxMenuItem("功能 2")
    };
    MenuItem[] file = {
        new MenuItem("新建"),
        new MenuItem("打开"),
        new MenuItem("保存"),
        new MenuItem("关闭")
    };
    //创建普通菜单项的行为事件监听器
    MyMenuListener myMenuListener = new MyMenuListener();
    //创建复选菜单项的选项事件监听器
    MyCheckBoxMenuListener myCheckBoxMenuListener = new MyCheckBoxMenuListener();
    public myMenu2() {
        for(int i = 0; i < specials.length; i++){
            s.add(specials[i]);
            //给复选菜单项添加监听器
            specials[i].addItemListener(myCheckBoxMenuListener);
        }
        for(int i = 0; i < file.length; i++){
            f.add(file[i]);
            //给普通菜单项添加监听器
            file[i].addActionListener(myMenuListener);
            //每 3 个菜单项添加一条间隔线
            if((i+1) % 3 == 0)
            f.addSeparator();
        }
        f.add(s);
        mb.add(f);
        setMenuBar(mb);
        add(info);
    }
    //定义行为事件处理类
```

```java
        private class MyMenuListener implements ActionListener
        {
            /*
            利用该内部类来监听所有菜单行为事件
            */
            public void actionPerformed(ActionEvent e)
            {
                String str = e.getActionCommand();
                if (str.equals("新建"))
                    info.append("行为事件:单击[新建]菜单");
                else if (str.equals("打开"))
                    info.append("行为事件:单击[打开]菜单");
                else if (str.equals("保存"))
                    info.append("行为事件:单击[保存]菜单");
                else if (str.equals("关闭"))
                    System.exit(0);
            }
        }
        //定义选项事件处理类
        private class MyCheckBoxMenuListener implements ItemListener
        {
            /*
            利用该内部类来监听复选菜单
            */
            public void itemStateChanged(ItemEvent itemevent)
            {
                Object obj = itemevent.getItem();
                if (obj.equals("功能 1"))
                if (itemevent.getStateChange()==ItemEvent.SELECTED)
                info.append("行为事件:选中[功能 1]");
                else
                    info.append("行为事件:取消[功能 1]");
                else if (obj.equals("功能 2"))
                if (itemevent.getStateChange()==ItemEvent.SELECTED)
                    info.append("行为事件:选中[功能 2]");
                else
                    info.append("行为事件:取消[功能 2]");
            }
        }
        public static void main(String[] args) {
            myMenu2 f = new myMenu2();
            f.pack();
            f.setVisible(true);
        }
    }
```

   本例中定义了行为事件处理类 MyMenuListener，它可以对用户的菜单操作做出相应的处理。但是，由于复选菜单不会引发行为事件，它只触发选项事件。因此，程序中又定义了一个实现 ItemListener 接口的 MyCheckBoxMenuListener 选项事件处理类，用于处理用户对复选菜单项"功能 1"和"功能 2"的操作。程序的运行界面如图 9-25 所示。读者可在 JDK17 下编译运行验证。

图 9-25 菜单事件处理

【例 9-20】鼠标事件处理。

```java
import java.awt.*;
import java.awt.event.*;
public class MouseEvent1 extends Frame {
    Panel keyPanel = new Panel();
    Label info = new Label("");
    public MouseEvent1() {
        keyPanel.add(info);
        add(keyPanel);
        //添加匿名鼠标监听器
        keyPanel.addMouseListener(new ML());
    }
    //定义鼠标监听器
    class ML implements MouseListener {
        public void mouseClicked(MouseEvent e) {
            info.setText("MOUSE Clicked");
        }
        public void mousePressed(MouseEvent e) {
            info.setText("MOUSE Pressed");
        }
        public void mouseReleased(MouseEvent e) {
            showMouse(e);
        }
        public void mouseEntered(MouseEvent e) {
            info.setText("MOUSE Entered");
        }
        public void mouseExited(MouseEvent e) {
            info.setText("MOUSE Exited");
        }
        void showMouse(MouseEvent e) {
            info.setText(" x = " + e.getX() +", y = " + e.getY());
        }
    }
    public static void main(String[] args) {
        MouseEvent1 f = new MouseEvent1();
        //处理窗口关闭事件的常用方法(匿名适配器内部类)
        f.addWindowListener(new WindowAdapter() {
            public void windowClosing(WindowEvent e)
```

```
                {System.exit(0);} });
        f.pack();
        f.setVisible(true);
    }
}
```

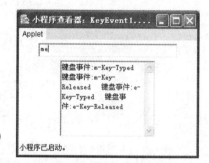

程序的运行效果如图9-26所示。读者可在JDK17下验证。

【例9-21】键盘事件处理。

图9-26 鼠标事件处理

```
import java.awt.*;
import java.awt.event.*;
import java.applet.*;
public class KeyEvent1 extends Applet implements KeyListener {
    TextArea info= new TextArea("",7,20,TextArea.SCROLLBARS_VERTICAL_ONLY);
    TextField tf = new TextField(30);
    public void init() {
        add(tf);
        add(info);
        //给 TextField 组件 tf 添加按键监听器
        tf.addKeyListener(this);
    }
    public void keyPressed(KeyEvent e) {

    }
    public void keyReleased(KeyEvent e) {
        info.append("键盘事件:"+e.getKeyChar()+"-Key-Released    ");
    }
    public void keyTyped(KeyEvent e) {
        info.append("键盘事件:"+e.getKeyChar()+"-Key-Typed    ");
    }
}
```

本例没有单独定义事件处理类，而是选择在定义 Applet 子类 KeyEvent1 时将 KeyListener 接口直接予以实现，Java 支持这种方式。读者要注意这种新的事件处理方式存在一个缺点：事件处理不再是单独的类后，其他类就不能共享它了。根据本书前面的知识可知，Java 只允许 KeyEvent1 继承一个父类，但它却可以实现多个接口，因此，除了 KeyListener 接口，类 KeyEvent1 还可以同时实现其他接口，如 MouseMotionListener、MouseListener、FocusListener 或 ComponentListener 等，以便同时实现对鼠标、焦点等事件的响应处理。上述程序在 JDK8 下的运行界面如图9-27所示。

在 Java 中，实现一个接口时必须对该接口中的所有抽象方法都进行具体的实现，即使有些抽象方法事件用户暂时用不上，也要将其实现，如例9-21中的keyPressed()方法。为此，Java 提供了一种叫作 Adapter(适配器)的抽象类来简化事件处理程序的编写。

图9-27 键盘事件处理

Java 为具有多个抽象方法的监听接口提供相对应的适配器类，如 WindowListener、WindowStateListener 和 WindowFocusListener 一起对应一个适配器类 WindowAdapter；

KeyListener 对应 KeyAdapter；MouseListener 对应 MouseAdapter 等，读者可以到 java.awt.event 包中查看其他的适配器。对于 ActionListener 接口，由于它只有一个抽象方法，因此是否提供适配器类，意义不大。适配器类很简单，它是一个实现了接口中所有抽象方法的"空"类，本身不提供实际功能，如 WindowAdapter 类的定义如下：

```
package java.awt.event;
public abstract class WindowAdapter
implements WindowListener, WindowStateListener, WindowFocusListener
{
    public WindowAdapter()
    public void windowOpened(WindowEvent windowevent)        { }
    public void windowClosing(WindowEvent windowevent)        { }
    public void windowClosed(WindowEvent windowevent)        { }
    public void windowIconified(WindowEvent windowevent)        { }
    public void windowDeiconified(WindowEvent windowevent)     { }
    public void windowActivated(WindowEvent windowevent)        { }
    public void windowDeactivated(WindowEvent windowevent) { }
    public void windowStateChanged(WindowEvent windowevent) { }
    public void windowGainedFocus(WindowEvent windowevent) { }
    public void windowLostFocus(WindowEvent windowevent)     { }
}
```

有了适配器类，用户在编写一些简单的事件处理程序时会方便很多。例如，例 9-20 的程序中就用到过这样的代码：

```
//处理窗口关闭事件的常用方法(匿名适配器类)
f.addWindowListener(new WindowAdapter() {
    public void windowClosing(WindowEvent e)
    {System.exit(0);} });
```

上述代码很简洁，主要是采用了适配器类来实现简单的事件处理，由于只需要用到 windowClosing()方法，因此只给出该方法的覆盖实现即可。

随着 Java 的发展，又出现了新的图形界面工具集,如原 Sun 公司早年发布的 Swing 和 Eclipse 自带的 SWT/JFace 等。下面 9.3 节将简单介绍 Swing 的相关知识。

9.3 Swing 组件集简介

当 Java 程序创建并显示 AWT 组件时，真正创建和显示的是本地组件(称之为 Peer，即对等组件)。对等组件是完成 AWT 对象所委托的任务的本地用户界面组件，由它负责完成所有的具体工作，包括绘制自己、对事件做出响应等。所以，AWT 组件只要在适当的时间与其对等组件进行交互即可。通常把 AWT 提供的这种与本地对等组件相关联的组件称为重量级组件，它们的外观和显示直接依赖于本地操作系统，因此，在移植这类程序时常会出现界面不一致的情况。为此，Sun 公司在 AWT 的基础上又开发了一个经过仔细设计、灵活而强大的新的 GUI 组件集——Swing。

Swing 是在 AWT 组件基础上构建的，因此，在某种程度上可以认为 Swing 组件实际上也是 AWT 的一部分。与 AWT 一样，Swing 支持 GUI 组件的自动销毁，Swing 还支持 AWT 的自底向上和自顶向下的构建方法，Swing 使用了 AWT 的事件模型和支持类，如 Colors、Images 和 Graphics 等。但是，Swing 同时又提供了大量新的、比 AWT 更好的图形界面组件(这些组件通常以 J 字母打头)，如 JButton、JTree、JSlider、JSplitPane、JTabbedPane、JTable 和 JTableHeader 等。它们是用纯 Java 编写的模拟组件，所以同 Java 语言本身一样可以跨平台运行。这一点使得 Swing 不同于 AWT。这种不依赖于特定平台的模拟组件称为轻量级组件。

Swing 是 Java 基础类库(Java Foundation Classes，简写为 JFC)的一部分，它们支持可更换的观感(Look&Feel)和主题(各种操作系统默认的特有主题)，但并不是真的使用特定平台提供的代码，而仅仅是在表面上模仿它们。这就意味着用户可以在任意平台上使用 Swing 支持的任意观感。

Swing 轻量级组件集的好处是可以在所有平台上获得统一的效果，而其缺点则是执行速度相比本地 GUI 程序来说要慢一些，因为 Swing 无法充分利用本地硬件的 GUI 加速器以及本地主机 GUI 操作等优点，不过，Sun 公司已经花费了大量的人力来改进新版本的 Swing 的性能，这个缺点也就逐渐被克服掉。但是，就目前来看，Swing 已经很久没有更新了。

如果将 AWT 称为 Sun 公司的第一代图形界面组件集的话，那么 Swing 组件集则可以称为第二代图形界面组件集。Swing 组件集实现了模型与视图和组件相分离：对于这个模型中的所有组件(如文本框、按钮、列表、表格、树)来说，模型都是与组件分离的，这样可以根据应用程序的实际需求来使用模型，并在多个视图之间进行共享。为了方便起见，每个组件类型都提供了默认的模型。此外，每个组件的外观(外表以及如何处理输入事件等)都是由一个单独的、可动态替换的实现来进行控制的。这样可以改变基于 Swing 的 GUI 的部分或全部外观。

与 AWT 所不同的是，Swing 组件不是线程安全的，这就意味着用户需要关心在应用程序中到底是哪个线程在负责更新 GUI。如果在运行线程过程中出现了错误，可能发生不可预料的结果，如用户图形界面故障等。

Swing 组件集提供了数量更多、功能更强的组件，增加了新的布局管理方式(如 BoxLayout)，同时还设计出了更多的处理事件。如果读者已经掌握了 AWT 的编程技能，那么再来学习 Swing 会相对容易。下面列举几个典型的 Swing 编程实例，以引导读者入门学习 Swing 编程。

【例 9-22】Swing 编程示例 1。

```java
import java.awt.*;
import java.awt.event.*;
import javax.swing.*;
class ButtonPanel extends JPanel implements ActionListener
{   public ButtonPanel()
    {   setBackground(Color.white);
    yellowButton = new JButton("红色");
        blueButton = new JButton("绿色");
        redButton = new JButton("蓝色");
        add(yellowButton);
        add(blueButton);
        add(redButton);
        yellowButton.addActionListener(this);
        blueButton.addActionListener(this);
        redButton.addActionListener(this);
```

```
    }
        public void actionPerformed(ActionEvent evt)
        {   Object source = evt.getSource();
            Color color = getBackground();
            if (source == yellowButton) color = Color.red;
            else if (source == blueButton) color = Color.green;
            else if (source == redButton) color = Color.blue;
            setBackground(color);
            repaint();
        }
        private JButton yellowButton;
        private JButton blueButton;
        private JButton redButton;
    }
class ButtonFrame extends JFrame
{   public ButtonFrame()
    {   setTitle("按钮测试");
        setSize(300, 200);
        addWindowListener(new WindowAdapter()
            {   public void windowClosing(WindowEvent e)
                {   System.exit(0);
                }
            } );
        Container contentPane = getContentPane();
        contentPane.add(new ButtonPanel());
    }
}
public class JButtonTest
{   public static void main(String[] args)
    {   JFrame frame = new ButtonFrame();
        frame.setVisible(true);
    }
}
```

Swing 的编程结构与 AWT 基本相同，所不同的就是将原来的 AWT 组件替换为 J 打头的 Swing 组件。另外，一些 Swing 组件的功能用法有些许不同。例如，JFrame 组件不支持直接添加子组件或直接设置布局管理方式，而是将这些操作赋予调用 getContentPane()方法获取的 JFrame 容器对象，如例 9-22 所示。本例实现的功能是：通过鼠标单击界面上的 3 个不同的按钮，将界面颜色分别设置为红色、绿色和蓝色，其在 JDK17 下的运行界面如图 9-28 所示。

图 9-28　测试 Swing 的普通按钮组件

【例 9-23】Swing 编程示例 2。

```java
import java.awt.event.*;
import javax.swing.*;
public final class OtherButtons {
    JFrame f = new JFrame("其他按钮组件测试");
    JLabel info = new JLabel("信息标签");
    JToggleButton toggle = new JToggleButton("开关按钮");
    JCheckBox checkBox = new JCheckBox("复选按钮");
    JRadioButton radio1 = new JRadioButton("单选按钮 1");
    JRadioButton radio2 = new JRadioButton("单选按钮 2");
    JRadioButton radio3 = new JRadioButton("单选按钮 3");
    public OtherButtons() {
        f.setDefaultCloseOperation(JFrame.EXIT_ON_CLOSE);
        //设置网格布局方式
        f.getContentPane().setLayout(new java.awt.GridLayout(6,1));
        //为开关按钮添加行为监听器
        toggle.addActionListener(new ActionListener() {
            public void actionPerformed(ActionEvent e) {
                JToggleButton toggle = (JToggleButton) e.getSource();
                if (toggle.isSelected()) {
                    info.setText("打开开关按钮");
                } else {
                    info.setText("关闭开关按钮");
                }
            }
        });
        //为复选按钮添加选项监听器
        checkBox.addItemListener(new ItemListener() {
            public void itemStateChanged(ItemEvent e) {
                JCheckBox jcb = (JCheckBox) e.getSource();
                info.setText("复选按钮状态值:" + jcb.isSelected());
            }
        });
        //用一个按钮组对象包容一组单选按钮
        ButtonGroup group = new ButtonGroup();
        //生成一个新的动作监听器对象，备用
        ActionListener radioListener = new ActionListener() {
            public void actionPerformed(ActionEvent e) {
                JRadioButton radio = (JRadioButton) e.getSource();
                if (radio == radio1) {
                    info.setText("选择单选按钮 1");
                } else if (radio == radio2) {
                    info.setText("选择单选按钮 2");
                } else {
                    info.setText("选择单选按钮 3");
                }
            }
        };
        //为各单选按钮添加行为监听器
```

```
            radio1.addActionListener(radioListener);
            radio2.addActionListener(radioListener);
            radio3.addActionListener(radioListener);
            //将单选按钮添加到按钮组中
            group.add(radio1);
            group.add(radio2);
            group.add(radio3);
            f.getContentPane().add(info);
            f.getContentPane().add(toggle);
            f.getContentPane().add(checkBox);
            f.getContentPane().add(radio1);
            f.getContentPane().add(radio2);
            f.getContentPane().add(radio3);
            f.setSize(160, 200);
    }
    public void show() {
            f.setVisible(true);
    }
     public static void main(String[] args) {
            OtherButtons ob = new OtherButtons();
            ob.show();
    }
}
```

程序在 JDK17 下的运行界面如图 9-29 所示。

本例对开关按钮、复选按钮和单选按钮等 Swing 组件
进行了测试。其中，程序中只用如下一条语句：

```
f.setDefaultCloseOperation(JFrame.EXIT_ON_CLOSE);
```

就实现了关闭窗口即退出程序的功能，替代了 AWT 中监
听接口的实现或相应适配器类的创建，这主要得益于
Swing 对 AWT 组件集的进一步扩充与封装，简化了开发。

【例 9-24】Swing 编程示例 3。

图 9-29　测试其他 Swing 按钮组件

```
import java.awt.*;
import java.awt.event.*;
import javax.swing.*;
class MyPanel extends JPanel implements ActionListener
{   public MyPanel()
    {   JButton createButton = new JButton("创建新的框架窗口");
        add(createButton);
        //给 createButton 组件增添行为事件监听器
        createButton.addActionListener(this);
        closeAllButton = new JButton("关闭所有框架窗口");
        add(closeAllButton);
    }
    public void actionPerformed(ActionEvent evt)
    {
        SubFrame f = new SubFrame();
```

```
            number++;
            f.setTitle("新框架窗口-" + number);
            f.setSize(100, 100);
            f.setLocation(600-100 * number, 600-100 * number);
            f.setVisible(true);
            //每个新创建的 f 框架对象行为事件都由 closeAllButton 组件负责监听
            closeAllButton.addActionListener(f);
        }
        private int number = 0;
        private JButton closeAllButton;
}
class MainFrame extends JFrame
{   public MainFrame()
    {   setTitle("JFrame 测试");
        setSize(300, 100);
        addWindowListener(new WindowAdapter()
            {   public void windowClosing(WindowEvent e)
                {   System.exit(0);
                }
            } );
        Container contentPane = getContentPane();
        contentPane.add(new MyPanel());
    }
}
public class JFrameTest
{   public static void main(String[] args)
    {   JFrame f = new MainFrame();
        f.setVisible(true);
    }
}
class SubFrame extends JFrame implements ActionListener
{   public void actionPerformed(ActionEvent evt)
    {   //释放框架对象
        dispose();
    }
}
```

程序在 JDK17 下的运行界面如图 9-30 和图 9-31 所示。

图 9-30　主框架窗口

图 9-31　子框架窗口

当用户单击"创建新的框架窗口"按钮时，程序就会新建一个子框架窗口，再单击此按钮，会再次创建一个新的子框架窗口，可以一直创建许多子框架窗口；当用户单击"关闭所有框架窗口"按钮时，则通过行为事件中的 dispose()方法调用将全部的子框架窗口一一关闭并释放。

　　附：JavaFX 是一个使用轻量级用户界面 API 创建富 Internet 应用程序的平台。JavaFX 应用程序使用硬件加速的图形和媒体引擎，利用更高性能的客户端和现代外观以及用于连接到网络数据源的高级 API。JavaFX 应用程序可能是 Java EE 平台服务的客户端。JavaFX 也是 Java 的一个图形界面库。可以认为，JavaFX 是继 AWT 和 Swing 之后的第三代 Java GUI 框架技术。读者有了 AWT 和 Swing 的基础，再学习 JavaFX 会有驾轻就熟之感。如果你掌握了使用 FXML 文件来设计界面，用 Controller 类来控制界面里所有的 action 的话，那么恭喜你，你已经入门了，成功实现了界面与代码的分离，若再加上 SceneBuilder 的帮助，那么你会很得心应手的。试想一下，JavaFX 已经支持组件的可视化拖动，这样的 GUI 设计是不是很简单呢。

9.4　小结

本章简单介绍了图形用户界面技术的概念和历史，以 Java AWT 组件集为重点，详细介绍了各类 AWT 组件的使用，并对 AWT 的事件处理机制做了分析，接着简要介绍了 Java 的第二代 GUI 组件集 Swing，最后简要介绍了 Java 的第三代 GUI 技术 JavaFX。

9.5　思考练习

1. 图形用户界面的设计原则有哪些？
2. AWT 组件集提供的组件可以分为哪几类？各起什么作用？
3. AWT 提供的布局方式有哪几种？请分别简述。
4. 简述如何创建 AWT 的菜单系统。
5. 简述 AWT 提供的基于事件监听模型的事件处理机制。
6. 列举几个熟悉的 AWT 事件类，并举例说明什么时候会触发这些事件。
7. AWT 规定的 MouseEvent 类对应哪些监听器接口？这些接口中都定义了哪些抽象方法？
8. 简述 AWT 为何要给事件提供相应的适配器(即 Adapter 类)。
9. 简述 AWT 与 Swing 组件集的区别。
10. 创建一个包含一个文本框和 3 个按钮的框架窗口程序，同时要求按下不同按钮时，文本框中能显示不同的文字。
11. 创建一个带有多级菜单系统的框架窗口程序，要求每单击一个菜单项，就弹出一个相对应的信息提示框。
12. 请用 Swing 组件来设计实现计算器程序，要求能完成简单的四则运算。

第 10 章

Java I/O

本章学习目标:

- 理解流的概念
- 掌握 InputStream 和 OutputStream 及其派生字节流类
- 掌握 Reader 和 Writer 及其派生字符流类
- 掌握 File 类和 RandomAccessFile 类的使用

10.1 引言

计算机程序的最一般模型可以归纳为: 输入、计算和输出。输入和输出是人机交互的重要手段,一个设计合理的程序应该首先允许用户根据具体的情况输入不同的数据,然后经过程序算法的计算处理,最后以用户可接受的方式输出结果。在本书的第一个 Java 程序中,System.out.println("Hello,welcome to Java programming.");语句被称为标准输出语句,它实现了将信息输出至标准输出设备(如 DOS 控制台)。在书中的很多 Application 示例程序中,输出语句都担负了将程序的计算结果进行输出显示的任务。有了它,用户才知道程序的具体结果。在第 3 章的例子如例 3-3 中使用的 InputStreamReader、BufferedReader 和 System.in 等涉及的就是输入。正是通过这些输入类和标准输入流对象 in,程序才实现了与用户的交互式输入,交互式输入使得程序的计算数据可以由用户灵活掌握。

10.2 流的概念

Java 用流的概念来描述输入输出。Java 提供的输入输出功能是十分强大而灵活的,美中不足的是代码可能并不是很简洁(如第 3 章中的例 3-3),需要创建许多不同的流对象。在 Java 类库中,I/O(输入和输出)部分的内容有很多,可通过查看 JDK 的 java.io 包可以了解到,它涉及的主要关键类有 InputStream、OutputStream、Reader、Writer 和 File 等。当熟悉了 Java 的输入输出流以后,读者会发现 Java 的 I/O 流使用起来很方便,因为 Java 已经对各种 I/O 流的操作做了相当程度的简化处理。

流(Stream)是对数据传送的一种抽象,当预处理数据从外界"流入"程序中时,就称之为输入流；相反地，当程序中的结果数据"流到"外界(如显示屏幕、文件等)时，就称之为输出流，输入或输出是从程序的角度来讲的。InputStream 和 OutputStream 类是用来处理字节(8 位)流的，Reader 和 Writer 类是用来处理字符(16 位)流的，而 File 类则是用来处理文件的。细心的读者可能会问：前面章节中使用过的 System.out.println()和 System.in.read()又算哪一种呢？事实上，它们是 Java 提供的标准输入输出流。其中，System 为 Java 自动导入包 java.lang 中的一个类，它含有 3 个内建好的静态流对象：err、in 和 out，分别用于标准错误输出、标准输入和标准输出。在程序中可以直接使用这 3 个流对象，如调用它们的 println()或 read()方法来实现标准输入输出功能。默认情况下，标准输入 in 用于读取键盘输入，而标准输出 out 和标准错误输出 err 用于把数据输出到启动程序运行的终端屏幕上。需要说明的是，in 属于 InputStream 对象，而 err 和 out 则属于 PrintStream(由 OutputStream 间接派生)对象，因此，在这个层面上可以认为标准输入输出是属于字节流的范畴，它们的数据处理是以字节为单位的。但是，Java 提供的 Decorator(包装)技术又允许用户将标准输入输出流转换为以双字节为处理单位的字符流。所以，字节流和字符流只是相对的概念，它们之间也可以相互转换。另外，利用 System 类提供的以下静态方法，也可以把标准输入输出的数据流重定向到一个文件或者另一个数据流中。

```
public static void setIn(InputStream in)
public static void setOut(PrintStream out)
public static void setErr(PrintStream err)
```

标准错误输出只用来输出错误信息，它即使被重定向到其他地方，也仍然会在控制台进行输出显示，而标准输入和标准输出则用于交互式的 I/O 处理，下面对标准输入输出做具体介绍。

10.2.1　标准输出

System.out 是标准输出流对象，可以通过调用它的 println()、print()或 write()方法来实现对各种数据的输出显示。具体举例说明如下所示：

```
boolean checkError()            //错误检查
void close()                    //关闭输出流
void flush()                    //刷新输出流
void print(boolean b)           //输出布尔型数据
void print(char c)              //输出字符型数据
void print(char[] s)            //输出字符数组
void print(double d)            //输出双精度浮点数
void print(float f)             //输出单精度浮点数
void print(int i)               //输出 int 整型数据
void print(long l)              //输出 long 整型数据
void print(Object obj)          //输出对象类型数据
void print(String s)            //输出字符串类型数据
void println()                  //换行
void println(boolean x)         //以下同上
void println(char x)
void println(char[] x)
void println(double x)
void println(float x)
void println(int x)
void println(long x)
```

```
    void println(Object x)
    void println(String x)
    protected void setError()              //设置错误
    void write(byte[] buf, int off, int len)  //输出字节数组 buf 中从下标 off 开始的 len 个数据
```

上述方法中，println()和 print()是类似的，所不同的是前者在输出完数据之后会自动进行换行操作。write()方法在前面章节中的程序中并没有用到过，它主要用来输出字节数组数据。下面来看一个简单的例子。

【例 10-1】标准输出方法举例。

```java
public class Test {
    public static void main(String args[])
    {
        boolean boo=true;
        char c = 'a';
        char[] cs = {'C','h','i','n','a'};
        double d = 1.2;
        float f = 1.1f;
        int i = 10;
        long l = 20;
        Object obj="2008";
        String str="Beijing";
        byte b[] = {'O','l','y','m','p','i','c'};
        System.out.println(boo);
        System.out.println(c);
        System.out.println(cs);
        System.out.println(d);
        System.out.println(f);
        System.out.println(i);
        System.out.println(l);
        System.out.println(obj);
        System.out.println(str);
        System.out.write(b,0,7);
    }
}
```

程序的输出结果如下：

```
true
a
China
1.2
1.1
10
20
2008
Beijing
Olympic
```

10.2.2　标准输入

System.in 是标准输入流对象，可以通过调用它的 read()方法来从键盘读入数据。由于输入比输出容易出错，而且可能用户不小心的一个输入错误就会导致整个程序计算结果出错，甚至引发程序的中断退出，因此，Java 对输入操作强制设置了异常保护。用户在编写标准输入程序时，必须抛出异常或捕获异常，否则程序将不能编译通过。以下为输入流对象 in 可以调用的read()方法：

```
int read()                          //读入一个字节数据，其值(0~255)以 int 整型格式返回
int read(byte[] b)                  //读入一个字节数组的数据
int read(byte[] b, int off, int len)  //读入一个字节数组中从 off 开始的 len 个字节数据
```

int read(byte[] b)方法是 int read(byte[] b, int off, int len)方法的特例，即此时 off 值为 0，而 len 值为 b.length。下面举例说明。

【例 10-2】标准输入方法举例。

```java
import java.io.*;        // IOException 位于 java.io 包，因此需要将其导入
public class Test {
    public static void main(String args[]) throws IOException    //抛出异常
    {
        byte c1;
        byte c2[]=new byte[3];
        byte c3[]=new byte[6];
        System.out.print("请输入：");
        c1=(byte)System.in.read();
        System.in.read(c2);
        System.in.read(c3,0,6);
        //输出刚才读入的字节数据
        System.out.println((char)c1);    //若去掉强制类型转换，则输出为'a'的 ASCII 码值：97
        System.out.write(c2,0,3);
        System.out.println();
        System.out.write(c3,0,6);
        System.out.println();
        System.out.print("输入流中还有多余"+System.in.available()+"个字节");
    }
}
```

程序的输入输出结果如下所示：

```
请输入：aabcabcdefg(回车换行)
a
abc
abcdef
输入流中还有多余 3 字节
```

程序一开始输入了 aabcabcdefg，其中"c1=(byte)System.in.read();"语句将第一个 a(即 97，因为 a 字符的 ASCII 码值为 97)赋值给字节类型变量 c1，"System.in.read(c2);"语句自动读入 3 个字符(即 abc)数据到 c2 数组中，而"System.in.read(c3,0,6);"又读入接下来的 6 字节数据(即 abcdef)，最后还剩字符'g'。事实上，剩余字符还包括回车和换行这两个控制字符，这点可以从

后面的 System.in.available()返回值为 3 得到验证。然后，通过调用标准输出方法对获取的字节数据进行输出显示。

提示：

通常所说的字符一般是指 ASCII 码字符，它属于单字节编码的数据，这一点从上述程序的系统输入可以看出。但由于 Java 采用的字符存储类型是 Unicode 编码的，它需要的存储空间是 2 字节，这点很容易使读者产生疑惑：到底一般字符是单字节，还是双字节呢？这要视具体情况而定。对于多数程序设计语言(如 C 和 Pascal)来说，所处理的一般字符都是单字节的，而对于 Java 来说，当用户输入一般字符(此时为单字节)给 Java 程序后，如果程序中用来存放该字符的数据类型为 char，则原本的单字节会自动在高位补 0 扩充为双字节进行存储，也可以用单字节的 byte 类型来存放该字符。

Java 采用双字节存储字符，是为了将字符与汉字统一起来，方便处理。10.4 节介绍的字符流，即指双字节流。上述标准输入提供的 read()方法显然不方便，因为它是以单个字节或字节数组的方式来获取输入的，而通常需要用户输入的数据却是其他类型的，如字符串、int、double等。那应该如何改善呢？ Java 采用了一种称为 Decorator(包装)的设计模式来对标准输入进行功能扩充。关于 Decorator 设计模式，这里不做介绍，大家只要知道它是用来给原对象扩充功能(即再次加工)用的即可。例如，第 3 章的例 3-4 引入的交互式输入中有这样的代码：

```
//以下代码为通过控制台交互输入行李重量
InputStreamReader reader=new InputStreamReader(System.in);
BufferedReader input=new BufferedReader(reader);
System.out.println("请输入旅客的行李重量:");
String temp=input.readLine();
w = Float.parseFloat(temp);   //字符串转换为单精度浮点型
```

原本 System.in 标准输入流对象只能提供以字节为单位的数据输入，通过引入 InputStreamReader 和 BufferedReader 类的对象对其进行两次包装(第一次将 System.in 对象包装为 reader 对象的内嵌成员，第二次又将 reader 对象包装为 input 对象的成员)，这样可以使用 BufferedReader 类提供的 readLine()方法，实现以行为单位(即对应字节数据流中以回车换行符为间隔)的字符串输入功能。获取到字符串数据以后，还可以根据具体的数据类型进行相应的转换，如例 3-4 的代码中会将字符串转换为单精度浮点型数据。另外，也可以使用 Double 类提供的 parseDouble()方法或 Integer 类提供的 parseInt()方法进行相应的转换。请看下面的示例程序例 10-3。

【例 10-3】扩充的标准输入方法。

```
import java.io.*;
public class Test {
    public static void main(String args[]) throws IOException
    {
        String temp;
        float f;
        double d;
        int i;
        //将 System.in 对象包装入 InputStreamReader 对象中
```

```
        InputStreamReader reader=new InputStreamReader(System.in);
        //将 reader 对象包装入 BufferedReader 对象中
        BufferedReader input=new BufferedReader(reader);
        System.out.println("请输入字符串数据:");
        temp=input.readLine();
        System.out.println("刚输入的字符串为:"+temp);
        System.out.println("请输入单精度浮点数:");
        temp=input.readLine();
        //字符串转换为单精度浮点型
        f = Float.parseFloat(temp);
        System.out.println("刚输入的单精度浮点数为:"+f);
        System.out.println("请输入双精度浮点数:");
        temp=input.readLine();
        //字符串转换为双精度浮点型
        d = Double.parseDouble(temp);
        System.out.println("刚输入的单精度浮点数为:"+d);
        System.out.println("请输入 int 整型数:");
        temp=input.readLine();
        //字符串转换为 int 型
        i = Integer.parseInt(temp);
        System.out.println("刚输入的 int 整型数为:"+i);
    }
}
```

程序的运行结果如下:

```
请输入字符串数据:
i love China
刚输入的字符串为:i love China
请输入单精度浮点数:
1.1
刚输入的单精度浮点数为:1.1
请输入双精度浮点数:
2.2
刚输入的单精度浮点数为:2.2
请输入 int 整型数:
5
刚输入的 int 整型数为:5
```

由此可见,通过 Java 的包装及类型转换技术,可以灵活地进行各种类型数据的交互式输入。为了避免在不同地方需要进行交互式输入时,每次都要重新编写包装语句,建议读者可以这样来做:将上述常用交互式输入单独定义为一个用户输入类 MyInput,并将其放置到用户自定义类包 myPackage 中,以后的每个程序或者程序的不同地方可以通过该类很方便地进行交互式输入。请看下面的例子。

【例 10-4】用户输入类 MyInput。

```
package myPackage;
import java.io.*;
public class MyInput {
    public static String inputStr() throws IOException
```

```
    {
        //将 System.in 对象包装入 InputStreamReader 对象中
        InputStreamReader reader=new InputStreamReader(System.in);
        //将 reader 对象包装入 BufferedReader 对象中
        BufferedReader input=new BufferedReader(reader);
        String temp=input.readLine();
        return temp;
    }
    public static String strData() throws IOException
    {
        //将 System.in 对象包装入 InputStreamReader 对象中
        InputStreamReader reader=new InputStreamReader(System.in);
        //将 reader 对象包装入 BufferedReader 对象中
        BufferedReader input=new BufferedReader(reader);
        System.out.println("请输入字符串数据:");
        String temp=input.readLine();
        return temp;
    }
    public static float floatData() throws IOException
    {
        System.out.println("请输入单精度浮点数:");
        String temp=inputStr();
        float f = Float.parseFloat(temp);
        return f;
    }
    public static double doubleData() throws IOException
    {
        System.out.println("请输入双精度浮点数:");
        String temp=inputStr();
        double d = Double.parseDouble(temp);
        return d;
    }

    public static int intData() throws IOException
    {
        System.out.println("请输入 int 整型数:");
        String temp=inputStr();
        int i = Integer.parseInt(temp);
        return i;
    }
}
```

【例 10-5】测试用户输入类 MyInput。

```
import myPackage.MyInput;
import java.io.*;
public class Test {
public static void main(String args[]) throws IOException
{
    String str=MyInput.strData();
    System.out.println("刚输入的字符串为:"+str);
```

```
        float f=MyInput.floatData();
        System.out.println("刚输入的单精度浮点数为:"+f);
        double d=MyInput.doubleData();
            System.out.println("刚输入的双精度浮点数为:"+d);
            int i=MyInput.intData();
            System.out.println("刚输入的 int 整型数为:"+i);
        }
    }
```

上述测试程序的某次运行结果如下:

```
C:\工作目录>java Test
请输入字符串数据:
hello
刚输入的字符串为:hello
请输入单精度浮点数:
1
刚输入的单精度浮点数为:1.0
请输入双精度浮点数:
2.2
刚输入的双精度浮点数为:2.2
请输入 int 整型数:
10
刚输入的 int 整型数为:10
```

通过上面自定义的用户输入类 MyInput,读者可以更方便、更简洁地编写交互式输入程序。希望读者能将这种自定义用户类的策略应用到今后的编程实践中。事实上,自定义类与自定义方法在本质上是一样的,都是为了提高程序的复用度,进而达到提高编程效率的目的。只不过由于类的"粒度"比方法要大,同时,类中封装的成员变量和成员方法通常都是紧密相关的,具有良好的"结构相关性",因此,类(继承)比方法更能体现程序复用的思想。正是由于引入了类的概念,才使得程序设计从原先的面向(方法)过程上升为面向(类)对象的高度,从而大大促进了软件的开发效率。

10.3　字节流

以字节为处理单位的流称为字节流,字节流分为字节输入流和字节输出流两种。本节对它们做简要的介绍。

10.3.1　InputStream

所有字节输入流的基类是 InputStream,它是一个从 Object 类直接继承而来的抽象类。在该类中,声明了多个用于字节输入的方法,为其他字节输入流派生类奠定了基础。InputStream 与其他派生类的继承关系如图 10-1 所示。

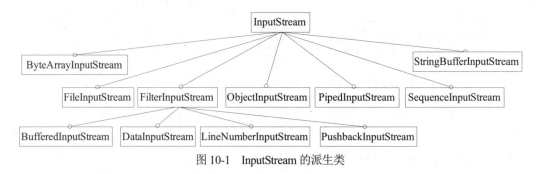

图 10-1　InputStream 的派生类

InputStream 类可以处理各种类型的输入流，它提供的大多数方法在遇到错误后都会抛出 IOException 异常。InputStream 类提供的常用方法如下：

```
int available()              //输入流中剩余(即尚未读取)数据的字节数
void close()                 //关闭输入流，同时释放相关资源
void mark(int readlimit)     //在输入流中的当前位置做下标记，并且直到从这个位置开始的 readlimit
                               字节被读取后它才失效
boolean markSupported()      //当前输入流是否支持标记功能
abstract int read()          //从输入流中读入一字节的数据
int read(byte[] b)           //从输入流中读入 b.length 字节到字节数组 b
int read(byte[] b, int off, int len) //从输入流中 off 处开始读入 len 字节到字节数组 b
void reset()                 //把输入流的读指针重置到标记处，以重新读取前面的数据
long skip(long n)            //从输入流的当前读指针处跳过 n 字节，同时返回实际跳过的字节数
```

下面对 InputStream 类的子类分别进行简单的说明。

1. ByteArrayInputStream

ByteArrayInputStream 输入流类含有 4 个成员变量：buf、count、mark 和 pos。其中，buf 为字节数组缓冲区，用来存放输入流；count 为计数器，记录输入流数据的字节数；mark 用来做标记，以实现重读部分输入流数据；pos 为位置指示器，指明当前读指针的位置，即前面已读取了 pos-1 字节的数据。ByteArrayInputStream 输入流类提供的方法基本上与它的基类 InputStream 是一样的。因此，ByteArrayInputStream 可以说是一个比较简单的、基础的字节输入流类。

2. FileInputStream

FileInputStream 类用来实现从文件中读取字节流数据，它也是从抽象类 InputStream 直接继承而来的，但它不支持 mark()和 reset()等方法。因为 FileInputStream 输入流只能实现文件的顺序读取。FileInputStream 属于字节输入流类，所以它不适合用来读取字符文件，而适合读取字节文件(如图像文件)。字符文件的读取可以使用后面即将介绍的字符输入流类 FileReader。

FileInputStream 类有如下 3 个构造方法：

```
public FileInputStream(String name) throws FileNotFoundException
public FileInputStream(File file) throws FileNotFoundException
public FileInputStream(FileDescriptor fdObj)
```

前面两个构造方法需要抛出 FileNotFoundException 异常。其中，name 为文件名，而 file 为 File 文件类的对象，fdObj 为 FileDescriptor 文件描述类对象，它既可以对应打开的文件，也

可以是打开的套接字(socket)。例如，下面的语句是采用第一个构造方法创建文件输入流对象：

```
FileInputStream fis = new FileInputStream("data.dat");
```

创建好文件输入流对象后，就可以通过调用相应的 read()方法，以字节为单位来读取数据。当不再需要从该文件输入流读入数据时，可以调用 close()方法来关闭输入流，同时释放相应的资源。

【例 10-6】测试 FileInputStream 文件输入流类。

```java
import java.io.*;
public class TestFileInputStream
{
    public static void main(String args[]) throws IOException
    {
        try
        {   //创建文件输入流对象 fis
            FileInputStream fis = new FileInputStream("data.dat");
            byte buf[] = new byte[128];
            int count; //记录实际读取字节数
            count=fis.read(buf);   //从文件输入流 fis 中读取字节数据
            System.out.println("共读取"+count+"个字节");
            System.out.print(new String(buf));
            fis.close(); //关闭 fis 输入流
        }
        catch (IOException ioe)
        {
            System.out.println("I/O 异常");
        }
    }
}
```

如果程序当前目录下没有 data.dat 数据文件，则运行时将会引发 FileNotFoundException 异常，此时，异常保护语句就会被执行，输出"I/O 异常"信息；如果有 data.dat 数据文件，并且在其中已经编辑输入了"Beijing 2008 Olympic Games"，则程序运行时将会从文件中读取这一信息并在屏幕上输出，如下所示：

```
共读取 26 字节              //注：一个普通 ASCII 字符就是一字节
Beijing 2008 Olympic Games
```

当编辑数据文件输入的是"Beijing 2008 奥运会"时，程序在屏幕上显示的信息如下：

```
共读取 19 字节              //注：一个汉字是两字节；data.dat 文件须为 ANSI 编码格式
Beijing 2008 奥运会
```

由此可见，使用 FileInputStream 文件输入流对象，可以实现从文件中以字节为单位获取数据。

3. FilterInputStream

FilterInputStream 类与 InputStream 类相比，差别不大，那么为什么要引入 FilterInputStream

类呢？注意看 FilterInputStream 类的定义，发现它的构造方法是这样定义的：

```
protected FilterInputStream(InputStream in)
```

上述构造方法的参数是 InputStream 对象，读者可能会联想到前面提到的包装技术。没错！FilterInputStream 就是为了包装 InputStream 流而引入的中间类，它的构造方法的访问属性为 protected，用户不能直接将其实例化，即不能直接创建 FilterInputStream 对象。它把具体的包装任务交给它的子类们来完成。这些子类有 BufferedInputStream、CheckedInputStream、CipherInputStream、DataInputStream、DigestInputStream、InflaterInputStream、LineNumberInputStream、ProgressMonitorInputStream 和 PushbackInputStream 等。每一个子类都以现成的 InputStream 流对象为数据源，试图对该 InputStream 流做进一步的处理。有兴趣的读者也可以尝试着自己定义一个从 FilterInputStream 继承而来的加强输入流类，实现对输入流的特殊处理(如按位读取等)。下面选取其中几个子类做简单的介绍。

提示：

在 Oracle 提供的 JDK 类库中，大量采用了类似 FilterInputStream 的设计，很多类虽然并不是抽象类，但通过不提供对外的实例化构造方法，把自己变成了伪抽象类，或者说是中间类，真正的处理代码则交给相应的加强子类们来完成。这涉及了"设计模式"的概念，建议有一定基础的读者可以在学习 Java 的同时，阅读"设计模式"的相关知识，以提升自己对面向对象技术的理解高度。

1) BufferedInputStream

BufferedInputStream 类只是在 FilterInputStream 类(或者说 InputStream 类)的基础上添加了一个读取缓冲功能。因此，有人说它应该合并到 InputStream 中。但我们更关心的是，到底缓冲能带来多大的性能提高呢？例 10-7 就是一个测试缓冲性能的程序，有兴趣的读者可以亲自上机验证一下。例 10-7 测试读取的是一个图片文件，大小约为 2.52MB，结果表明，二者之间的速度差别还是非常明显的。对于小输入流的读取况且如此，那么对于大输入流的情况，缓冲带来的效果就可想而知了。

BufferedInputStream 类的构造方法如下：

```
public BufferedInputStream(InputStream in)
public BufferedInputStream(InputStream in,int size)
```

第二个构造方法的 size 用来设置缓冲区的大小。

【例 10-7】测试 BufferedInputStream 输入流类带来的性能提高。

```
import java.io.*;
public class TestBufferedInputStream
{
    public static void main(String args[]) throws IOException
    {
        try
        {   //创建文件输入流对象 fis，为了取得明显效果，Big.dat 文件为一张图片
            InputStream fis =new BufferedInputStream( new FileInputStream("Big.dat"));
                System.out.println("测试开始...");
```

```
            while (fis.read()!=-1)    //从文件输入流 fis 中读取字节数据
            {
                    //读取整个文件输入流
            }
            System.out.println("测试结束");
            fis.close(); //关闭 fis 输入流
        }
        catch (IOException ioe)
        {
            System.out.println("I/O 异常");
        }
    }
}
```

有兴趣的读者可以尝试将程序中的如下语句：

InputStream fis =new BufferedInputStream(new FileInputStream("Big.dat"));

改写为如下语句：

InputStream fis =(new FileInputStream("Big.dat");

这时，将会发现对于文件输入流的读取速度会大大低于缓冲时的情况。

2) DataInputStream

DataInputStream 类直接从 FilterInputStream 类继承而来，并且还实现了 DataInput 接口，它提供的方法如下：

```
public final int read(byte[] b) throws IOException
public final int read(byte[] b, int off,int len) throws IOException
public final void readFully(byte[] b) throws IOException
public final void readFully(byte[] b,int off,int len) throws IOException
public final int skipBytes(int n) throws IOException
public final boolean readBoolean() throws IOException
public final byte readByte() throws IOException
public final int readUnsignedByte() throws IOException
public final short readShort() throws IOException
public final int readUnsignedShort() throws IOException
public final char readChar() throws IOException
public final int readInt() throws IOException
public final long readLong() throws IOException
public final float readFloat() throws IOException
public final double readDouble() throws IOException
public final String readLine() throws IOException
public final String readUTF() throws IOException
public static final String readUTF(DataInput in) throws IOException
```

上述方法中，一部分是从 InputStream 类继承而来的，另一部分则是源于 DataInput 接口中的方法实现。输入流对象在读到流的结尾时一般都返回-1 进行指示，而 DataInputStream 输入流对象在读到流的结尾时还会同时抛出一个 EOFException 异常，因此，也可以通过捕获这个异常来判断输入流是否已经读取完毕。特别地，上面的 readLine()方法是用来实现一行一行地读取输入流的，该方法在很多情况下非常有用。不过，由于该方法不能将字节数据正确转换为对应的字符，因此在 JDK 1.1 及以后的版本中不再建议使用，并由 BufferedReader.readLine()方法替代。BufferedReader 属于字符输入流类，将在 10.4 节中进行介绍。

3) LineNumberInputStream

LineNumberInputStream 类提供了行号跟踪功能，可以通过方法获取或设置行号：

```
public int getLineNumber()
public void setLineNumber(int lineNumber)
```

这些方法目前已过时，不建议再使用。LineNumberInputStream 类的功能可以用字符流类 LineNumberReader(详见 10.4 节)来替代。

4) PushbackInputStream

PushbackInputStream 类在 FilterInputStream 父类的基础上增加了回退/复读功能，类似于 mark()/reset()提供的回退/复读功能，对应的回退方法如下：

```
public void unread(int b) throws IOException
public void unread(byte[] b,int off,int len) throws IOException
pub lic void unread(byte[] b) throws IOException
```

4. ObjectInputStream

在 Java 程序运行过程中，很多数据是以对象的形式分布在内存中的。有时设计者希望能够直接将内存中的整个对象存储到数据文件之中，以便在下一次程序运行时可以从数据文件中读取出数据，还原对象为原来的状态，这时可以通过 ObjectInputStream 和 ObjectOutputStream 来实现这一功能。Java 规定，如果要直接存储对象，则定义该对象的类必须实现 java.io.Serializable 接口，而 Serializable 接口中实际并没有规范任何必须实现的方法，所以，这里所谓的实现只是起到一个象征意义，表明该类的对象是可序列化的(Serializable)，同时，该类的所有子类自动成为可序列化的。下面是一段使用 ObjectInputStream 输入流的示例代码：

```
FileInputStream istream = new FileInputStream("data.dat");    //创建文件输入流对象
ObjectInputStream p = new ObjectInputStream(istream);         //包装为对象输入流
int i = p.readInt();                                          //读取整型数据
String today = (String)p.readObject();                       //读取字符串数据
Date date = (Date)p.readObject();                            //读取日期型数据
istream.close();                                             //关闭输入流对象
```

ObjectInputStream 类直接继承自 InputStream，并同时实现了 3 个接口：DataInput、ObjectInput 和 ObjectStreamConstants。它的主要功能是通过 readObject()方法来实现的，利用该方法可以很方便地恢复原先用 ObjectOutputStream.writeObject()方法保存的对象状态数据。

5. PipedInputStream

PipedInputStream 称为管道输入流，它必须和相应的管道输出流 PipedOutputStream 一起使用，由二者共同构成一条管道，后者输入数据，前者读取数据。通常，PipedOutputStream 输出流工作在一个称为生产者的程序中，而 PipedInputStream 输入流工作在一个称为消费者的程序中。只要管道输出流和输入流是连接着的(可以通过 connect()方法建立连接)，那么可以一边往管道中写入数据，而另一边则从管道中读取这些数据，即实现将一个程序的输出直接作为另一个程序的输入，从而节省了中间 I/O 环节。

提示：

- 不建议在单线程中同时进行 PipedInputStream 输入流和 PipedOutputStream 输出流的处理，因为这样容易引起线程死锁。
- Pipe(管道)是 UNIX 首先提出的概念，它被用来实现进程(或线程)之间大量数据的同步传输。

6. SequenceInputStream

SequenceInputStream 类可以实现将多个输入流连接在一起，形成一个长的输入流，当读取到长流中某个子流的末尾时，一般不返回-1(即 EOF)，而只有到达最后一个子流的末尾时才返回结束标志。SequenceInputStream 类的构造方法如下：

```
public SequenceInputStream(Enumeration e)
public SequenceInputStream(InputStream s1, InputStream s2)
```

第一个构造方法可以连接多个输入子流，这些子流可以是 ByteArrayInputStream、FileInputStream、ObjectInputStream、PipedInputStream 或 Stringbufferinputstream 等各种输入流类型。第二个构造方法只能连接两个输入流。

通过 SequenceInputStream 类，用户可以构造各种各样、功能各异的组合流。

7. StringBufferInputStream

StringBufferInputStream 类的构造方法如下：

```
public StringBufferInputStream(String s);
```

它的功能是通过 String 对象生成相应的字节输入流。由于 String 中的字符是 Unicode 编码的，即双字节，因此 StringBufferInputStream 采取如下转换策略：将 Unicode 字符的高位字节丢弃，只保留低位字节。这样，原来字符串中的字符个数就与转换后的输入流字节数相等，即一个字节对应原来的一个字符。这种处理方式，对于 ASCII 码值在 0 和 255 之间的普通字符是没有问题的，但对于其他字符(如汉字字符)，则会由于高位字节的信息丢失而导致错误。因此，在 JDK 1.1 及以后的版本中，该类就被放弃并由字符流类 StringReader 替代。

10.3.2 OutputStream

抽象类 OutputStream 是所有字节输出流类的基类，它的派生关系如图 10-2 所示。

从图 10-2 可以看出：OutputStream 派生了与 InputStream 类相对应的输出流类，如 ByteArrayOutputStream、FileOutputStream、FilterOutputStream、ObjectOutputStream 和 PipedOutputStream 等。细心的读者可能会发现，没有与 StringBufferInputStream 输入流相对应的输出流类，这与 Java 的 String 类的不可修改性有关，流写入了，String 就必须做相应的扩展，显然这是矛盾的，因此无法定义对应的输出流类。下面对图 10-2 中的各个派生类逐一进行简单的介绍。

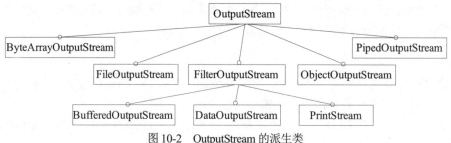

图 10-2 OutputStream 的派生类

1. ByteArrayOutputStream

ByteArrayOutputStream 类与 ByteArrayInputStream 类相对应，它有两个保护型成员变量：

```
protected byte[] buf
protected int count
```

其中，buf 字节数组用来存放输出数据，而 count 则用来记录有效输出数据的字节数。ByteArrayOutputStream 类的构造方法如下：

```
public ByteArrayOutputStream()
public ByteArrayOutputStream(int size)
```

第一个构造方法创建的输出流对象起始存储区大小为 32 字节，并可以随着输入的增加而相应扩大；第二个构造方法创建的输出流对象存储区大小为 size 字节。

另外，ByteArrayOutputStream 类还提供了如下方法：

```
public void write(int b)
public void write(byte[] b,int off,int len)
public void writeTo(OutputStream out) throws IOException
public void reset()
public byte[] toByteArray()
public int size()
public String toString()
public String toString(String enc) throws UnsupportedEncodingException
public String toString(int hibyte)
public void close() throws IOException
```

在上述方法中，write()与 ByteArrayInputStream 类的 read()方法相对应。

2. FileOutputStream

FileOutputStream 类与前面的 FileInputStream 类相对应，用于输出数据流到文件中进行保存。
【例 10-8】FileOutputStream 文件输出流类。

```
import java.io.*;
public class TestFileOutputStream {
    public static void main(String args[]){
        try
        {
            System.out.print("请输入数据: ");
            int count,n=128;
```

```
                byte buffer[] = new byte[n];
                count = System.in.read(buffer); //读取标准输入流
                FileOutputStream fos = new FileOutputStream("test.dat");
                //创建文件输出流对象
                fos.write(buffer,0,count); //写入输出流
                fos.close(); //关闭输出流
                System.out.println("已将上述输入数据输出保存为 test.dat 文件。");
            }
            catch (IOException ioe)
            {
                System.out.println(ioe);
            }
            catch (Exception e)
            {
                System.out.println(e);
            }
        }
    }
```

程序的运行结果如下：

请输入数据: Earthquake occured in Sichuang Wenchuang has caused great casualties!(回车)
已将上述输入数据输出保存为 test.dat 文件。

打开程序新建的 test.dat 文件(原本没有这个文件)，可以发现刚刚输入的数据已经被输出保存。如果再次运行程序：

请输入数据: donation(回车)
已将上述输入数据输出保存为 test.dat 文件。

此时，再次打开 test.dat 文件查看，就会发现，原来的输出数据被新的输出数据所取代。这是因为 FileOutputStream 类不支持文件续写或定位等功能，它只能实现最基本的文件输出操作。

3. FilterOutputStream

FilterOutputStream 类与 FilterInputStream 类相对应，也是一个伪抽象类，由它派生出的各种功能子类有 BufferedOutputStream、CheckedOutputStream、CipherOutputStream、DataOutputStream、DeflaterOutputStream、DigestOutputStream 和 PrintStream 等。这里只介绍图 10-2 中列出的 3 个。

1) BufferedOutputStream

BufferedOutputStream 类与 BufferedInputStream 类实现的功能相似，都是进行数据缓冲以提高性能，区别是后者是输入(读)缓冲，前者是输出(写)缓冲。读者可以尝试改写例 10-8，将文件输出流对象包装为缓冲对象，在输出大量数据的情况下，比较二者的写入速度。

提示：

缓冲输入是指在读取输入流时，先从输入流中一次读入一批数据并置入缓冲区中，然后直接从缓冲区中读取，只有当缓冲区数据不足时才从输入流中再次批量读取；同样地，使用缓冲输出时，写入的数据并不会直接输出至目的地，而是先输出存储至缓冲区中，当缓冲区数据满

了以后才启动一次对目的地的批量输出。例如，在输入输出流对应文件时，通过缓冲可以大幅减少对磁盘的重复 I/O 操作，从而提高文件存取的速度。

2) DataOutputStream

DataOutputStream 类与 DataInputStream 类相对应，它实现的接口为 DataOutput，提供的输出方法如下：

```
public final void writeBoolean(boolean v) throws IOException
public final void writeByte(int v) throws IOException
public final void writeShort(int v) throws IOException
public final void writeChar(int v) throws IOException
public final void writeInt(int v) throws IOException
public final void writeLong(long v) throws IOException
public final void writeFloat(float v) throws IOException
public final void writeDouble(double v) throws IOException
public final void writeBytes(String s) throws IOException
public final void writeChars(String s) throws IOException
public final void writeUTF(String str) throws IOException
```

3) PrintStream

PrintStream 类实现的输出功能与 Data OutputStream 相似，输出方法以 print()和带行分隔的 println()命名，部分输出方法如下：

```
public void print(boolean b)
public void print(char c)
public void print(int i)
public void print(String s)
public void print(Object obj)
public void println()
public void println(boolean x)
public void println(int x)
public void println(char[] x)
public void println(Object x)
```

标准输出流 System.out 就是 PrintStream 类的静态对象。

4. ObjectOutputStream

ObjectOutputStream 类与 ObjectInputStream 类相对应，用来实现保存对象数据功能，请看如下所示的代码段：

```
FileOutputStream ostream = new FileOutputStream("data.dat");    //创建文件输出流对象
ObjectOutputStream p = new ObjectOutputStream(ostream);         //包装为对象输出流
p.writeInt(12345);                                              //输出整型数据
p.writeObject("Beijing 2008 奥运会");                           //输出字符串数据
p.writeObject(new Date());                                      //输出日期型数据
p.flush();                                                      //刷新输出流
ostream.close();                                                //关闭输出流
```

可见，ObjectOutputStream 类主要是通过相应的 write 方法来保存对象的状态数据。

5. PipedOutputStream

PipedOutputStream 类与 PipedInputStream 类相对应。前面讲过，利用它们可以实现输入流与输出流同步工作，从而提高输入输出效率。UNIX 中的管道概念就与此类似。

10.4 字符流

字符流类是为了方便处理 16 位的 Unicode 字符而(在 JDK 1.1 之后)引入的输入输出流类，它以 2 字节为基本输入输出单位，适合处理文本类型的数据。Java 设计的字符流体系中有两个基本类：Reader 和 Writer，分别对应字符输入流和字符输出流。

10.4.1 Reader

Reader 字符输入流是一个抽象类，本身不能被实例化，因此，真正实现字符流输入功能的是由它派生的子类们，如 BufferedReader、CharArrayReader、FilterReader、InputStream Reader、PipedReader 和 StringReader 等，其中一些子类又进一步派生出其他功能子类。其继承关系如图 10-3 所示。

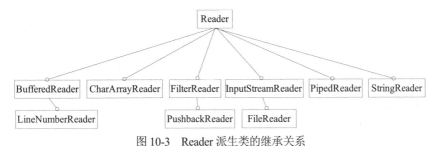

图 10-3　Reader 派生类的继承关系

Reader 抽象类提供了如下处理字符输入流的基本方法：

public int read() throws IOException	//读取一个字符，返回值为读取的字符(0 和 65535 之间的值)或-1(读取到输入流末尾)
public int read(char[] cbuf) throws IOException	//读取一系列字符到字符数组 cbuf[]中，返回值为实际读取的字符数
public abstract int read(char[] cbuf,int off,int len) throws IOException	
//读取 len 个字符，从字符数组 cbuf[]的下标 off 处开始存放，返回值为实际读取的字符数，该方法为抽象方法，具体代码由子类实现	
public long skip(long n) throws IOException	//跳过输入流中的 n 个字符
public boolean ready() throws IOException	//判断输入流是否能读了
public boolean markSupported()	//判断当前流是否支持在流中做标记
public void mark(int readAheadLimit) throws IOException	//给当前流做标记，最多支持 readAheadIimit 个字符的回溯
public void reset() throws IOException	//将当前流重置到做标记处，准备复读
public abstract void close() throws IOException	//关闭输入流的抽象方法，由子类具体实现

上面是抽象类 Reader 的基本方法，其中两个抽象方法必须由其子类们来实现，而其他方法也可以由子类来重写覆盖，以提供新的功能或者更好的性能。可以看出，Reader 与 InputStream

字节输入流类提供的方法相似,区别是后者以字节为单位进行输入,而前者以字符(2 字节)为单位进行读取。事实上,字节流可以被认为是字符流的基础。下面对 Reader 的各个子类分别做简单介绍。

1. BufferedReader

BufferedReader 与 BufferedInputStream 的功能一样,都是对输入流进行缓冲,以提高读取速度。当创建一个 BufferedReader 类对象时,该对象内会生成一个用于缓冲的数组。BufferedReader 类有如下两个构造方法:

```
public BufferedReader(Reader in)
public BufferedReader(Reader in,int sz)
```

该类是包装类,第一个构造方法的参数为一个现成的输入流对象,第二个构造方法多了一个参数,用来指定缓冲区数组的大小。

BufferedReader 类还有一个派生类:LineNumberReader。

LineNumberReader 类主要是在 BufferedReader 类的基础上增加了对输入流中的行进行跟踪,它提供的方法如下:

```
public int getLineNumber()                  //获取行号
public void setLineNumber(int lineNumber)   //设置行号
public int read() throws IOException
public int read(char[] cbuf,int off,int len) throws IOException
public String readLine() throws IOException    //读取行
public long skip(long n) throws IOException
```

需要说明的是:行号是从 0 开始编号的,并且 setLineNumber()方法不能修改输入流当前所处的行位置,它只能修改对应于 getLineNumber()方法的返回值。

2. CharArrayReader

CharArrayReader 是 Reader 抽象类的一个简单实现类,它的功能是从一个字符数组中读取字符,同时支持标记/重读功能,它的内部成员变量有如下几个:

```
protected char[] buf;       //指向输入流(字符数组)
protected int pos;          //当前读指针位置
protected int markedPos;    //标记位置
protected int count;        //字符数
```

其构造方法如下所示:

```
public CharArrayReader(char[] buf)
public CharArrayReader(char[] buf,int offset,int length)
```

第一个构造方法是在指定的字符数组基础上创建 CharArrayReader 对象,第二个构造方法则同时指明字符输入流的起始位置和长度。创建好 CharArrayReader 对象后,就可以调用相应的方法进行字符数据的读取,这些方法多数是 Reader 基类方法的覆盖重写,这里不再列举。

3. FilterReader

FilterReader 是从 Reader 基类直接继承的一个子类,该类本身仍是一个抽象类,且从它的构造方法看，它还是一个包装类，不过 Oracle 的 JDK 设计人员并没有直接给 FilterReader 增加功能，估计意图是将其定位为一个中间类(类似于前面讲过的 FilterInputStream)。

真正有新功能的是它的子类 PushbackReader。PushbackReader 类可以实现字符回读功能，主要通过如下方法进行回读：

```
public void unread(int c) throws IOException
public void unread(char[] cbuf,int off,int len) throws IOException
public void unread(char[] cbuf) throws IOException
```

4. InputStreamReader

InputStreamReader 是实现字节输入流到字符输入流转变的一个类。它可以将字节输入流通过相应的字符编码规则包装为字符输入流。其构造方法如下：

```
public InputStreamReader(InputStream in)
public InputStreamReader(InputStream in,String charsetName)
throws UnsupportedEncodingException
public InputStreamReader(InputStream in,Charset cs)
public InputStreamReader(InputStream in,CharsetDecoder dec)
```

该类既可以采用系统默认的字符编码，也可以通过参数明确指定。

InputStreamReader 还有一个派生子类——FileReader，即字符文件输入流类。它的构造方法如下：

```
public FileReader(String fileName) throws FileNotFoundException
public FileReader(File file) throws FileNotFoundException
public FileReader(FileDescriptor fd)
```

需要特别指出的是：除了构造方法，FileReader 并没有新增定义其他任何方法，它的方法都是由父类 InputStreamReader 和 Reader 继承而来的，因此，该类的主要功能只是改变数据源，即通过它的构造方法可以实现将文件作为字符输入流。

Java 输入输出的一个特色就是可以组合使用(包装)各种输入输出流为功能更强的流，因此，设计了这么多各具功能的输入输出流类。下面来看一个组合使用的示例。

【例 10-9】FileReader 和 BufferedReader 的组合使用。

```java
import java.io.*;
public class TestFileReader {
    public static void main(String args[])
    {
        try
        {
            FileReader fr = new FileReader("fuwa.dat");
            BufferedReader bfr = new BufferedReader(fr);
            String str=bfr.readLine();
            while (str!=null)
            {
                System.out.println(str);
                str=bfr.readLine();
            }
```

```
        }
        catch (IOException ioe)
        {
            System.out.println(ioe);
        }
        catch (Exception e)
        {
            System.out.println(e);
        }
    }
}
```

在本例中，首先利用 FileReader 将字节文件输入流转换为字符输入流，然后通过调用 BufferedReader 包装类的 readLine()方法，一行一行地读取文件输入流中的数据，并按行进行输出显示。程序的运行结果如下：(如果汉字出现乱码，请试着再次保存为 ANSI 编码)

```
Beijing
2008
福娃
贝贝
晶晶
欢欢
迎迎
妮妮
```

以上结果是由于笔者在程序运行前已经给 fuwa.dat 文件编辑录入了以上 8 行信息。

5. PipedReader

PipedReader 是管道字符输入流类，它与 PipedInputStream 类的功能类似，其构造方法如下：

```
public PipedReader(PipedWriter src) throws IOException
public PipedReader()
```

第一个构造方法要求在创建 PipedReader 对象时就与对应的 PipedWriter 对象相连接，这样，只要有数据写到 PipedWriter 对象中，就可以从相连的 PipedReader 对象进行读取。第二个构造方法只是创建 PipedReader 对象，并不指定它与哪个 PipedWriter 对象相连接，但是，需要注意的是：该 PipedReader 对象在没有与 PipedWriter 对象相连之前是不能进行字符流读取的，否则会抛出异常。

6. StringReader

StringReader 类很简单，与 CharArrayReader 相似，只不过它的数据源不是字符数组，而是字符串对象，这里不再赘述。

10.4.2　Writer

字符流输出类 Writer 也是一个抽象类，本身不能被实例化，真正实现字符流输出功能的是由它派生的子类们，如 BufferedWriter、CharArrayWriter、FilterWriter、 OutputStreamWriter、PipedWriter、PrintWriter 和 StringWriter 等。其中，OutputStreamWriter 子类又进一步派生出

FileWriter 子类。其继承关系如图 10-4 所示。

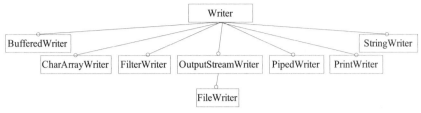

图 10-4　Writer 派生类的继承关系

Writer 类的构造方法：

```
protected Writer()
protected Writer(Object lock)
```

Writer 基类提供的常用方法有如下几个：

```
public void write(int c) throws IOException          //将整型值 c 的低 16 位写入输出流
public void write(char[] cbuf) throws IOException     //将字符数组 cbuf[]写入输出流
public abstract void write(char[] cbuf,int off,int len) throws IOException
//将字符数组 cbuf[]中的从索引为 off 的位置开始的 len 个字符写入输出流
public void write(String str) throws IOException      //将字符串 str 中的字符写入输出流
public void write(String str,int off,int len) throws IOException
//将字符串 str 中从索引 off 开始的 len 个字符写入输出流
public abstract void flush() throws IOException       //刷新输出所有被缓存的字符
public abstract void close() throws IOException       //关闭字符流
```

下面对 Writer 的各个子类分别做简单介绍。

1. BufferedWriter

BufferedWriter 与 BufferedOutputStream 类似，都对输出流提供了缓冲功能，它的构造方法如下：

```
public BufferedWriter(Writer out)
public BufferedWriter(Writer out,int sz)
```

第一个构造方法对字符输出流对象进行了包装，输出缓冲区大小为默认值；第二个构造方法则对输出缓冲区大小做了设置。另外，BufferedWriter 类还提供了其他一些成员方法：

```
public void write(int c) throws IOException            //覆盖基类方法
public void write(char[] cbuf,int off,int len)  throws IOException   //从基类继承
public void write(String s,int off,int len) throws IOException  //覆盖基类方法
public void newLine() throws IOException               //往输出流写入一个行分隔符
public void flush() throws IOException                 //刷新输出流
public void close() throws IOException                 //关闭输出流
```

2. CharArrayWriter

CharArrayWriter 类用字符数组来存放输出字符，并且随着数据的输出会自动增大。另外，用户可以使用 toCharArray()和 toString()方法来获取输出字符流。

CharArrayWriter 类的成员变量如下：

```
protected char[] buf                //存放输出字符的地方
protected int count                 //已输出字符数
```

CharArrayWriter 类的构造方法如下：

```
public CharArrayWriter()            //创建字符数组为默认大小的输出流对象
public CharArrayWriter(int initialSize)    //创建字符数组为指定大小的输出流对象
```

CharArrayWriter 类提供的其他方法如下：

```
public void write(int c)
public void write(char[] c,int off,int len)
public void write(String str,int off,int len)
public void writeTo(Writer out) throws IOException
public void reset()
public char[] toCharArray()         //返回输出字符数组
public int size()
public String toString()            //返回输出字符串
public void flush()
public void close()
```

3. FilterWriter

FilterWriter 类是从 Writer 类直接继承的一个子类。它本身仍是一个抽象类，且从它的构造方法看，它还是一个包装类。Oracle 的 JDK 开发人员并没有给 FilterWriter 类增加功能，估计想把它设计为一个中间类。但是，在 JDK 17 版本中没有出现 FilterWriter 的派生子类。不过，在以后的 JDK 版本中可能会添加进来，这点体现了 JDK 在设计时就充分考虑到将来的可扩展性。

4. OutputStreamWriter

OutputStreamWriter 类可以根据指定字符集将字符输出流转换为字节输出流，它有一个派生子类：FileWriter。FileWriter 是设计用来输出字符流到文件的，如果要输出字节流到文件中保存，则需要使用前面介绍的 FileOutputStream 类。FileWriter 的构造方法有如下 5 个：

```
public FileWriter(String fileName) throws IOException       //文件名关联
public FileWriter(String fileName,boolean append) throws IOException
//文件名关联，同时可以指定是否将输出插入至文件尾
public FileWriter(File file) throws IOException             //文件类对象关联
public FileWriter(File file,boolean append) throws IOException
//文件类对象关联，同时可以指定是否将输出插入至文件尾
public FileWriter(FileDescriptor fd)                       //采用文件描述对象
```

FileWriter 类的其他方法都是从它的父类继承来的。在实际应用中，常将 FileWriter 类的对象包装为 BufferedWriter 对象，以提高字符输出的效率。

【例 10-10】 FileWriter 和 BufferedWriter 类的组合使用。

```
import java.io.*;
public class TestFileWriter {
    public static void main(String[] args) {
```

```
    try
    {
        InputStreamReader isr = new InputStreamReader(System.in);
        BufferedReader br = new BufferedReader(isr);
        FileWriter fw = new FileWriter("out.dat");
        BufferedWriter bw = new BufferedWriter(fw);
        String str = br.readLine();
        while(!(str.equals("#")))
        {
            bw.write(str,0,str.length());
            bw.newLine();
            str = br.readLine();
        }
        br.close();
        bw.close();
    }
    catch(IOException e) {
        e.printStackTrace();
    }
}
}
```

程序的运行结果如下:

```
C:\工作目录>java TestFileWriter(运行程序)
One World,One Dream!    (第一行输入)
2008 Olympic Games!     (第二行输入)
北京欢迎你!             (第三行输入)
#                       (第四行输入)
```

当第四行的"#"号被输入并按下回车键后,程序正常退出。打开 out.dat 文件可以看到,上述输入的 3 行信息都已经被写入文件。需要特别说明的是:"bw.newLine();"语句在不同系统下实际输出的行分隔符是不同的,在 Windows 系统下是"\r"(回车)和"\n"(换行),在 UNIX/Linux 下只有"\n",而在 Mac OS 下则是"\r"。因此,如果在 Windows 下用记事本程序打开在 UNIX/Linux 下编辑的文本文件,将看不到分行的效果。要想恢复原来的分行效果,需要将每个"\n"转换为"\r"和"\n",这样可以恢复 UNIX/Linux 下的分行效果。

【例 10-11】将 UNIX 下的文本文件转换为 Windows 下的文本文件。

```
import java.io.*;
public class Unix_2_Win {
    public static void main(String[] args) {
        try {
            FileReader fileReader = new FileReader("unix.dat");
            FileWriter fileWriter = new FileWriter("win.dat");
            char[] line = {'\r', '\n'};
            int ch = fileReader.read();
            while(ch != -1) //直到文件结束
            {
                if(ch == '\n')
                    fileWriter.write(line);    //实施转换
```

```
            else
                fileWriter.write(ch);      //不变
            ch = fileReader.read();        //读取下一个字符
        }
        fileReader.close();    //关闭输入流
        fileWriter.close();    //关闭输出流
    }
    catch(IOException e) {
        e.printStackTrace();
    }
}
}
```

在 UNIX 下编辑的文本文件 Unix.dat 在 Windows 下用记事本打开，如图 10-5 所示。

当执行上述程序，对 Unix.dat 文件进行读取并转换后，保存为 win.dat 文件，再用记事本打开，就能看到换行效果，如图 10-6 所示。

图 10-5　记事本打开 Unix.dat 文件的效果

图 10-6　记事本打开 win.dat 文件的效果

从程序运行结果可以看出，该程序能够正确进行不同系统下行分隔符的转换。记事本由于是一个非常简单的程序，因此没有具备上述转换功能。而对于 Windows 下的其他文本文件编辑器，如写字板、UltraEdit 和 EditPlus 等，它们都具有上述转换功能。因此，当用户用这些编辑软件打开 UNIX/Linux 下的文本文件时，每一个"\n"都会自动被转换为"\r"和"\n"，即保持原有的分行效果。

5. PipedWriter

PipedWriter 为管道字符输出流类，它必须与相应的 PipedReader 类一起工作，共同实现管道式输入输出。PipedWriter 类的构造方法如下：

```
public PipedWriter(PipedReader snk) throws IOException
public PipedWriter()
```

第一个构造方法创建与管道字符输入流对象 snk 相连的管道字符输出流对象，第二个构造方法创建未与任何管道字符输入流对象相连的管道字符输出流对象，该对象在使用前必须与相应的字符输入流对象进行连接。

PipedWriter 类的其他方法如下：

```
public void connect(PipedReader snk) throws IOException
public void write(int c) throws IOException
public void write(char[] cbuf,int off,int len) throws IOException
public void flush() throws IOException
```

public void close() throws IOException

除了以上方法外，还有一些方法是从父类继承而来的，这里不再列举。下面看一个关于 PipedWriter 和 PipedReader 的管道示例程序。

【例 10-12】管道示例程序。

```
import java.io.*;
//生产者通过 PipedWriter 对象输出数据到管道
class Producer extends Thread {
    PipedWriter pWriter;
    public Producer(PipedWriter w)
    {
        pWriter = w;
    }
    public void run(){
    try{
        pWriter.write("Olympic Games");        //输出数据到管道
    }catch(IOException e)
    {    }
    }
}
//消费者通过 PipedReader 从管道获取数据
class Consumer extends Thread {
    PipedReader pReader;
    public Consumer(PipedReader r)
    {
        pReader = r;
    }
    public void run(){
        System.out.print("读取到管道数据：");
        try{
            char[] data = new char[20];
            pReader.read(data);                //读取管道数据
            System.out.println(data);
        }catch(IOException ioe)
        {    }
    }
}
public class TestPipe{
    public static void main(String args[]){
    try
    {
        PipedReader pr = new PipedReader();        //创建管道输入流对象
        PipedWriter pw = new PipedWriter(pr);      //创建管道输出流对象
        Thread p = new Producer(pw);               //创建生产者线程
        Thread c = new Consumer(pr);               //创建消费者线程
        p.start();                                 //启动生产者线程
        Thread.sleep(2000);                        //延时 2000 毫秒
        c.start();                                 //启动消费者线程
        }catch(IOException ioe)
```

```
            {  }
        catch(InterruptedException ie) //捕获 Thread.sleep()方法可能抛出的 InterruptedException
            {  }
        }
    }
}
```

程序的运行结果如下：

```
C:\工作目录>java TestPipe
读取到管道数据：Olympic Games
```

6. PrintWriter

PrintWriter 类主要用来输出各种格式的信息，与 PrintStream 类似，它的构造方法如下：

```
public PrintWriter(Writer out)
public PrintWriter(Writer out,boolean autoFlush)
public PrintWriter(OutputStream out)
public PrintWriter(OutputStream out,boolean autoFlush)
```

前两个构造方法用 Writer 对象来构造，而后两个方法用 OutputStream 来构造，其中，autoFlush 参数用于指明是否支持字符输出流的自动刷新。其他常用方法有 write()、print()和 println()等，几乎所有的数据类型都提供了相应的输出方法，这里不再一一列举。

7. StringWriter

StringWriter 类用字符串缓冲区来存储字符输出，因此，在字符流的输出过程中，可以很方便地获取已经存储的字符串对象。它的构造方法如下：

```
public StringWriter()
public StringWriter(int initialSize)
```

第一个构造方法创建的输出流对象的存储区为默认大小，第二个为指定的 initialSize 大小。StringWriter 类提供的其他方法如下：

```
public void write(int c)
public void write(char[] cbuf,int off,int len)
public void write(String str)
public void write(String str,int off,int len)
public String toString()
public StringBuffer getBuffer()
public void flush()
public void close() throws IOException
```

10.5　文件

10.5.1　File 类

与 java.io 包中的其他输入输出类不同，File 类可以直接处理文件和文件系统，File 类主要用来描述文件或目录的自身属性。通过创建 File 类对象，可以处理和获取与文件相关的信息，如文件名、相对路径、绝对路径、上级目录、是否存在、是否是目录、可读、可写、上次修改时间和文件长度等。当 File 对象为目录时，还可以列举出它包含的文件和子目录。一旦 File 类对象被创建，它的内容就不能再改变。若想改变(即进行文件读写操作)，则必须利用前面介绍的强大的 I/O 流类对其进行包装，或者使用后面将要介绍的 RandomAccessFile 类。总之，对于 Java 语言，不管是文件还是目录都用 File 类来表示。File 类的构造方法如下：

```
public File(String pathname)
public File(String parent,String child)
public File(File parent,String child)
public File(URI uri)
```

【例 10-13】File 类示例程序。

```java
import java.io.*;
import java.util.*;
public class TestFile {
    public static void main(String[] args) {
    try
    {
      File f = new File(args[0]);
      if(f.isFile()) { //是否是文件
        System.out.println("该文件属性如下所示: ");
        System.out.println("文件名->" +f.getName());
        System.out.println(f.isHidden()? "->隐藏" : "->没隐藏");
        System.out.println(f.canRead() ? "->可读 " : "->不可读 ");
        System.out.println(f.canWrite() ? "->可写 " : "->不可写 ");
        System.out.println("大小->" +f.length() + "字节");
        System.out.println("最后修改时间->" +new Date(f.lastModified()));
      }
      else {
        //列出所有的文件和子目录
        File[] fs = f.listFiles();
        ArrayList<File> fileList = new ArrayList<> ();
        for(int i = 0; i < fs.length; i++) {
            //先列出文件
            if(fs[i].isFile())   //是否是文件
                System.out.println("        "+fs[i].getName());
            else
                //子目录存入 fileList，后面再列出
                fileList.add(fs[i]);
        }
        //列出子目录
        for(int i=0;i<fileList.size();i++) {
            f = (File)fileList.get(i);
            System.out.println("<DIR> "+f.getName());
        }
        System.out.println();
      }
```

```
        }
        catch(ArrayIndexOutOfBoundsException e) {
            System.out.println(e.toString());
        }
    }
}
```

程序的运行结果如图 10-7 所示。

图 10-7　File 类示例

下面再列举几个 File 类的常用方法：

public boolean delete()	//删除文件或目录
public boolean createNewFile() throws IOException	//新建文件
public boolean mkdir()	//新建目录
public boolean mkdirs()	//新建包括上级目录在内的目录
public boolean renameTo(File dest)	//重命名文件或目录
public boolean setReadOnly()	//设置可读属性
public boolean setLastModified(long time)	//设置最后修改时间

10.5.2　RandomAccessFile 类

前面介绍的 File 类不能进行文件读写操作，必须通过其他类来提供该功能，Random AccessFile 类就是其中之一。RandomAccessFile 类与前面介绍过的文件输入输出流类相比，其文件存取方式更灵活，它支持文件的随机存取(Random Access)，即在文件中可以任意移动读取位置。RandomAccessFile 类对象可以使用 seek()方法来移动文件读取的位置，移动单位为字节。为了能够正确地移动存取位置，编程者必须清楚随机存取文件中各数据的长度和组织方式。

RandomAccessFile 类的构造方法如下：

```
public RandomAccessFile(String name,String mode) throws FileNotFoundException
public RandomAccessFile(File file,String mode) throws FileNotFoundException
```

其中，mode 的取值有如下几种。

- r：只读。
- rw：读写。文件不存在时会创建该文件，文件存在时，原文件内容不变，通过写操作来改变文件内容。
- rws：同步读写。等同于读写，但是任何写操作的内容都被直接写入物理文件，包括文件内容和文件属性。
- rwd：数据同步读写。等同于读写，但是任何文件内容写操作都被直接写入物理文件，而文件属性不变。

需要特别指出的是，与文件输入流或者文件输出流不同，RandomAccessFile 类同时支持文件的输入(读)和输出(写)功能。由于篇幅所限，RandomAccessFile 类的读写方法不再一一列举。下面看一个使用 RandmAccessFile 类的示例程序。

【例 10-14】RandomAccessFile 类示例程序。

```java
import java.io.*;
import java.util.*;
import myPackage.MyInput;
//定义图书类 Book
class Book {
    private StringBuffer name;
    private short price;        //2 字节
    public Book(String n,int p) {
     name=new StringBuffer(n);
     name.setLength(7);        //限定为固定的 7 个字符(14 字节)
     price=(short)p;
    }
    public String getName() {
        return name.toString();
    }
    public short getPrice() {
        return price;
    }
    public static int size() {
        return 16;
    }
}
public class TestRandomAccessFile {
    public static void main(String[] args) throws IOException
    {
        Book[] books = {new Book("Java 教程", 22),new Book("操作系统", 38),
                new Book("编译原理", 29),new Book("计算机网络", 32),
                new Book("计算机图形学", 18),new Book("数据库原理", 12)};
        File f = new File("stock.dat");
        //以读写方式打开 stock.dat 文件
        RandomAccessFile raf = new RandomAccessFile(f, "rw");
        //将 books 中的书本信息写入文件
        for(int i = 0; i < books.length; i++) {
          raf.writeChars(books[i].getName());
```

```
        raf.writeShort(books[i].getPrice());
    }
    System.out.print("查询第几本书?");
    //利用自定义类 MyInput 进行数据输入
    int n = MyInput.intData();
    //通过 seek()定位到第 n 本书的数据起始位置
    raf.seek((n-1) * Book.size());
    //bname 用于存放读取到的第 n 本书的书名
    char[] bname=new char[7];
    char ch;
    for(int i=0;i<7;i++){
        ch = raf.readChar();
        if (ch==0)
            bname[i]='\0';
        else
            bname[i]=ch;
    }
    System.out.print("书名:");
    System.out.println(bname);
    System.out.println("单价:" + raf.readShort());    //输出读取到的第 n 本书的单价
    raf.close();              //关闭文件
    }
}
```

程序的运行结果如图 10-8 所示。

图 10-8   随机读取文件中的图书信息

提示:

读者可以打开 stock.dat 文件查看其二进制数据,字符(即书名)用 Unicode 进行编码,非字符数据(即单价)是 2 字节的 short 类型。图 10-9 所示就是用 UltraEdit 软件打开(并切换至 HEX 模式)的效果。

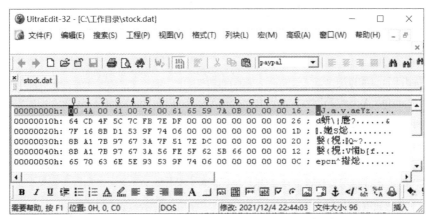

图 10-9　stock.dat 文件中的二进制数据(以 16 进制形式显示)

文件读写操作一般包括以下 3 个步骤: ①以某种读写方式打开文件; ②进行文件读写操作; ③关闭文件。

注意:

对于某些文件存取对象来说, 关闭文件的动作就意味着将缓冲区(Buffer)中的数据全部写入磁盘文件中。如果不进行(或忘记)关闭文件的操作, 某些数据可能会因为没能及时写入文件而丢失。

10.6　小结

计算机程序的执行往往涉及数据的输入与输出, 因此, 几乎每一种程序设计语言都提供了输入输出功能。本章结合 Java 语言提供的输入输出包 java.io 对各种输入输出功能进行简单介绍, 包括流的概念、字节流、字符流以及一些常见的文件操作等。需要指出: java.io 包在给开发者提供强大输入输出功能的同时, 本身也很好地体现了面向对象技术, 其源码值得大家模仿和借鉴。

10.7　思考练习

1. 以下哪一个是标准输出流类? _____
   A. DataOutputStream　　　　　　　B. FilterOutputStream
   C. PrintStream　　　　　　　　　　D. BufferedOutputStream

2. 将读取的内容处理后再进行输出, 适合用下述哪种流? _____
   A. PipedStream　　　　　　　　　　B. FilterStream
   C. FileStream　　　　　　　　　　　D. ObjectStream

3. DataInput 和 DataOutput 是处理哪一种流的接口？_____

    A. 文件流　　　　　　　　　　　B. 字节流

    C. 字符流　　　　　　　　　　　D. 对象流

4. 下列语句正确的是_____。

    A. RandomAccessFile raf=new RandomAccesssFile("data.dat", "rw");

    B. RandomAccessFile raf=new RandomAccesssFile(new DataInputStream());

    C. RandomAccessFile raf=new RandomAccesssFile("data.dat");

    D. RandomAccessFile raf=new RandomAccesssFile(new File("data.dat"));

5. 以下不是 Reader 基类的直接派生子类的是_____。

    A. BufferedReader　　　　　　　B. FilterReader

    C. FileReader　　　　　　　　　D. PipedReader

6. 测试文件是否存在可以采用如下哪个方法？_____

    A. isFile()　　　　　　　　　　B. isFiles()

    C. exist()　　　　　　　　　　　D. exists()

7. 在 Java 中，InputStream 和 OutputStream 是以_____为数据读写单位的输入输出流的基类；Reader 和 Writer 是以_____为数据读写单位的输入输出流的基类。

8. 以字符方式对文件进行读写可以通过_____类和_____类来实现。

9. RandomAccessFile 类所实现的接口有_____和_____，调用它的_____方法可以移动文件位置指针，以实现随机访问。

10. 简述 Java 中的标准输入输出是如何实现的。

11. 简述 java.io 包是如何设计提供字节流和字符流输入输出体系的。

12. 简述 File 类的应用，它与 RandomAccessFile 类有何区别。

13. 编程实现文件内容合并，即将某个文件的内容写入另一个文件的末尾处。

14. 编写一个递归程序，列举出某个目录下的所有文件以及所有子目录(包括其下的所有文件和子目录)，要求同时列出它们的一些重要属性。

15. 尝试自定义两个过滤流子类(如 CaseInputStream 和 CaseOutputStream)，实现将字母进行大小写转换功能。例如，键盘标准输入为 aAbB，用 CaseInputStream 读取后应该转换为 AaBb，再用 CaseOutputStream 进行输出时，又会变为 aAbB。

16. 编写程序。实现如下功能：

(1) 在当前目录下创建文件 students.dat。

(2) 录入一批同学的身份证号、姓名和高考总分到上述文件中。

(3) 提供查询第 n 位同学信息的功能。

(4) 提供删除第 n 位同学信息的功能。

(5) 提供随机录入功能，即新录入的同学信息可以插入第 n 位同学之后。

第 11 章

Java游戏开发基础

本章学习目标：
- 理解 Java 2D 图形图像的绘制方法
- 理解图形图像的坐标变换技术
- 掌握动画生成技术
- 掌握动画闪烁的消除技术

11.1 概述

经过前面 10 章内容的学习可以知道，Java 是一种具有丰富功能的编程语言，它的跨平台性、安全性、健壮性、支持分布式网络应用、面向对象等特性都非常适合游戏开发。本章将介绍使用 Java 语言编写游戏时所用到的技术和思想，包括绘制图形图像和动画技术。

11.2 绘制 2D 图形图像

一款游戏能否激起人们的兴趣并在游戏上付出时间，游戏的画面是否吸引人是关键因素之一。Java 提供了丰富的类库来帮助用户绘制合适的文本和图形图像。这些类库多数都包含在 java.awt、java.awt.image、java.awt.geom 和 javax 包中。

11.2.1 坐标体系

不管是文本还是图形图像，最终都要显示在显示器上。显示器是由许多微小的像素组成的，每个像素就是一个带有颜色的光点，屏幕水平和垂直方向的像素数称为屏幕的分辨率。在 Java 编程过程中，把屏幕的左上角当作坐标原点，并把向右向下当作坐标的正向增长。位置坐标可以用(x, y)表示。其中，x 表示水平方向距离原点的像素数，y 表示垂直方向距离原点的像素数。

同样，Java 的一些容器组件，如 Window、Panel、Frame、JFrame、Applet，在其上绘制文本或图形图像时用到的位置坐标，也是以组件的左上角为原点，以像素为长度单位，图 11-1 所示是在 400×300 的 JFrame 窗口组件的(60,80)坐标处绘制一个 200×100 的矩形。

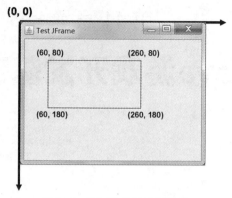

图 11-1　窗口组件的坐标体系

11.2.2　绘制图形

Java 通过 java.awt 包中的 Graphics 类绘制图形图像，Graphics 类是 Java 早期的一个绘图工具。这个工具在绘图时存在一定的局限性，如不能改变图形边框的厚度、不能旋转图形。所以，在 Java SE 1.2 版本中引入了 Java 2D 类库。这些类库基本都包含在 java.awt 包和 java.awt.geom 包中。Java 2D 类库中每一种图形都用一个类表示，如 Point2D、Line2D、Rectangle2D、Ellipse2D。这些类都实现了 Shape 接口。想要绘制这些图形必须通过 Graphics2D 类的对象，Graphics2D 是 Graphics 类的子类，Frame、Applet 等的 paint 或 paintComponent 方法自动接收 Graphics2D 类的对象，在需要 Graphics2D 类的方法时，直接将类型转换为 Graphics2D 类型即可，例如：

```
paint(Graphics g) {
    Graphics2D g2d = (Graphics2D)g;
    g2d.xxxx();
}
```

Graphics2D 对象的 draw 和 fill 方法用于绘制图形和填充图形，两个方法都以 Shape 接口类型作为参数。根据 Java 的多态特性，任何一个实现了 Shape 接口的类型都可以作为 draw 和 fill 方法的参数。例如：

```
Rectangle2D rectangle = new … ;
g2d.draw(rectangle) ;
```

Java 2D 类库为图形类提供了两个版本，一个具有 float 类型坐标，一个具有 double 类型坐标，这样做非常适合以 m、km 等单位为坐标或图形大小的场合。例如，Rectangle 2D 类只是一个抽象类，它具有两个静态内部子类：Rectangle.Float、Rectangle.Double，在创建单精度和双精度坐标的矩形时，可以提供矩形左上角水平和垂直坐标以及矩形的宽度和高度：

```
Rectangle2D rectf = new Rectangle2D.Float(40, 60, 200, 100);
g2d.draw(rectf);
Rectangle2D rectd = new Rectangle2D.Double(40, 180, 200, 100);
g2d.draw(rectd);
```

以上 4 条语句将创建左上角坐标分别为(40,60)、(40,180)，宽度为 200，高度为 100 的单精度和双精度矩形对象，通过 Graphics2D 的 draw 方法绘制出来。

其他如 Point2D、Line2D、Ellipse2D 的对象创建和绘制方法与 Rectangle2D 的方法类似。例 11-1 演示了几种图形的创建和绘制，图 11-2 为其程序运行结果。

【例 11-1】DrawShapeTest.java。

```java
import java.awt.*;
import java.awt.geom.*;
import javax.swing.*;

public class DrawShapeTest extends JFrame {
    private final int SCREENWIDTH = 300;
    private final int SCREENHEIGHT = 200;

    public DrawShapeTest(String title) {
        super(title);
        setSize(SCREENWIDTH, SCREENHEIGHT);
        setVisible(true);
        setDefaultCloseOperation(JFrame.EXIT_ON_CLOSE);
    }

    public void paint(Graphics g) {
        Graphics2D g2d = (Graphics2D)g;

        Rectangle2D rect = new Rectangle2D.Double(40, 60, 200, 100);
        g2d.draw(rect);

        Line2D line = new Line2D.Double(40, 60, 240, 160);
        g2d.draw(line);

        Ellipse2D ellipse = new Ellipse2D.Double(40, 60, 200, 100);
        g2d.draw(ellipse);

    }

    public static void main(String[] args) {
        new DrawShapeTest("draw shape test");
    }
}
```

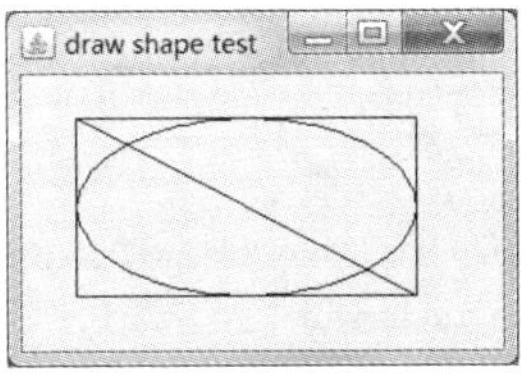

图 11-2　程序 DrawShapeTest.java 运行结果

11.2.3　绘制图像

Java 运行时环境支持 GIF、PNG、JPEG 这 3 种格式的图像。图像一般以文件的形式存放于本地存储器或网络某台服务器的存储器上。有以下 3 种方式将图像读取到程序中。读取之后，通过 Graphics2D 的 drawImage()方法将图像绘制到屏幕窗口中。

(1) 借助于 java.awt 包中 Tookit 类的 getImage()方法。它返回 Image 类型的对象，Image 对象里面包含图像数据和图像的宽度、高度等信息。使用 Toolkit 类读取图像的一般方式如下：

```java
String filename = "…";
Toolkit tk = Toolkit.getDefaultToolkit();
Image image = tk.getImage(filename);
```

这段代码执行之后，Java 虚拟机会启动另外一个线程专门负责图像的读取工作。如果在这段代码之后立即显示图像，有可能会只显示图像的一部分，或者根本不显示任何图像。为了避免这种情况，可以利用如下循环语句：

```
while(image.getWidth(observer) <= 0);
```

循环体结束之后，图像被完整读取。

(2) 借助于 javax.swing 包中 ImageIcon 类的 getImage()方法。它也是返回 Image 类型的对象，并且等待图像完全读取之后返回。使用 ImageIcon 类读取图像的一般方式如下：

```
String filename = "…";
ImageIcon icon = new ImageIcon(filename);
Image image = icon.getImage();
```

(3) 借助于 javax.imageio 包中的 ImageIO 类的 read()方法。它也是返回 Image 类型的对象，并且等待图像完全读取之后返回。使用 ImageIO 类读取图像的一般方式如下：

```
String filename = "…";
Image image = ImageIO.read(new File(filename));
```

或者提供文件的 URL 地址：

```
String urlname = "…";
Image image = ImageIO.read(new URL(url));
```

例 11-2 演示了上述几种读取和显示图像的方式，程序的运行结果如图 11-3 所示。

【例 11-2】DrawImageTest.java。

```java
import java.awt.*;
import java.io.*;
import java.awt.geom.*;
import javax.imageio.ImageIO;
import javax.swing.*;

public class DrawImageTest extends JFrame {
    private final int SCREENWIDTH = 800;
    private final int SCREENHEIGHT = 600;
    private String background = "bluespace5.jpg";
    private String asteroid = "asteroid1.png";
    private String spaceship = "spaceship.png";
    private Image backgroundImage = null;
    private Image asteroidImage = null;
    private Image spaceshipImage = null;
    private boolean imageLoaded = false;

    public DrawImageTest(String title) {
        super(title);
        setSize(SCREENWIDTH, SCREENHEIGHT);
        setVisible(true);
        setDefaultCloseOperation(JFrame.EXIT_ON_CLOSE);
```

```java
            loadImage();
            drawImage();
    }

    private void loadImage() {
        Toolkit tk = Toolkit.getDefaultToolkit();
        backgroundImage = tk.getImage(background);
        while(backgroundImage.getWidth(this) <= 0);

        ImageIcon icon= new ImageIcon(asteroid);
        asteroidImage = icon.getImage();

        try {
            spaceshipImage = ImageIO.read(new File(spaceship));
        }
        catch(IOException ie) {
            System.out.println("file read error!");
        }

        imageLoaded = true;
    }
    private void drawImage() {
        repaint();
    }

    public void paint(Graphics g) {
        Graphics2D g2d = (Graphics2D)g;
        if(!imageLoaded) {
            g2d.setFont(new Font("Gungsuh", Font.BOLD, 20));
            g2d.drawString("loading images...", SCREENWIDTH/2-40, SCREENHEIGHT/2);
        }
        else {
            g2d.drawImage(backgroundImage, 0, 0, SCREENWIDTH-1, SCREENHEIGHT-1, this);
            g2d.drawImage(asteroidImage, SCREENWIDTH/4, SCREENHEIGHT/2, this);
            g2d.drawImage(spaceshipImage, SCREENWIDTH/2,
            SCREENHEIGHT/2+asteroidImage.getHeight(this)/3, this);
        }
    }

    public static void main(String[] args) {
        new DrawImageTest("draw image test");
    }
}
```

图 11-3 程序 DrawImageTest.java 的演示结果

drawImage 方法的原型定义如下：

boolean drawImage(Image img, int x, int y, ImageObserver observer)
显示未经缩放的图像，方法有可能在图像绘制完成前返回；
参数：img   被显示的图像
　　　x   图像左上角的 x 坐标
　　　y   图像左上角的 y 坐标
　　　observer   更新图像信息的对象，可以是 null
boolean drawImage(Image img, int x, int y, int width, int height, ImageObserver observer)
显示缩放过的图像，在宽为 width、高为 height 的区域缩放图像，方法有可能在图像绘制完成前返回；
参数：img   被显示的图像
　　　x   图像左上角的 x 坐标
　　　y   图像左上角的 y 坐标
　　　width   缩放后的图像的宽度
　　　height   缩放后的图像的高度
　　　observer   更新图像信息的对象，可以是 null

11.3 图形图像的坐标变换

在游戏编程中，经常需要将游戏元素进行平移、尺度缩放、角度旋转和变形等操作，这要求对 Java 图形环境进行坐标变换。Graphics2D 类和 AffineTransform 类的几个方法可实现坐标变换功能。

11.3.1 使用 Graphics2D 类进行坐标变换

1. 平移

Graphics2D 类的 translate()方法可实现对 Graphics2D 坐标系的平移变换，translate()方法的使用方式如下：

```
g2d.translate(x, y) ;
g2d.draw(…) ;
```

其中，x、y 是整数类型(int)或双精度(double)类型。translate()方法的作用是把 Graphics2D 坐标系的原点移动到当前坐标系的(x, y)处，其后绘制图形图像时所使用的坐标将以新坐标系为基准，以原坐标系的(x, y)点作为新原点，绘制的结果相当于将图形图像进行了平移。

2. 尺度缩放

Graphics2D 类的 scale()方法可实现对 Graphics2D 坐标系的尺度缩放功能，scale()方法的使用方式如下：

```
g2d.scale(sx, sy) ;
g2d.draw(…) ;
```

其中，sx、sy 是双精度(double)类型，它们分别是将当前坐标系的坐标进行缩放的缩放因子，缩放后的新坐标系坐标(x_{new}, y_{new})与原坐标系坐标(x, y)的关系为：$x_{new} = x \cdot sx$，$y_{new} = y \cdot sy$。该方法执行之后，绘制图形图像时所用的坐标将以缩放后的新坐标系为基准，绘制的结果相当于将图形图像进行了缩放，缩放因子为 sx、sy。

3. 角度旋转

Graphics2D类的rotate()方法可实现对Graphics2D坐标系的角度旋转功能，rotate()方法的使用方式如下：

```
g2d.rotate(angle);
g2d.draw(…) ;
```

其中，参数 angle 是双精度类型，以弧度为单位，表示将当前坐标系以原点为中心旋转 angle 弧度。如果 angle 为正值，将从 x 轴正方向向 y 轴正方向旋转；如果 angle 为负值，将从 x 轴正方向向 y 轴负方向旋转。接下来绘制图形图像时将以旋转后的新坐标系为基准，绘制的结果相当于将图形图像绕原点进行了旋转，旋转角度为 angle。

rotate()方法的第二种使用方式如下：

```
g2d.rotate(angle, x, y);
g2d.draw(…) ;
```

带参数 x、y 的 rotate()方法相当于如下顺序的 3 个方法调用：

```
translate(x, y);
rotate(angle);
translate(-x, -y);
```

Graphics2D 的若干坐标变换方法的顺序调用组成了一个变换组合，共同对坐标系产生作用，作用的顺序与方法调用的顺序一致。上述第一个方法调用对坐标系进行平移变换，将坐标原点平移到(x, y)处，第二个对平移后的新坐标系进行旋转 angle 弧度的变换，第三个再对旋转后的坐标系进行平移，将原点移动到当前坐标系的(-x, -y)处。这样 3 个变换的总体结果，对第一个平移变换之前的坐标系和接下来绘制的图形图像来说，相当于围绕(x, y)旋转了 angle 弧度。

所以，如果想让图形图像在某位置(sitex,sitey)围绕自己的中心(sitex+width/2,sitey+ height/2)进行旋转，需要调用 rotate(angle, sitex+width/2, sitey+height/2)方法，或使用下列组合调用：

```
translate(sitex+width/2, sitey+height/2);
```

```
        rotate(angle);
        translate(-sitex-width/2, -sitey-height/2);
```

例 11-3 演示了上述几种变换操作，图 11-4 为程序的演示结果。

【例 11-3】TransformTest.java。

```java
import java.awt.*;
import javax.swing.*;

public class TransformTest extends JFrame {
    private final int SCREENWIDTH = 800;
    private final int SCREENHEIGHT = 600;
    private String background = " bluespace5.jpg";
    private String spaceship = " spaceship.png";
    private Image backgroundImage = null;
    private Image spaceshipImage = null;
    private boolean imageLoaded = false;

    public TransformTest(String title) {
        super(title);
        setSize(SCREENWIDTH, SCREENHEIGHT);
        setVisible(true);
        setDefaultCloseOperation(JFrame.EXIT_ON_CLOSE);

        loadImage();
        drawImage();
    }
    private void loadImage() {
        Toolkit tk = Toolkit.getDefaultToolkit();
        backgroundImage = tk.getImage(background);
        spaceshipImage = tk.getImage(spaceship);
        while(backgroundImage.getWidth(this) <= 0 || spaceshipImage.getWidth(this) <=0);

        imageLoaded = true;
    }
    private void drawImage() {
        repaint();
    }
    public void paint(Graphics g) {
        Graphics2D g2d = (Graphics2D)g;
        if(!imageLoaded) {
            g2d.setFont(new Font("Gungsuh", Font.BOLD, 20));
            g2d.drawString("loading images...", SCREENWIDTH/2-40, SCREENHEIGHT/2);
        }
        else {
            g2d.drawImage(backgroundImage, 0, 0, SCREENWIDTH-1, SCREENHEIGHT-1, this);

            g2d.setColor(Color.ORANGE);
            g2d.setFont(new Font("Gungsuh", Font.BOLD, 15));

            g2d.drawString("original", 200-10, 160+spaceshipImage.getHeight(this)+30);
```

```
        g2d.drawString("translated", 300-15, 160+spaceshipImage.getHeight(this)+30);
        g2d.drawString("scaled", 400+45, 160+spaceshipImage.getHeight(this)+30);
        g2d.drawString("rotated", 600+45, 160+spaceshipImage.getHeight(this)+30);

        g2d.drawImage(spaceshipImage, 200, 160, this);

        g2d.translate(100, 0);
        g2d.drawImage(spaceshipImage, 200, 160, this);

        g2d.translate(300, 0);
        g2d.scale(2, 2);
        g2d.drawImage(spaceshipImage, 0, 80-spaceshipImage.getHeight(this)/2, this);

        g2d.translate(100+spaceshipImage.getWidth(this)/2, 80);
        g2d.rotate(Math.PI/4);
        g2d.translate(-100-spaceshipImage.getWidth(this)/2, -80);
        g2d.drawImage(spaceshipImage, 100, 80-spaceshipImage.getHeight(this)/2, this);

        /*或用下列方法实现同样的旋转效果
        g2d.rotate(Math.PI/4, 100+spaceshipImage.getWidth(this)/2, 80);
        g2d.drawImage(spaceshipImage, 100, 80-spaceshipImage.getHeight(this)/2, this);
        */
    }
}

public static void main(String[] args) {
    new TransformTest("Transform test");
}
}
```

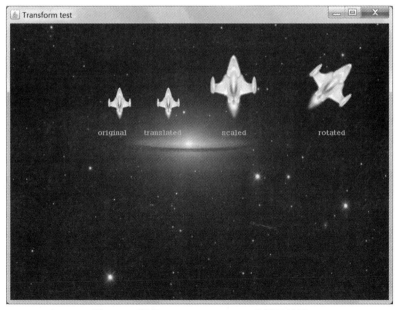

图 11-4　程序 TransformTest.java 的演示结果

虽然可以把变换进行组合，但同样一组变换，不同的顺序可能会产生不同的结果，如旋转和伸缩的顺序不会影响其后绘制的结果，但旋转和变形的顺序则会影响其后绘制的结果。

11.3.2 使用 AffineTransform 类进行坐标变换

平移、尺度缩放、角度旋转和变形等坐标变换，可以用如下矩阵变换来表示：

$$\begin{bmatrix} x_{new} \\ y_{new} \\ 1 \end{bmatrix} = \begin{bmatrix} a & c & e \\ b & d & f \\ 0 & 0 & 1 \end{bmatrix} \cdot \begin{bmatrix} x \\ y \\ 1 \end{bmatrix}$$

其中，a、b、c、d、e、f 等变量取适当的值，就能实现坐标系的平移、尺度缩放、角度旋转和变形等变换。这类变换一般称为仿射变换。

java.awt.geom 包中的 AffineTransform 类提供了仿射变换的功能。如果知道某种坐标变换对应的变换矩阵，就可以通过以下方式直接创建具有特定坐标变换功能的 AffineTransform 对象：

AffineTransform transform = new AffineTransform(a, b, c, d, e, f);

如果不清楚坐标变换到底对应哪一个变换矩阵，也可以直接调用 AffineTransform 类的 getTranslateInstance()、getRotateInstance()、getScaleInstance()和 getShearInstance()方法来创建具有相应坐标变换功能的 AffineTransform 对象。例如下面的语句：

AffineTransform transform = AffineTransform.getScaleInstance(2, 2);

返回一个对应下列伸缩变换矩阵的 AffineTransform 对象：

$$\begin{bmatrix} 2 & 0 & 0 \\ 0 & 2 & 0 \\ 0 & 0 & 1 \end{bmatrix}$$

另外，AffineTransform 的 setToRotation()、setToScale()、setToTranslation()和 setToShear()方法可以将一个 AffineTransform 对象设置为具有其他相应变换功能的对象。例如下面的语句：

transform.setToRotation(angle);

将 transform 对象设置为具有旋转功能的对象。

设置好 AffineTransform 对象后，要让它发挥坐标变换的作用，一般采用如下方式：

AffineTransform transform = …;
g2d.drawImage(shap, transform, observer);

使用带有 AffineTransform 对象参数的 drawImage 方法时，不再指明图形图像的位置坐标，默认会在变换后的坐标系原点处绘制图形图像。

前面讲过，利用 Graphics2D 的 translate()、rotate()等方法可以实现坐标变换，而利用 Graphics2D 的 setTransform()方法可以将 Graphics2D 对象的坐标变换设置为 AffineTrans form 对象的坐标变换，方式如下：

g2d.setTransform(transform);

```
g2d.draw(…);
```

这时，draw 方法的参数里面不再需要 transform 对象。

Graphics2D的setTransform()方法的特点是用新的仿射变换完全替换Graphics2D对象原来的变换，所以，如果想保留Graphics2D对象原来的变换功能，需要使用Graphics2D的transform()方法将新的变换与原来的变换进行组合，这时，绘制的图形图像将是原来的变换与新变换组合后共同作用的结果。transform()方法的使用方式如下：

```
g2d.transform(transform);
g2d.draw(…);
```

如果只是想暂时进行坐标变换并绘制图形，绘制完毕后就恢复原来的坐标变换，可以使用Graphics2D 的 getTransform()方法。它返回当前的变换对象，返回类型为 AffineTransform，进行临时变换后，再把得到的变换对象设置回去即可。这个过程如下：

```
AffineTransform oldTransform = g2d.getTransform();
g2d.transform(transform);
g2d.draw(…);
g2d.setTransform(oldTransform);
```

对变换进行组合的方式可以像上面一样使用 Graphics2D 类的 transform()方法，也可以使用 AffineTransform 类的 translate()、scale()和 rotate()等方法。它们的参数、使用方式、变换组合方式和 Graphics2D 类的对应方法是一致的。

例 11-4 演示了 AffineTransform 类的 translate()、scale()和 rotate()等方法的使用方式。图 11-5 为程序的演示结果。

【例 11-4】AffineTransformTest.java。

```java
import java.awt.*;
import java.awt.geom.*;
import javax.swing.*;

public class AffineTransformTest extends JFrame {
    private final int SCREENWIDTH = 800;
    private final int SCREENHEIGHT = 600;
    private String background = " bluespace5.jpg";
    private String spaceship = " spaceship.png";
    private Image backgroundImage = null;
    private Image spaceshipImage = null;
    private boolean imageLoaded = false;
    private AffineTransform transform;

    public AffineTransformTest(String title) {
        super(title);
        setSize(SCREENWIDTH, SCREENHEIGHT);
        setVisible(true);
        setDefaultCloseOperation(JFrame.EXIT_ON_CLOSE);
        transform = new AffineTransform();

        loadImage();
```

```
            drawImage();
    }

    private void loadImage() {
        Toolkit tk = Toolkit.getDefaultToolkit();
        backgroundImage = tk.getImage(background);
        spaceshipImage = tk.getImage(spaceship);
        while(backgroundImage.getWidth(this) <= 0 || spaceshipImage.getWidth(this) <=0);

        imageLoaded = true;
    }
    private void drawImage() {
        repaint();
    }
    public void paint(Graphics g) {
        Graphics2D g2d = (Graphics2D)g;
        if(!imageLoaded) {
        g2d.setFont(new Font("Gungsuh", Font.BOLD, 20));
        g2d.drawString("loading images...", SCREENWIDTH/2-40, SCREENHEIGHT/2);
        }
        else {
            g2d.drawImage(backgroundImage, 0, 0, SCREENWIDTH-1, SCREENHEIGHT-1, this);

            g2d.setColor(Color.ORANGE);
            g2d.setFont(new Font("Gungsuh", Font.BOLD, 15));
            g2d.drawString("original", 200-10, 160+spaceshipImage.getHeight(this)+30);
            g2d.drawString("translated", 300-15, 160+spaceshipImage.getHeight(this)+30);
            g2d.drawString("scaled", 400+15, 160+spaceshipImage.getHeight(this)+30);
            g2d.drawString("rotated", 600+15, 160+spaceshipImage.getHeight(this)+30);

            g2d.drawImage(spaceshipImage, 200, 160, this);

            /* setToIdentity()方法设置对象的变换矩阵为恒等变换矩阵，即:
             *              [  1    0    0  ]
             *              [  0    1    0  ]
             *              [  0    0    1  ]
             * 这样就清除了对象原来的变换矩阵的影响。
             */
            transform.setToIdentity();
            transform.translate(300, 160);
            g2d.drawImage(spaceshipImage, transform, this);

            transform.translate(100, 0);
            transform.scale(2, 2);
            transform.translate(0, -spaceshipImage.getHeight(this)/2);
            g2d.drawImage(spaceshipImage, transform, this);

            transform.translate(100, 0);
            transform.translate(spaceshipImage.getWidth(this)/2, spaceshipImage.getHeight(this)/2);
            transform.rotate(Math.PI/4);
```

```
            transform.translate(-spaceshipImage.getWidth(this)/2, -spaceshipImage.getHeight(this)/2);
            g2d.drawImage(spaceshipImage, transform, this);
        }
    }

    public static void main(String[] args) {
        new AffineTransformTest("AffineTransform test");
    }
}
```

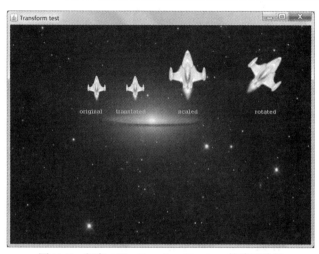

图 11-5　程序 AffineTransformTest.java 的演示结果

不管是通过 Graphics2D 类的方法还是通过 AffineTransform 类的方法，所有的坐标变换都看作是针对坐标系的，坐标系变换之后，其中的图形图像自然也就跟着变换，多个变换组合在一起的时候，按前后顺序对坐标系进行变换；如果把变换看作是针对图形图像坐标的，多个变换组合在一起的时候，就是按逆序对图形图像进行变换。

另外需要注意的是，任何特定的 AffineTransform 对象都可以同样应用到绘制图形和图像上，但是有一些不同之处，Graphics2D 使用 draw()方法绘制图形时使用 Graphics2D 对象本身的 AffineTransform 对象，使用 drawImage()方法绘制图像时既可以使用本身的 AffineTransform 对象，也可以使用独立的 AffineTransform 对象作为参数。

11.4　生成动画

一系列动作连续的图片，在屏幕上连续绘制出来将会产生动画效果，其中每一幅图片称为一帧。这些连续的图片可以是独立的图片文件，也可以是把所有帧存放到一个图片文件里面。

如果每一帧独立存放，程序在读取它们时将会花费比较长的时间，而且在程序中需要用数组或链表来存放这些帧也会使代码变得复杂。相比之下，所有帧存放到一个图片文件里面，程序的执行效率会比较高，代码也较简单。例如，一个爆炸动画的所有帧保存到一个图片文件里面的示例，如图 11-6 所示。

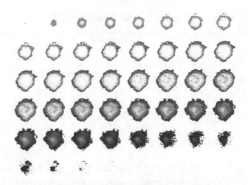

图 11-6　保存所有动画帧的图片

如果要在屏幕上展现这个爆炸动画，就要连续绘制图片中的每一帧，某一特定帧在图片中的位置可以通过下列公式进行计算：

```
frameX = (currentFrame%columns) * frameWidth;
frameY = (currentFrame/columns) * frameHeight;
```

frameX、frameY、frameWidth 和 frameHeight 都是以图片的像素为单位，currentFrame 是动画帧的序号，columns 是图片中帧的列数。

得到帧的起始位置之后便可以使用 Graphics2D 的 drawImage(img, dx1, dy1, dx2, dy2, sx1, sy1, sx2, sy2, observer)方法来绘制整个图片中的这一特定帧区域。其中，img 是包含所有帧的图片，dx1、dy1、dx2、dy2 限定了要绘制特定帧的屏幕区域，sx1、sy1、sx2、sy2 限定了图片中特定帧的区域。

例 11-5 演示了动画的生成方法，图 11-7 所示为程序的演示结果。

图 11-7　程序 AnimationTest.java 的演示结果

【例 11-5】AnimationTest.java。

```
import java.awt.*;
import javax.swing.*;
```

```java
public class AnimationTest extends JFrame implements Runnable {
    private final int SCREENWIDTH = 800;
    private final int SCREENHEIGHT = 600;
    private Image backgroundImage = null;
    private Image animationImage = null;
    private boolean imageLoaded = false;
    //帧宽、帧高等数据根据实际的图片计算得出
    private final int frameWidth = 256;
    private final int frameHeight = 256;
    private final int cols = 8;
    private final int totalFrames = 48;
    private int currentFrame = 0;
    private int frameX, frameY;
    private static Thread animationThread;

    public AnimationTest(String title) {
        super(title);
        setSize(SCREENWIDTH, SCREENHEIGHT);
        setVisible(true);
        setDefaultCloseOperation(JFrame.EXIT_ON_CLOSE);

        Toolkit tk = Toolkit.getDefaultToolkit();
        backgroundImage = tk.getImage("bluespace5.jpg");
        animationImage = tk.getImage("explosionspritesheet3.png");
        while(animationImage.getWidth(this) <= 0 || backgroundImage.getWidth(this) <=0);
        imageLoaded = true;
        animationThread = new Thread(this);
    }

    public void paint(Graphics g) {
        Graphics2D g2d = (Graphics2D)g;

        if(!imageLoaded) {
            g2d.setFont(new Font("Gungsuh", Font.BOLD, 20));
            g2d.drawString("loading images...", SCREENWIDTH/2-40, SCREENHEIGHT/2);
        }
        else {
            //绘制每一帧之前都要画出爆炸的背景图片以清除前一帧
            g2d.drawImage(backgroundImage, 0, 0, SCREENWIDTH-1, SCREENHEIGHT-1, this);
            //在屏幕中限定的区域画出图片中的限定区域的帧
            g2d.drawImage(animationImage,
            SCREENWIDTH/2-frameWidth/2,
            SCREENHEIGHT/2-frameHeight/2,
            SCREENWIDTH/2-frameWidth/2+frameWidth,
            SCREENHEIGHT/2-frameHeight/2+frameHeight, frameX, frameY,
            frameX+frameWidth, frameY+frameHeight, this);
        }
    }
    private void frameUpdate() {
        //计算当前帧在图片中的位置
```

```
            frameX = (currentFrame % cols) * frameWidth;
            frameY = (currentFrame / cols) * frameHeight;
            currentFrame++;
            currentFrame %= totalFrames;
        }
    public void run() {
        Thread t = Thread.currentThread();
        while(t==animationThread) {
            //为了演示出动画效果，每显示一帧之后，需要间隔一小段时间，时间间隔的大小决定了动
              画显示的快慢
            try {
                Thread.sleep(20);
            } catch (InterruptedException e) {
                e.printStackTrace();
            }
            frameUpdate();
            repaint();
        }
    }

    public static void main(String[] args) {
        new AnimationTest("animation test");
        animationThread.start();
    }
}
```

11.5 消除动画闪烁

在运行 11.4 节的 AnimationTest 程序时会发现，爆炸动画存在闪烁现象。这是因为在显示动画的每一帧之前，都需要先用背景图片覆盖前一帧，然后再显示当前帧，所以，在程序绘制背景图片的这一小段时间内本应看到动画的前一帧，但却看到了背景图片，就是这一短暂的时间段导致了闪烁的发生。

消除闪烁的一种办法是：绘制完动画的当前帧，在绘制下一帧的时候，不是直接在屏幕上先绘制背景再绘制下一帧，而是先开辟一片内存，把背景图片和下一帧先绘制到这一片内存区域，然后再把这片内存中的背景图片和下一帧同时绘制到屏幕上，这样可避免只看到背景图片的这一小段时间，使动画的前后各帧可以连续无间隔地被游戏玩家看到，从而避免了闪烁的产生。

这种避免闪烁的技术被称为双缓冲技术，开辟的这一片保存背景和动画帧的内存称为缓存。在程序中使用双缓冲的时候，这片缓存就是 java 的 Image 对象。Image 对象可以通过调用 Component 对象的 createImage(int width,int height)方法来产生。其中，width 和 height 分别是创建的 Image 对象的宽度和高度。再通过 Image 对象的 getGraphics()方法得到一个 Graphics 对象，这个对象的绘制图形图像的方法就会把图形图像绘制到 Image 对象里面，而不是绘制到屏幕上。

例 11-6 演示了双缓冲技术和支持这一技术的方法的使用，这段程序和例 11-5 中的不同部分已经用粗体标示出来了。

【例 11-6】BufferedAnimationTest.java。

```java
import java.awt.*;
import javax.swing.*;

public class BufferedAnimationTest extends JFrame implements Runnable {
    private final int SCREENWIDTH = 800;
    private final int SCREENHEIGHT = 600;
    private Image backgroundImage = null;
    private Image animationImage = null;
    //定义缓冲区
    private Image bufferedImage = null;
    //定义缓冲区的图形环境
    private Graphics2D bufferedG2d;
    private boolean imageLoaded = false;
    //帧宽、帧高等数据根据实际的图片计算得出
    private final int frameWidth = 256;
    private final int frameHeight = 256;
    private final int cols = 8;
    private final int totalFrames = 48;
    private int currentFrame = 0;
    private int frameX, frameY;
    private static Thread animationThread;

    public BufferedAnimationTest(String title) {
        super(title);
        setSize(SCREENWIDTH, SCREENHEIGHT);
        setVisible(true);
        setDefaultCloseOperation(JFrame.EXIT_ON_CLOSE);

        //创建缓冲区，即 Image 对象
        bufferedImage = this.createImage(SCREENWIDTH, SCREENHEIGHT);
        //得到缓冲区的图形绘制环境
        bufferedG2d = (Graphics2D)bufferedImage.getGraphics();

        Toolkit tk = Toolkit.getDefaultToolkit();
        backgroundImage = tk.getImage("bluespace5.jpg");
        animationImage = tk.getImage("explosionspritesheet3.png");
        while(animationImage.getWidth(this) <= 0 || backgroundImage.getWidth(this) <=0);
        imageLoaded = true;
        animationThread = new Thread(this);
    }

    public void paint(Graphics g) {
        Graphics2D g2d = (Graphics2D)g;

        if(!imageLoaded) {
            g2d.setFont(new Font("Gungsuh", Font.BOLD, 20));
```

```
                    g2d.drawString("loading images...", SCREENWIDTH/2-40, SCREENHEIGHT/2);
                }
                else {
                    //真正在屏幕上绘制动画帧之前先把背景和动画帧绘制到缓冲区
                    bufferedG2d.drawImage(backgroundImage, 0, 0,
                    SCREENWIDTH-1, SCREENHEIGHT-1, this);
                    bufferedG2d.drawImage(animationImage,
                    SCREENWIDTH/2-frameWidth/2,
                    SCREENHEIGHT/2-frameHeight/2,
                    SCREENWIDTH/2-frameWidth/2+frameWidth,
                    SCREENHEIGHT/2-frameHeight/2+frameHeight,
                    frameX, frameY, frameX+frameWidth,
                    frameY+frameHeight, this);
                    //把缓冲区的背景和动画帧绘制到屏幕上
                    g2d.drawImage(bufferedImage, 0, 0, this);
                }
            }

    private void frameUpdate() {
        //计算当前帧在图片中的位置
        frameX = (currentFrame % cols) * frameWidth;
        frameY = (currentFrame / cols) * frameHeight;
        currentFrame++;
        currentFrame %= totalFrames;
    }

    public void run() {
        Thread t = Thread.currentThread();
        while(t==animationThread) {
            //为了演示出动画效果，每显示一帧之后，需要间隔一小段时间，时间间隔的大小决定了动
                画显示的快慢
            try {
                Thread.sleep(20);
            } catch (InterruptedException e) {
                e.printStackTrace();
            }

            frameUpdate();
            repaint();
        }
    }

    public static void main(String[] args) {
        new BufferedAnimationTest("animation test");
        animationThread.start();
    }
}
```

11.6　小结

本章介绍了游戏编程相关的一些基本知识，包括图形环境的坐标体系、图形图像的绘制、各种坐标变换、动画的生成和动画闪烁的消除等。通过坐标变换可以让游戏中的实体更加容易控制，省却了在绘制图形图像时直接使用坐标，使编程变得更加简单。动画和动画闪烁的消除是必不可少的游戏编程技术，即便是很简单的不需要动画的游戏，如果引入动画效果，也会使游戏更加吸引人。

11.7　思考练习

1. Graphics2D 类绘制图形用到的方法有哪些？
2. 编写程序，分别用 3 种不同的方式加载图片。
3. 基本的图形变换有哪几种？
4. Graphics2D 的图形变换方法分别是哪几个？
5. 简述 AffineTransform 类的对象的创建方法。
6. 编写程序，用 Graphics2D 类来实现平移、尺度缩放、角度旋转和变形等坐标变换。
7. 编写程序，用 AffineTransform 类来实现平移、尺度缩放、角度旋转和变形等坐标变换。
8. 思考除了本章介绍的动画生成技术之外，还可以采用何种方法生成动画。
9. 如果一个动画的所有帧都放到了一张图片中，那么如何正确定位到所需的那一帧？
10. 编写程序，实现自己的一个动画程序。
11. 试述动画闪烁产生的原因。
12. 简述消除动画闪烁的双缓冲技术。

∽ 第 12 章 ∾

药店药品管理系统开发

本章学习目标：

- 理解 Java 中连接数据库并执行 SQL 语句的基本方法
- 理解 SWT 中使用 canvas 控件绘图的功能
- 掌握使用 SWT 或 JFace 控件进行页面布局并添加事件监听器的方法
- 掌握 SWT 中将数据集中的数据显示到表格中的方法

12.1 概述

在医药行业中，由于医药产品种类繁多、销售模式特殊、业务量大，单凭手工记账已很难适应工作的需要。与此同时，药品管理是一项琐碎、复杂而又十分细致的工作，药品数量之庞大、单价的变化、进货厂商的不同，一般不允许出错。如果利用计算机进行这些管理工作，不仅能够保证各种核算准确无误、快速记录，而且可以利用计算机对有关的各种信息进行统计，服务于财务部门其他方面的核算和财务处理。同时计算机具有手工管理所无法比拟的优点，例如检索迅速、查找方便、可靠性高、存储量大、保密性好、寿命长、成本低等。这些优点能够极大地提高管理的效率，也是管理行业的科学化、正规化管理与世界接轨的重要条件。

本章通过使用 SWT 组件的可视化应用以及基本 JDBC 语言的运用，设计出一个基本完整的药店药品管理系统，介绍 Java GUI 应用程序的开发思路和实现方法，展示主要界面组件的应用、相关界面的衔接与跳转，实现模块功能的事件监听器的编写、项目中数据库的应用等。本章以提高药店的医药管理水平和效率为目标，建立了管理信息系统。该系统能集中处理药品的进销存业务及其应付账目，实现药店药品的现代化管理。

12.2 需求分析

面对着大量复杂的医药信息的管理工作，需要系统具有以下核心功能：数据录入功能，数据删除功能，数据存储功能，数据查询功能，数据增加、删除和修改功能，在满足以上功能的基础之上提供较为友好的交互界面。在开发系统之前需要对本系统的一些需求进行拆解与分析。

- 药品信息管理：药品信息是进行药品进货、销售、存储都需要的一些信息。药品信息管理主要用于对药品的代码、名称和产地等基本信息的管理。
- 药品采购管理：当药店需要增加新的销售药品时，利用此模块可以添加新的药品信息，删除旧的药品信息，修改已存在的药品信息，提供所有与药品相关的各类信息，初始化库存，初始化供应商相关信息。
- 药品库存管理：药品库存管理是对每一种药品的进货数量、进货金额以及全部药品的进货数量、进货金额进行管理，对每一种药品的销售数量、销售金额以及全部药品的销售数量、销售金额进行清理，并计算药品的剩余情况等内容。
- 查询管理：实际生活中容易发生药品过期和损毁，此时利用此模块对过期的药品进行清理。该功能还可查询库存剩余量，决定是否进货。
- 销售预警：对于海量的药品的销售信息，药品的销售量的高低直接决定了对于这种药品下一阶段的采购决策，销量高的药品在下一次进货时就可以增大进货量，对于滞销的药品则可以适当地减少进货量。

12.3　系统设计

12.3.1　开发环境

操作系统：Windows 10 64 位

JDK 版本：JDK 17

开发工具：Eclipse 2021-09 (4.21.0)

数据库：Microsoft SQL Server 2019

可视化插件：WindowBuilder 1.9.5

WindowBuilder 安装方法：打开 Eclipse，单击"帮助"| Eclipse Marketplace 菜单项，然后在 Eclipse Marketplace 对话框的 Search 选项卡的"查找"文本框中输入 WindowBuilder，单击该行右侧的 Go 按钮，稍后在对话框中间会显示 WindowBuilder 1.9.5 的有关信息，单击该部位右下角的 Install 按钮，在之后出现的对话框中单击 WindowBuilder 1.9.5 节点左侧的复选框，再单击 confirm 按钮，接受许可协议中的条款，单击"完成"按钮，即会从网络中下载并安装 WindowBuilder 插件的所有文件。

完成上述安装步骤之后，重启 Eclipse，单击"帮助"菜单下的"关于 Eclipse"菜单项，在"关于 Eclipse"对话框中单击"安装细节"，再单击"已安装的软件"选项卡，即可在列表中看到已经安装好的 Swing Designer、SWT Designer 和 WindowBuilder Core 等插件。

12.3.2　系统功能结构

系统功能结构如图 12-1 所示。

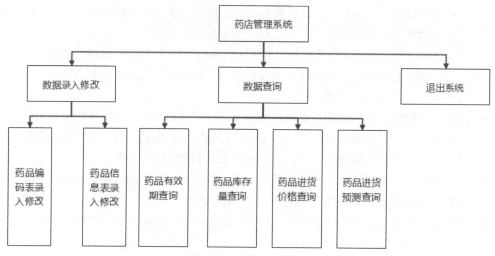

图 12-1　系统功能结构

12.3.3　系统业务流程

药店管理的具体业务流程如下：销售人员查询仓储情况，若仓库有存货，售出药品进行售出量数据修改，更新整个数据表；若查询无货则进行缺货登记，提醒仓储进行补货处理。仓库管理员需要每天核查仓储情况，检查包括药品保质期、药品库存量以及药品利润空间(利润空间为：售价-进价)，甄别不同供货厂商的进价，进行决策，选取利润空间较高的供货商进货。采购人员需要进行药品记录的筛查，将药店进货的不同商品进行编号录入，并对停产商品在库中进行及时的删除与更新。每次进货商品需要录入药品的信息，以便销售人员及时查询。

药店药品管理系统流程图如图 12-2 所示。

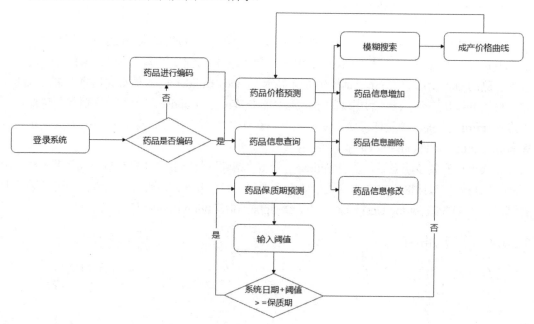

图 12-2　药店药品管理系统流程图

12.4　模块的划分与设计

1. 登录模块

软件登录模块是单一窗口界面，需要提供密码的输入及比对功能，密码正确会进入系统主菜单，密码错误则出现提示窗，让用户重新输入密码。

2. 主菜单模块

主菜单模块提供数据录入修改、数据查询功能的入口，以及关闭系统的功能。

3. 数据录入修改模块

数据录入修改模块提供药品编码表的录入修改以及药品信息表的录入修改。

(1) 药品编码表录入修改：提供增加药品编码记录、删除药品编码记录、更新药品记录、刷新表格的功能，并以表格形式列出药品编码表中的所有内容。

(2) 药品信息表录入修改：提供增加药品信息记录、删除药品信息记录、搜索药品编号、更新药品售出量、刷新表格的功能，并以表格形式列出药品信息表中的所有内容。

4. 数据查询模块

数据查询模块提供药品信息的查询功能，其包括药品有效期查询、药品库存量查询、药品进价查询以及药品进货预测查询 4 个功能。

(1) 药品有效期查询：提供设定当前日期、设定预警时间以及查询功能键，并以表格的形式显示出在设定时间内即将过期的药品信息。

(2) 药品库存量查询：提供药品名模糊搜索功能，并具备一定的提示功能，且以表格形式显示模糊搜索出的药品相关信息。

(3) 药品进价查询：提供药品名的模糊查询功能，并能够在用户选择某一特定药品之后出现药品价格折线图。

(4) 药品进货预测查询：提供设定当前日期、设定阈值以及查询功能键，能够根据计算出来的月均销量估算出设定时间前哪些药品需要进货，提醒店家及时补货。

12.5　系统数据库与数据表设计

当药店药品管理系统使用较长时间后就会积攒大量的药品信息，因此有必要通过数据库来存储数据，数据库可以高效地对大量数据进行增加、删除、修改以及查询。

12.5.1　数据库分析

本系统使用 Microsoft SQL Server 数据库，要求规范数据内容和格式，建立统一模型。

因为软件的使用者为药店管理员，所以软件中的数据模型应该包括药品信息模型。在本数据库中建立两张表，一张表记录药品编号、药品名称、药品生产厂商，称为药品编码表；另一张表记录药品编号及药品相关信息，称为药品信息表。

在药品编码表中，即使是相同药品，但生产厂家不同的药品都应该有自己独一无二的编号，作为药品编码表中的必备数据之一，设定为主键，不允许重复出现；药品编号与药品名称、生产厂商是一对一的关系，但药品名称与生产厂商是多对多的关系，药品编码 ER 图如图 12-3 所示。

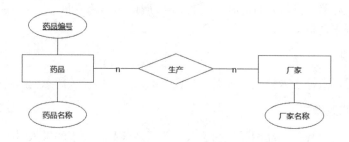

图 12-3　药品编码 ER 图

在药品信息表中，相同编码的药品可能会有多次进货记录，不宜设定主键，可以通过增加标识列的方法标识每一条药品信息。不同的供货商与药店之间是多对一的关系，其 ER 图如图 12-4 所示。

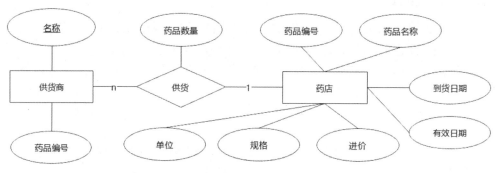

图 12-4　药品信息 ER 图

为方便后续查询，需要基于药品信息表建立一份名为药品销售表的视图，其包括药品编号、药品最早到货日期、药品总销售量及药品总库存量等信息。

12.5.2　数据表分析

经过数据库分析之后，数据库中需要存储两种数据以及一份视图，分别为药品编码表、药品信息表以及药品销售表(视图)。因此，在 SQL Server 中创建一个名为 medidb 的库，在该库中创建与之相对于的表与视图，如表 12-1 所示。

表 12-1　medidb 库中创建的表与视图

表名	说明
Main	药品编码表
Medata	药品信息表
Vsell	药品销售表(视图)

下面分别介绍这 3 个表的结构设计。

(1) 药品编码表的名称为 main，主要用于存储药品编码及相关信息，其结构如表 12-2 所示。

表 12-2 药品编码表的结构

字段名称	数据类型	字段大小	是否主键	说明
Code	nvarchar	7	是	药品编号
Name	nvarchar	30		药品名称
Producer	nvarchar	30		生产厂商

(2) 药品信息表的名称为 medata，主要用于存储药品的详细进货信息，其结构如表 12-3 所示。

表 12-3 药品信息表的结构

字段名称	数据类型	字段大小	是否主键	说明
Serial	int	默认		数据标识
Code	nvarchar	7		药品编号
Vedor	nvarchar	8		药品供货商
Arrdate	date	默认		到货日期
Expdate	date	默认		有效期
Unitprice	money	默认		单价
Quantity	smallint	默认		进货量
Specification	nvarchar	20		规格
Unit	nvarchar	2		单位
sold	smallint	默认		销售量
Storage	smallint	默认		库存量

(3) 药品销售表(视图)的名称为 vvv，主要用于存储药品的销售信息，其结构如表 12-4 所示。

表 12-4 药品销售表(视图)的结构

字段名称	数据类型	字段大小	是否主键	说明
Code	nvarchar	7		药品编号
Unit	nvarchar	2		单位
Storage	smallint	默认		总库存量
Sold	smallint	默认		总销售量
Arrdate	date	默认		最早到货日期

12.6 工具类设计

将一些反复调用的代码封装成工具类，不仅可以提高开发效率，还可以提高代码的可读性。

药店管理系统中共有两个工具类，分别是基于 SQL Server 的数据库连接工具类与表格标签提供类。基于 SQL Server 的数据库连接工具类主要用在数据库接口的实现类中，表格标签提供类主要用于读取数组列表中的数据，从而并在表格中显示数据。

打开 Eclipse，新建一个 java 项目并命名为 medicine，选中项目下的 src 文件夹，右键新建一个包，命名为 medicine，后续的所有工具类以及可视化界面的类文件都建立在该包之下。

12.6.1 基于 SQL Server 的数据库连接工具类

Java 语言提供了访问数据库的 API——JDBC(Java DataBase Connectivity)。JDBC 由一些类和接口组成，它提供了对各种主要类型的数据库进行连接和操作的通用途径和方法。本类将 JDBC 作为 Java 语言与数据库之间进行数据交流的桥梁，其中封装了加载驱动、连接服务器和数据库、获取数据库操作对象、执行 SQL 语句、关闭连接等一系列操作，在本项目中命名为 InitDB.java。

1. 系统配置

Java 程序访问数据库，首先需要与数据库进行连接。数据库种类繁多，但数据库开发者提供了大多数的 JDBC 驱动程序。在 Java1.6 版本之前，对于没有提供 JDBC 驱动程序的数据库(如 Access)，可以通过 JDBC-ODBC 桥接器访问，但如今该方法已经过时不再使用。

本系统使用的是 SQL Server 数据库，需要在微软官网下载相对应版本的打包文件(jar 包)，并将压缩包中的 mssql-jdbc-9.4.1.jre16.jar 复制到 jre\lib 目录下，或者在 CLASSPATH 中添加该文件的路径，也可以通过在 Java 项目的构建路径中添加该 jar 包。

2. 静态属性

在 InitDB 类中，可以将一些数据库连接属性值、数据库连接对象和配置文件地址定义成私有静态属性，这样可以方便类中的静态代码块和方法调用，这些属性的定义如下：

```
private static String driverName = "com.microsoft.sqlserver.jdbc.SQLServerDriver";
private static String dbURL = "jdbc:sqlserver://localhost:1433; DatabaseName=medidb";
private static String userName = "sa"; // 默认数据库用户名
private static String userPwd = "123456"; // 数据库密码
```

本处的 driverName 是用于连接 SQL Server 的驱动名，如果需要连接其他数据库，仅需要修改驱动名即可。

3. 数据库初始化

加载数据库驱动程序的方法是使用 Class 类的静态方法 forName，并创建一个 Statement 对象，用于执行 SQL 语句。

```
Statement stmt = null;
Connection conn = null;
try {
    Class.forName(driverName);      // 1.加载 JDBC 驱动
    conn = DriverManager.getConnection(dbURL, userName, userPwd);
    // 2.连接服务器和数据库
    stmt = conn.createStatement();
```

```
                    // 3.获取数据库操作对象
} catch (Exception e) {
    e.printStackTrace();
}
```

4. 获取结果集

在本方法中，通过将 SQL 语句传到数据库中进行执行，返回的结果暂存在结果集中，方便数据的处理与调用。此处的 SQL 语句通过 Statement 中的 executeQuery 方法进行查询操作。

```
public ResultSet rs = null;
public ResultSet getRs(String sql) {
    ……            //初始化数据库
    if(sql.toLowerCase().indexOf("select")!=-1) {
        try {
            rs = stmt.executeQuery(sql);//执行 SQL 查询功能
        } catch (SQLException e) {
            e.printStackTrace();
        }
    }
    return rs;
}
```

5. 数据操纵

数据操纵包括数据更新、数据库更新两种方法，分别调用 stmt 中的 executeUpdate() 与 execute()方法。对于数据更新，需要定义一个 count 变量，用于返回更新的数据条数；而对于数据库更新，本系统中仅用到根据数据库中的数据编号进行排序，无须设定返回值。

```
public int Update(String sql) {
    ……            //初始化数据库
    int count = 0;
    try {
        count = stmt.executeUpdate(sql);//执行更新操作，返回受影响数据条目
    } catch (SQLException e) {
        e.printStackTrace();
    }
    return count;
}

public void excute(String sql) {
    ……            //初始化数据库
    try {
        stmt.execute(sql);//执行 SQL 语句
    } catch (SQLException e) {
        e.printStackTrace();
    }
}
```

6. 关闭数据库

对于小型程序而言，整个程序运行完毕后数据库的连接会自动关闭。但在大型系统中，程序一般不会结束运行，此时如果不关闭数据库的连接，则会一直保持资源的占用，应及时关闭以释放资源。

```
public void closeDB(ResultSet rs ,Statement stmt, Connection conn) {
    try {
        rs.close();//先关闭结果集
        stmt.close();//再关闭语句对象
        conn.close();//最后关闭数据库的连接
        //三者顺序不能更换
    } catch (SQLException e) {
        // TODO 自动生成的 catch 块
        e.printStackTrace();
    }
}
```

12.6.2　表格标签提供类

为了在表格中实现数据库中数据的显示，需要设置内容提供器(contentPovider)和标签提供器(labelProvider)，内容提供器属性确定了如何把数据集分解为表格各行的数据元素。表格行元素集合是数组或列表的数据集，内容提供器中的 ArrayContentProvider 已经足够应对。但表格数据集如果不能被 ArrayContentProvider 对象正确解析，就需要单独编写内容提供类，返回正确的数据集数组。在本系统中，默认的 ArrayContentProvider 已经能够正确解析出数据集数组，无须编写新的表格内容提供类。

表格标签提供器用于确定表格行的各列显示的内容。对于标签提供器来说，一般需要自己根据情况进行设计，以便符合程序需求。通常来说，标签提供类应该实现 org.eclipse.jface.viewers. ITableLabelProvider 接口，并根据需求实现以下两个方法：

```
public Image getColumnImage(Object arg0, int arg1)
public String getColumnText(Object arg0, int arg1)
```

其中，arg0 是内容提供器的 getElements 方法所返回的表格数据数组中的一个元素——一个行的数据元素，arg1 是所处理的表格列索引。getColumnImage 方法返回参数 arg1 所指定的列的图标，getColumnText 法返回参数 arg1 所指定的列的文本值，这些方法被 TableViewer 对每一个表行自动调用。

下面开始对本系统中表格标签提供类进行介绍。

在项目中新建一个类，命名为 UserLabelProvider，在接口中添加 org.eclipse.jface.viewers. ITableLabelProvider，在 UserLabelProvider 类的 getColumnText 方法中输入以下代码：

```
int i = 0;
int n = 3;
String[] user = (String[]) arg0;
for(i=0;i<n;i++) {                 //假设表格中有三列，本处的 n 就设置为 3
    if(arg1 == i) {
```

```
            return user[i];
        }
    }
    return null;
```

在本系统中，需要根据表格列数的不同从而调整 n 的值，一共编写了 6 个不同的 UserLabelProvider 工具类。

12.7　数据更新模块的设计与实现

数据更新模块包括两个子模块，通过容器中 Tabfolder 的 Tabitem 控件给出命令接口。

1. 创建窗体

选中项目 src 文件夹中的 medicine 包，单击主工具栏中的第二个工具箱(Create new visual classes)，在弹出式菜单中选择 JFace | ApplicationWindow 菜单项，在对话框的名称中输入 DataInUpdate，单击"完成"按钮。然后单击创建好的类，切换到 Source 视图，在类方法中删除 addToolBar(SWT.FLAT | SWT.WRAP) ; addMenuBar() ; addStatusLine(); 三条语句。最后切换至 Design 视图，在 Components 中选中 newShell in configureShell(…)，在 Properties 中修改 text 为"数据查询修改"，调整窗体的大小，此时窗体即可创建完毕。

2. 创建选项卡

将视图切换到 design 面板中，单击组件面板 Composites 中的 Tabfolder，将鼠标指针移到窗口的 container 组件上单击，调整 Tabfolder 至合适的大小。继续单击组件面板 Composites 中的 Tabitem，将鼠标指针移到 Tabfolder 上单击，即可创建一个选项卡。选中该选项卡。在左边的 Properties 中修改 text 内容为"药品编码表"。继续新建一个选项卡，修改 text 内容为"数据表"。

12.7.1　药品编码表模块

1. 布局设计

(1) 在 Structure | Components 窗口中，展开 parent in createContents()下的 container | tabFolder | tbtmNewItem-"药品编码表"，单击 Composites 组件中的 Composite，添加至该 tabitem 下。选中 composite，单击面板组件 Controls 中的 Button，在 composite 中添加 4 个按钮，将属性面板中的 text 分别修改为"增加记录""删除记录""修改记录""刷新"。

(2) 单击面板组件中 JFace 的 TabViewer，添加至 composite 中，调整至合适的大小。选中创建出来的 table，在 Properties 中修改属性名为 table1，同样修改 tableviewer 为 tableviewer1。在选中 table1 后，单击 Properties 下的 headerVisible，将其修改为 true，此时即可显示表头。

(3) 单击面板组件 Controls 中的 TableColumn，添加三列至 TabViewer 中。在 Properties 中分别修改 text 为"药品编号""药品名称""生产厂家(可不填)"

备注： 读者可以自行调整页面布局，以适应窗口的放大或缩小，本案例对页面布局设计不再做多余阐释。

至此，药品编码表的布局设计已经完成，如图 12-5 所示。下面开始介绍功能实现。

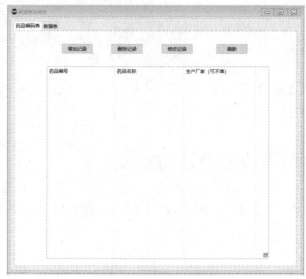

图 12-5　药品编码表界面

2. 功能实现

(1) 在 public class DataInUpdate extends ApplicationWindow {}函数体开头处定义以下变量：

```
ArrayList<String[]>users1;
ArrayList<String[]>users2;
ArrayList<String[]>users3;
```

(2) 设置表格显示：在 Source 视图中，找到 public DataInUpdate(){}里的 super(null);语句，在下面添加以下语句。

```
String sql1 = "select * from main";
ResultSet rs1 = new InitDB().getRs(sql1);
users1 = new ArrayList();
try {
    while(rs1.next()) {
        int i=0;
        String[] user1;
        user1 = new String[3];
        for(i=0;i<3;i++) {
            user1[i] = rs1.getString(i+1); //通过列的序号获取数据
        }
        users1.add(user1);
    }
}catch(SQLException e) {
    e.printStackTrace();
}
```

切换至 Design 视图，单击表格组件右下角的▦图标，然后在属性面板单击 contentProvider 属性值列右侧的…按钮，在弹出的对话框中输入 ArrayContentProvider，单击"确定"按钮；单击 labelProvider 属性值列右侧的…按钮，在弹出的对话框中搜索 UserLabelProvider(该辅助类里的 n 值为 3，代表该表格为 3 列)，单击"确定"按钮。

返回 Source 视图，在 CreateContents 方法的代码块：

```
tableViewer1.setLabelProvider(new UserLabelProvider());
tableViewer1.setContentProvider(new ArrayContentProvider());
```

下面一行中添加语句：

```
tableViewer1.setInput(users1);
```

完成上述步骤后运行程序，数据库表 main 中的记录会显示在表格中，后续模块中需要表格显示都可以适当修改本处代码进行复用。

(3) 设置事件监听器：在 Design 视图中，右击 "增加记录" 按钮，选择 Add Event handler | mouse | mousedown 命令，增加鼠标单击事件监听器。再右击该按钮，选择 mousedown→line xxx 命令，自动跳转至监听器代码部分。在 public void mouseDown(MouseEvent e) {} 代码块中输入以下代码：

```
Code code = new Code();
code.open();
```

此时会报错不存在 code 类，这段代码目的是实现药品编码信息输入界面(即 code 类)的打开，该类我们会在后面进行创建。

同理，选中 "修改记录" 按钮，添加鼠标单击事件监听器，并在监听器代码部分输入以下代码：

```
int i = -1;
i = table1.getSelectionIndex();
if(i !=-1) {    //确保选中记录才执行以下操作，不选中则不执行
    Code code = new Code();
    code.open();
}
```

与增加记录不同的是，修改记录必须要选中表中的某一条数据才能执行，通过 getSelectionIndex 获取当前选中记录的序号，从而修改 i 的值，进而打开记录修改的界面。

对于 "刷新" 按钮，增加鼠标单击事件监听器，并在监听器代码块中添加以下代码：

```
table1.clearAll();                      //先进行表格的清除
String sql1 = "select * from main";     //再显示表格内容
ResultSet rs1 = new InitDB().getRs(sql1);
users1 = new ArrayList();
try {
    while(rs1.next()) {
        int j=0;
        String[] user1;
        user1 = new String[3];
        for(j=0;j<3;j++) {
            user1[j] = rs1.getString(j+1);
        }
        users1.add(user1);
    }
}catch(SQLException e1) {
```

```
            e1.printStackTrace();
        }
        tableViewer1.setInput(users1);
    }
```

对于"删除记录"按钮,增加鼠标单击事件监听器,并在监听器代码块中添加以下代码:

```
int i = -1;
i = table1.getSelectionIndex();
if(i !=-1) {    //确保选中记录才执行以下操作,不选中则不执行
    if(MessageDialog.openConfirm(getParentShell(), "提示", "确认要删除吗")) {
        String[] code = users1.get(i);
        String sql = "delete from main where code = '" + code[0] + "'"; //注意单引号
        int count = new InitDB().Update(sql);
        if (count != 0 ) {
            MessageBox messageBox1 = new MessageBox(getShell());
            //此处 messagebox 需要为 getshell,否则会报错
            messageBox1.setMessage("删除记录成功! ");
            messageBox1.open();
        }else {
            MessageBox messageBox1 = new MessageBox(getShell());
            messageBox1.setMessage("删除记录失败! ");
            messageBox1.open();
        }
    }
}
……//此处需要表格在删除记录后自动刷新,复用刷新按钮处的代码即可
```

本处通过调用 MessageDialog.openConfirm()函数进行基本提示框的跳转,仅需设置显示的文本内容即可。在提示框中选择 OK 则返回 TRUE,选择 CANCEL 则返回 FALSE。

注意:对于按钮的鼠标单击事件监听器,需要将整个代码块移动至所有组件创建代码块之后,后续模块中的监听器同样需要移动至组件代码块之后。

至此,药品编码表部分编写完成,下面开始药品编码表录入模块的编写。

12.7.2 药品编码表录入模块

本模块的目的是给用户提供一个药品编码录入、修改的界面,用户在药品编码表部分单击"增加记录""修改记录"即可打开本界面。

选中 medicine 包,右击,选择"新建" | "其他"命令,搜索 Application Window,在搜索出的结果中选择 WindowBuilder | SWT Designer | SWT | Application Window,单击"下一步"按钮,将名称设置为 Code,单击"完成"按钮即可。

1. 布局设计

本模块界面较为简单,仅由简单的 label、text、button 组件组成,按照图 12-6 所示简单摆放后修改 Properties 中的 text 内容即可,其中三个文本框修改 Variable 属性分别为 text1、text2、text3,"提交"按钮的 Variable 修改为 Button1,"重置"按钮的 Variable 修改为 Button2。

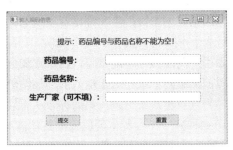

图 12-6 药品编码录入

2. 功能实现

(1) 为"提交"按钮增加鼠标单击事件监听器按钮，并转到代码行。在监听器代码块中添加如下代码：

```
String code = text1.getText();
String name = text2.getText();
String producer = text3.getText();
if (code != "" && name != "") {
    String sql1 ="update main set name = '"+ name + "' , producer = '" + producer + "' where code = '"
+ code + "'";
//确保编码的唯一性，如果录入的药品编号与已有的药品编号一致，则直接修改药品名称与生产厂家的值；
如果没有该药品编号，则新建一条记录
    int count    = new InitDB().Update(sql1);
    if (count != 0 ) {
        MessageBox messageBox = new MessageBox(shell);
        messageBox.setMessage("修改记录成功！ ");
        messageBox.open();
        text1.setText("");
        text2.setText("");
        text3.setText("");//修改记录成功后将所有文本框置空
    }else {
        //新建记录
        String sql2 = "insert into main values('"+ code +"','" + name + "','" + producer + "')";
        int count1    = new InitDB().Update(sql2);
        if(count1 != 0) {
            MessageBox messageBox = new MessageBox(shell);
            messageBox.setMessage("添加记录成功！ ");
            messageBox.open();
        }else {
            MessageBox messageBox = new MessageBox(shell);
            messageBox.setMessage("添加记录失败！ ");
            messageBox.open();
        }
    }
}else {
    MessageBox messageBox = new MessageBox(shell);
    messageBox.setMessage("药品编号与药品名称不能为空，且药品编号唯一！ ");
    messageBox.open();
}
```

在药品编码表中，由于药品编码为主键，不允许出现重复的编码值，可以采用两种逻辑进行记录的增加与修改：①编写两个不同的 code 类，一个类增加药品编码记录，另一个修改药品编码记录，此种方式需要提示用户药品编码不能重复，否则添加失败；②仅编写一个类，既能增加药品编码记录，又能修改药品编码记录。对于输入的药品编码先进行判断，如果数据库中已有这条编码，则进行修改，否则新建一条记录。第二种方法无须提醒用户编码重复，且仅需创建一个类，本处采用的是第二种方法，读者也可以根据具体情况进行修改。

(2) 为"重置"按钮设置鼠标单击事件监听器，并转到代码行，在监听器的代码块中输入以下代码：

```
text1.setText("");
text2.setText("");
text3.setText("");
```

至此，药品编码表录入模块编写完成，下面开始药品信息表模块的编写。

12.7.3 药品信息表模块

1. 布局设计

(1) 在 Structure | Components 窗口中，展开 parent in createContents(…)下的 container | tabFolder | tbtmNewItem-"数据表"，单击 Composites 组件中的 Composite，添加至该 tabitem 下并选中。单击面板组件 Controls 中的 Button，在 composite 中添加 4 个按钮，在属性面板中将 text 分别修改为"添加记录""删除记录""提交""刷新表格"；单击面板组件 Controls 中的 label，在 composite 中添加两个标签，其 text 属性分别为"搜索药品编号""售出量"；单击面板组件中的 spinner，添加一个微调器至 composite 中。参考图 12-7 所示适当调整各组件位置。

图 12-7 药品信息表界面布局

(2) 单击面板组件中 JFace 的 TabViewer，添加至 composite 中，调整至合适的大小。选中创建出来的 table，在 Properties 中修改属性名为 table2，同样修改 tableviewer 为 tableviewer1。在选中 table2 后，单击 Properties 下的 headerVisible，将其修改为 true。

(3) 单击面板组件 Controls 中的 TableColumn，添加 11 列至 TabViewer 中。在 Properties 中分别修改 text 为"序号""药品编号""供货单位""到货日期""有效日期""进价""进货量""规格""单位""销量""库存量"。

2. 功能实现

(1) 表格显示：由于在药品编码表模块已经详细阐述表格的显示，本处只需要复用代码，选择正确的 UserLabelProvider，并修改 SQL 语句即可。

```
String sql2 = "select * from medata order by serial";
```

(2) 鼠标事件监听器的添加：为"添加记录"添加鼠标单击事件监听器，并在相应代码块中添加以下代码：

```
Data data = new Data();
data.open();
```

本处同样是 new 一个 Date 类，通过 open 的方法调出该界面，在下一部分中会讲解 Date 类的编写。

为"删除记录"添加鼠标单击事件监听器，并在相应代码块中添加以下代码：

```
int i = -1;
i = table2.getSelectionIndex();
if(i != -1) {   //确保选中记录才执行以下操作，不选中则不执行
    if(MessageDialog.openConfirm(getParentShell(), "提示", "确认要删除吗")) {
        String[] serial = users2.get(i);
        String sql = "delete from medata where serial = '" + serial[0] + "'"; //注意单引号
        // 此处不通过药品编码进行删除，而是通过记录的序号进行删除
        int count = new InitDB().Update(sql);
        if (count != 0 ) {
            MessageBox messageBox1 = new MessageBox(getShell());
            messageBox1.setMessage("删除记录成功！ ");
            messageBox1.open();
        }else {
            MessageBox messageBox1 = new MessageBox(getShell());
            messageBox1.setMessage("删除记录失败！ ");
            messageBox1.open();
        }
        ……//自动刷新表格
    }
}
```

对于药品信息表，由于没有设置主键，允许相同的编码出现，代表着一种药品可能会有多次进货记录。如果通过编码进行查询并删除，会删除多条记录，因而本处采用比对数据序列号的方式进行删除。

为"提交"按钮添加鼠标单击事件监听器，并在相应代码块中添加以下代码：

```
int sell = spinner.getSelection();//获取微调器中的数值
int i = -1;
i = table2.getSelectionIndex();
if(i !=-1) {   //确保选中记录才执行以下操作，不选中则不执行
    int j = -1;
    j = table2.getSelectionIndex();
```

```
    String[] code = users2.get(j);
    int s1 = Integer.parseInt(code[9]);//获取售出；字符串转为整型
    int s2 = Integer.parseInt(code[10]);//获取库存；字符串转为整型
    int rs1 = s1 + sell;//销售量更新
    int rs2 = s2 - sell;//库存量更新
    if( sell <= s2) {//销售的数量小于库存量时，执行以下操作
        table2.clearAll();
        String sql1 = "update medata set sold = '" + rs1 + "', storage = '" + rs2 + "' where serial = '"
        + code[0] + "'";     //注意双引号与单引号
        int count = new InitDB().Update(sql1);
        if (count != 0) {
            String sql2 = "select * from medata    ORDER BY serial";
            ResultSet rs3 = new InitDB().getRs(sql2);
            users2 = new ArrayList();
            try {//显示表格
                while(rs3.next()) {
                    int j1=0;
                    String[] user2;
                    user2 = new String[11];
                    for(j1=0;j1<11;j1++) {
                        user2[j1] = rs3.getString(j1+1);
                    }
                    users2.add(user2);
                }
            }catch(SQLException e1) {
                e1.printStackTrace();
            }
            tableViewer2.setContentProvider(new ArrayContentProvider());
            tableViewer2.setInput(users2);
        }
    }else {//若销售的数量大于库存量，提示库存量不足
        MessageBox messageBox1 = new MessageBox(getShell());
        messageBox1.setMessage("超过库存量！ ");
        messageBox1.open();
    }
}
```

(3) 药品编号搜索功能的实现：在本功能中，需要实现在文本框中即时输入即时显示。因为需要为文本框添加 keyreleased 的事件监听器。右键选中该 text 文本框，单击 Add Event handler | key | keyReleased，添加之后跳转至相应代码块中输入以下代码：

```
String code = text.getText();
String sql = "select * from medata where code like '%" + code + "%'";
table2.clearAll();
ResultSet rs2 = new InitDB().getRs(sql);
users2 = new ArrayList();
try {//显示表格
    while(rs2.next()) {
        int j = 0;
        String[] user2;
```

```
            user2 = new String[11];
            for(j=0;j<11;j++) {
                    user2[j] = rs2.getString(j+1);
            }
            users2.add(user2);
    }
}catch(SQLException e1) {
    e1.printStackTrace();
}
tableViewer2.setInput(users2);
```

本处通过 sql 语句中的%来实现模糊查询，并将结果显示到表格中。至此，本模块的编写已经全部完成，接下来开始药品信息表录入模块的编写。

12.7.4　药品信息表录入模块

本模块的目的是给用户提供一个药品信息录入、修改的界面，用户在药品信息表部分单击"添加记录""修改记录"即可打开本页面。选中 medicine 包，右击，选择"新建"|"其他"命令，搜索 Application Window，在搜索出的结果中选择 WindowBuilder | SWT Designer | SWT | Application Window，单击"下一步"按钮，将名称设置为 Data，最后单击"完成"按钮。

1. 布局设计

本模块由 label、text、datetime、button 四种基本组件组成，参考图 12-8 所示进行布局后，修改 text 组件的 Variable 属性分别为 text1、text2、text3、text4、text5、text6，其中将 datetime 控件分别命名为 datetime1、datetime2。

2. 功能实现

本处只需要为"提交"按钮设置鼠标单击事件监听器即可，转到监听器代码块，并输入以下代码：

图 12-8　药品信息表录入界面

```
String code = text1.getText();
String vendor = text2.getText();
int year1 = dateTime1.getYear();
int month1 = dateTime1.getMonth()+1;
int day1 = dateTime1.getDay();
int year2 = dateTime2.getYear();
int month2 = dateTime2.getMonth()+1;
int day2 = dateTime2.getDay();
String price = text3.getText();
String quantity = text4.getText(); //进货量
String specification = text5.getText();
String unit = text6.getText();
if(code != "" && vendor != "" && price != "" && quantity != "" && specification != "" && unit != "" ) {
    String sql1 = "DBCC CHECKIDENT(medata,reseed,1) DBCC CHECKIDENT(medata)";
//确保序号连续
```

```
            String sql2 ="insert into medata values('"+ code +"','"+ vendor +"','" + year1 + "-" +
                month1 + "-" + day1 + "','" + year2 + "-" + month2 + "-" + day2 + "','" + price + "','" +
                quantity +"','" + specification +"','" + unit + "','0','"+ quantity +"')";
        new InitDB().excute(sql1);
        int count1 = new InitDB().Update(sql2);
        if (count1 != 0 ) {
            MessageBox messageBox = new MessageBox(shell);
            messageBox.setMessage("添加记录成功！ ");
            messageBox.open();
        }else {
            MessageBox messageBox = new MessageBox(shell);
            messageBox.setMessage("添加记录失败！ ");
            messageBox.open();
        }
    }
```

在这段代码中，有以下几点需要注意：①对于控件 datetime，没有直接同时获取年月日的方法，只能通过单独获取年月日，再通过字符串拼接的方式形成 sql 语句传入数据库中进行查询。②datetime 中获取月份是 0～11 月，需要额外加 1 才能是现实生活中的月份。③对于 sql 中的标识列，若一共有 1501 条记录，删除第 1501 条记录后再新增一条记录，标识列会从 1502 开始而不是重新从 1501 开始，所以此处需要增加 sql1 语句，在每次更新数据库之前进行标识列的重排。

至此，数据更新模块全部完成，下面开始数据查询模块的设计与实现。

12.8　数据查询模块的设计与实现

数据查询模块包括 4 个子模块，通过容器中 Tabfolder 的 Tabitem 控件给出命令接口。

1. 创建窗体

选中项目 src 文件夹中的 medicine 包，单击主工具栏中的第二个工具箱(Create new visual classes)，在弹出式菜单中选择 JFace | ApplicationWindow 菜单项，在对话框的名称中输入 Jface，单击"完成"按钮。单击创建好的类，切换到 Source 视图，在类方法中删除 addToolBar(SWT.FLAT | SWT.WRAP); addMenuBar(); addStatusLine(); 三条语句。最后切换至 Design 视图，在 Components 中选中 newShell in configureShell(…)，在 Properties 中修改 text 为"数据修改"，调整窗体的大小，此时窗体即可创建完毕。

2. 创建选项卡

将视图切换到 design 面板中，单击组件面板 Composites 中的 Tabfolder，将鼠标指针移到窗口的 container 组件上单击，调整 Tabfolder 至合适的大小。继续单击组件面板 Composites 中的 Tabitem，将鼠标指针移动到 Tabfolder 上单击，即可创建 4 个选项卡，分别选中选项卡，在左边的 Properties 中修改 text 内容为"有效期查询""库存量查询""进货价格查询""进货预测"，并为每一个选项卡添加 Composite 组件。

切换至 Source 界面，在 public class Jface extends ApplicationWindow {}函数体开头处定义以

下变量：

```
ArrayList<String[]>users1;
ArrayList<String[]>users2_1;
ArrayList<String[]>users2_2;
ArrayList<String[]>users3_1;
ArrayList<String[]>users3_4;
ArrayList<String[]>users4_1;
String s1_1;
private int cWidth;
private int cHeight;
```

12.8.1 药品有效期查询模块

1. 布局设计

(1) 在 Structure | Components 窗口中，展开 parent in createContents()下的 container | tabFolder | tbtmNewItem-"有效期查询"，单击 Composites 组件中的 Composite，添加至该 tabitem 下。选中 composite，分别添加 Button、Datetime、Spinner 及 Label 组件，并参照图 12-9 进行 text 属性的修改及组件的布局。

(2) 单击面板组件中 JFace 的 TabViewer，添加至 composite 中，调整至合适的大小。选中创建出来的 table，在 Properties 中修改属性名为 table1，同样修改 tableviewer 为 tableviewer1，并设定属性显示表头。

(3) 单击面板组件 Controls 中的 TableColumn，添加 12 列至 TabViewer 中。在 Properties 中分别修改 text 为"药品编码""药品名称""生产厂家""供货单位""到货日期""有效日期""进价""进货量""规格""单位""销售量""库存量"。

图 12-9 有效期查询选项卡

2. 功能实现

本选项卡的主要功能是查询未来的多少天中有哪些药品会面临着过期风险。此处只需要为"查询"按钮设置鼠标单击事件监听器，并在对应的代码块中输入以下代码：

```
int i = interval.getSelection(); //获取 spinner 中的当前数值，数值类型为整型
int day = datetime1.getDay();
int month = datetime1.getMonth()+1;
int year = datetime1.getYear();
String sql1 = "select main.code,name,producer,vendor,arrdate,expdate,unitprice,quantity, "
+"specification,unit,sold,storage from main,medata where expdate <= DATEADD(day,"
+ i + ",'" + year + "-" + month + "-" + day + "') and main.code=medata.code "
+ "order by expdate DESC "; //字符串拼接
ResultSet rs1 = new InitDB().getRs(sql1);
users1 = new ArrayList();
String[] user1;
try {
    while(rs1.next()) {
        int j=0;
        user1 = new String[12];
        for(j=0;j<12;j++) {
            user1[j] = rs1.getString(j+1);
        }
        users1.add(user1);
    }
}catch(SQLException e1) {
    e1.printStackTrace();
}
tableViewer1.setInput(users1);
```

本处的 sql 语句通过 DATEADD()实现日期的天数相加，再与数据库中的有效日期进行比较，若有效日期在设定的日期之前，则返回该条数据，并存储在 ArrayList 中。

对于表格显示，继续复用之前的代码，从 ArrayList 中获取数据，并选择 n 值为 12 的 UserLabelProvider.java 作为 LabelProvider 即可。

12.8.2 药品库存量查询模块

本模块为用户提供药品名的模糊查询功能，查询结果包括药品库存量等相关信息。

1. 布局设计

本选项卡由 Label、Text、Button、TextViewer 四种基本组件组成，参照图 12-10 修改控件 text 属性并对其进行布局设计。其中"提示"的 Label 组件的 Variable 需要修改为 Label2_1，Text 组件的 Variable 需要修改为 text2。单击面板组件 Controls 中的 TableColumn，添加 12 列至 TabViewer 中。在 Properties 中分别修改 text 为"药品编码""药品名称""生产厂家""供货单位""到货日期""有效日期""进价""进货量""规格""单位""销售量""库存量"。

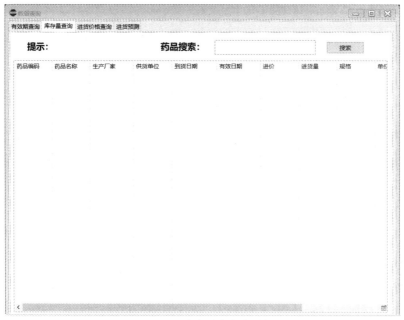

图 12-10　库存量查询选项卡

2. 功能实现

在本模块中，表格的数据显示与前面操作一致，仅需要对"搜索"按钮添加事件监听器即可，并在相应的代码块中输入以下代码：

```
String QueryText = null;
if(text2.getText() != "") {
    QueryText = text2.getText();
    table2.clearAll();
    String sql2_query = "select main.code,name,producer,vendor,arrdate,expdate, "
    +"unitprice, quantity,specification,unit,sold,storage from main,medata "
    +"where main.code=medata.code AND main.name LIKE "
    + "'%"+ QueryText + "%'" +" order by arrdate";
    ResultSet rs2_2 = new InitDB().getRs(sql2_query);
    users2_2 = new ArrayList();
    String[] user2 = null;
    try {
        while(rs2_2.next()) {
            int i=0;
            user2 = new String[12];
            for(i=0;i<12;i++) {
                user2[i] = rs2_2.getString(i+1);
            }
            users2_2.add(user2);
            tableViewer2.setInput(users2_2);
        }
        if(user2 == null) {
            Label2_1.setText("提示：没有该药品的记录！ ");
        }else {
```

```
                    Label2_1.setText("提示：查询结果如下！");
                }
            }catch(SQLException e1) {
                e1.printStackTrace();
            }
    }else {
        tableViewer2.setInput(users2_1);
        Label2_1.setText("提示：");
    }
```

此处注意 Label2_1 的标签框需要设置足够大的宽度，否则文本显示不完全。

12.8.3　进货价格查询模块

本模块为用户提供历史价格汇总与查询的功能，用户可以根据历史价格判断走势或比较多家药品提供商之前的价格差异。

1. 布局设计

本选项卡由 Label、Text、List、Canvas 及 Tableviewer 五种组件组合而成，参照图 12-11 修改 Label 的 text 属性并对所有控件进行布局设计，其中"模糊搜索"下方为 Text 组件，"药品名称"与"生产厂家"下方为 List 控件，页面右上部分为 canvas 绘图区域。Text 的 Variable 需要修改为 text3，List 组件的 Variable 需要分别修改为 list3_1 和 list3_2；Tableviewer 组件的 Variable 需要修改为 tableViewer2_3。注意：List 控件与表格控件不同，当 List 中的内容超过了列表显示大小，不会自动添加滚动条，需要在 List 的 Properties | Style 中根据具体情况打开 h_scroll 或 v_scroll。

单击面板组件 Controls 中的 TableColumn，添加 2 列至 TabViewer 中。在 Properties 中分别修改 text 为"进货日期""进货单价"。

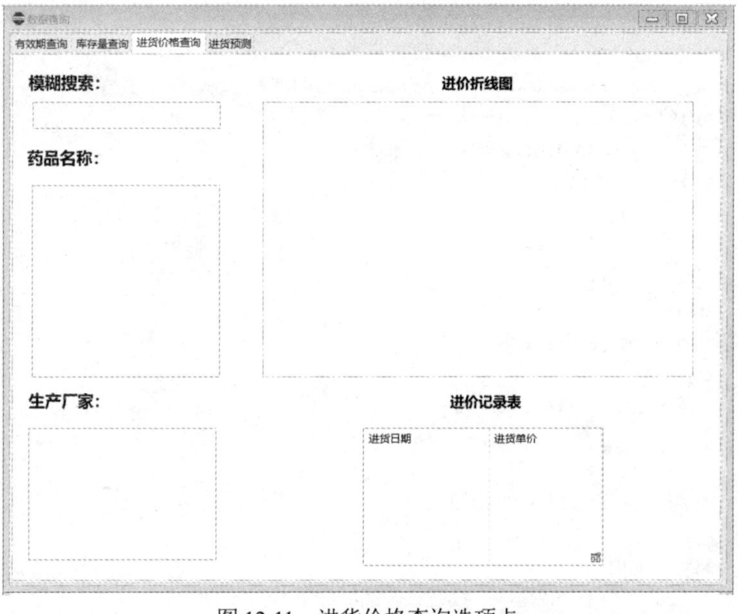

图 12-11　进货价格查询选项卡

2. 功能实现

在本模块中，用户在输入药品名称后，在"药品名称"下的 list 中显示出模糊搜索出的结果；在选中某一条目后，在"生产厂家"下的 list 中显示出药品的多家生产厂家，用户选择其中一家后可以在界面右侧显示进价折线图及进价记录表。

(1) 添加事件监听器事件。为"模糊搜索"下的 Text 控件添加 keyReleased 事件监听器，并跳转到相应代码块中，输入以下代码：

```
String name3 = text3.getText();
String sql3 = "select distinct name from main where name like '"+ "%" + name3 + "%'" ;
if(name3 != "") {
    ResultSet rs3_1 = new InitDB().getRs(sql3);
    list3_1.removeAll();             //先清除列表内容
    try {
        while(rs3_1.next()) {
            list3_1.add(rs3_1.getString(1)); //使用 add 方法添加列表项
                }
    }catch(SQLException e1) {
        e1.printStackTrace();
    }
}
```

为药品名称下的 list 组件添加 keyReleased 事件监听器，并跳转到相应代码块中，输入以下代码：

```
if(text3.getText() != "") { //确保文本框有内容再执行
    String[] s1 = list3_1.getSelection();
    int j = -1;
    j = list3_1.getSelectionIndex();   //确保选中列表中的某一条目后才执行
    if(j != -1) {
        String sql3_2 = "select producer from main where name = '" + s1[0] + "'";
        s1_1 = s1[0];
        ResultSet rs3_2 = new InitDB().getRs(sql3_2);
        list3_2.removeAll();
        try {
            while(rs3_2.next()) {
                list3_2.add(rs3_2.getString(1)); //使用 add 方法添加药品名到列表项
            }
        }catch(SQLException e1) {
            e1.printStackTrace();
        }
    }
}
```

对于 list 来说，通过 getselection 读出的是数组，若直接输出会显示数组地址，需要通过数组项进行读取。

(2) 为生产厂家下的 list 组件添加 keyReleased 事件监听器，并跳转到相应代码块中，输入以下代码：

```
int j = -1;
```

```
j = list3_2.getSelectionIndex();
if(j != -1) {
    if(text3.getText() != "") {
        String[] s2 = list3_2.getSelection();              //获取药品编号
        String sql3_3 = "select code from main where name = '"+ s1_1
        + "' and producer = '" + s2[0] + "'";
        ResultSet rs3_3 = new InitDB().getRs(sql3_3);
        String code = "";
        try {
            while(rs3_3.next()) {
                code = rs3_3.getString(1); //获取药品编号
            }
        }catch(SQLException e1) {
            e1.printStackTrace();
        }
        if(code != "") {
            table3.clearAll();                    //在最里层 if 中进行表格的清空
            String sql3_4 = "select arrdate,unitprice from medata where code = '"
            + code + "' order by arrdate";
            ResultSet rs3_4 = new InitDB().getRs(sql3_4);
            users3_4 = new ArrayList();
            String[] user;
            int length = 0;
            try {
                while(rs3_4.next()) {
                    int i=0;
                    user = new String[12];
                    for(i=0;i<2;i++) {
                        user[i] = rs3_4.getString(i+1);
                    }
                    users3_4.add(user);
                    length++;
                }
            }catch(SQLException e1) {
                e1.printStackTrace();
            }
            tableViewer2_3.setInput(users3_4);
```

　　本处代码实现两个功能：①特定药品厂商的药品价格查询；②进价记录数据表的显示。该代码部分需要注意：在获取结果集行数时，不可以使用 ResultSet 中的 getRow 方法，会提示"只进结果集不支持请求的操作"，这是因为如果这个结果集只能迭代一次，rs.XXXX 就不能调用 ResultSet 下的某些方法，需要在 statement 的参数添加额外内容。有兴趣的读者可以自行查阅相关资料。本处通过在 while 循环中添加了 length++用于记录结果集的行数，从而为下面的折线图绘制提供相关数据。

　　(3) 通过 Canvas 组件的绘图功能实现进价折线图。由于 SWT 中没有自带的图表控件，本模块通过 Canvas 组件来绘制折线图。在 Canvas 中需要运用到 GC 类(图形上下文)，它是指 SWT 支持的所有绘图功能所在的位置，用于在图像、控件或直接在显示器上绘制。SWT 图形坐标系是二维空间，原点(0,0)位于绘图区域的左上角，(x,y)值分别向右和向下增加。在事件监听器中添加代码前，需要在 Jface 类中创建两个方法，分别为：

```
public void paintControl(GC gc, Canvas canvas, ResultSet rs , int length) {
    cWidth = canvas.getClientArea().width;
    cHeight = canvas.getClientArea().height;
    drawChart(gc , rs , length);
}
void drawChart(GC gc , ResultSet rs , int i) {                    //i 为数据条数
    String[] arrdate;
    Float[] unitprice;
    arrdate = new String[15]; //与 ArrayList 的动态数组不同，普通数组必须确定数组的长度
    //数据库中数据最长不超过 10，此处设定数组的长度为 15
    unitprice = new Float[15];
    try {
        int j = 0;
        while(rs.next()) {
            arrdate[j] = rs.getString(1);
            unitprice[j] = rs.getFloat(2);
            j++;                                                 //while 循环中 j 自增
        }
    } catch (SQLException e) {
        e.printStackTrace();
    }
    double max = unitprice[0];
    double min = unitprice[0];
    //遍历价格中的最大值
    for(int j = 1; j < i ; j++) {
        if(max < unitprice[j] ) {
            max = unitprice[j];
        }
        if(min > unitprice[j] ) {
            min = unitprice[j];
        }
    }
    int rWidth = (int)(cWidth - 50)/(i + 1);                      //宽
    gc.drawLine(50, cHeight-50, cWidth,cHeight-50 );             //x 轴
    gc.drawLine(50, 20, 50,cHeight-50 );                         //y 轴
    int perHeight = (int)((cHeight-70)/5);
    //cHeight - 70  相当于 -50 -20，除以 5 代表分为五份
    int k =50;
    String accurate = min +"";
    String acc = "";
    if(accurate.length() >= 4) {
        acc = accurate.substring(0, 4);                         //截取字符串
    }else {
        acc = accurate;                                         //截取字符串
    }
    int top = (int)max + 1;                                     //y 轴最高点数值
    int low = (int)min - 1;                                     //最低点
    if(low < 0) {
```

```
            low = 0;                                           //最小值不能小于 0
    }
    double scale = ( top - low ) / 5.0 ;
    for(int j = 0; j < 6 ; j++) {
            //如果只有一条记录，最大值等于最小值，则居中处理
            String str = (top - scale * (5 - j)) + "";          //浮点转字符串
            String str1 = "";
            if(str.length() >= 4) {
                    str1 = str.substring(0,4);
            }else {
                    str1 = str;
            }
            if( i == 1) { //如果只有一个值，居中显示准确值，跳出循环
                    gc.drawString(acc, 10, 160);                //字体需要偏左偏上，对齐坐标轴刻度
                    gc.drawLine(45, 170, 50 , 170);
                    break;
            }else {//如果有多个值，从最大值和最小值进行均等分配
                    gc.drawString(str1, 10, cHeight - k - 10);
                    gc.drawLine(45, cHeight - k , 50, cHeight - k);
            }
            k = k + perHeight;
    }
    //画折线图
    int x[] = new int[10];
    int y[] = new int[10];
    for (int j = 0 ; j < i ; j++) {
            if(i == 1) {                                        //如果只有一条记录，则显示在中间
                    gc.drawString(arrdate[j], (50 + cWidth) / 2 - 30 ,cHeight-40);
                    //x 轴需要偏移校正
                    gc.drawRectangle((50 + cWidth) / 2, 165 , 10, 10);
            }else {
                    gc.drawString(arrdate[j], 45 + (rWidth + 10) * j ,cHeight-40);
                    x[j] = 90 + (rWidth + 10) * j;
                    y[j] = (int) (cHeight - 50 - (unitprice[j] - low) / (top - low) * (5 * perHeight));
                    String price = unitprice[j] +"";
                    gc.drawRectangle( x[j], y[j], 10, 10);
                    gc.drawString(price, x[j] - 10 , y[j] - 25);    //偏移校正
            }
            Color oldBgColor = gc.getBackground() ;
    gc.setBackground(getShell().getDisplay().getSystemColor(SWT.COLOR_BLUE));
            gc.setBackground(oldBgColor);                       //设定背景颜色
    }
    for(int j = 0; j < i - 1 ; j++ ) {
            gc.drawLine(x[j] + 5, y[j] + 5 , x[j+1] + 5, y[j+1] + 5);    //偏移校正
    }
}
```

对于 void drawChart()方法，不同的人创建的 canvas 组件大小会略有差异，可根据具体情况修改点的坐标。

在创建这两种方法后，继续在 list3_2 的事件监听器中添加以下代码，调用刚刚创建的两个方法即可：

```
GC gc = new GC(canvas);
canvas.redraw();
canvas.update();//redraw 和 update 必须要同时使用
ResultSet rs3_5 = new InitDB().getRs(sql3_4);
paintControl(gc , canvas, rs3_5 , length);
```

运行程序，即可观察到绘制出的折线图效果，如图 12-12 所示。

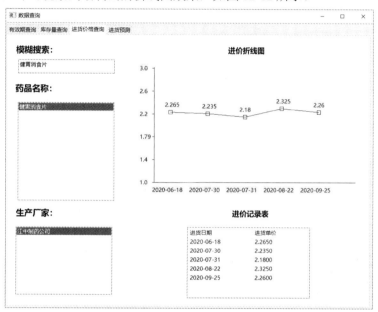

图 12-12　进货价格查询折线图

至此，进货价格查询选项卡全部完成，下面开始进货预测查询模块功能的编写。

12.8.4　进货预测查询模块

在本模块中，根据库存中的进货信息计算出月均销量，再乘以设定的月份，然后与库存量进行比较，查询出哪些药品在设定的时间内面临售空的风险，提醒店家进行补货。

1. 布局设计

本模块由 Label、Datetime、Spinner、Button 和 Tableviewer 五种组件组合而成，参照图 12-13 进行页面布局设计。其中，将 Datetime 组件的 Variable 值修改为 datetime4，Spinner 组件的 Variable 值修改为 Spinner4，Button 组件的 Variable 值修改为 button4，Label 组件中 "由历史数据预测……" 的 Variable 值修改为 label4_4，并为 Tableviewer 组件插入 6 列，分别命名为 "药品编号" "药品名称" "生产厂家" "库存量" "单位" "月均销量"。

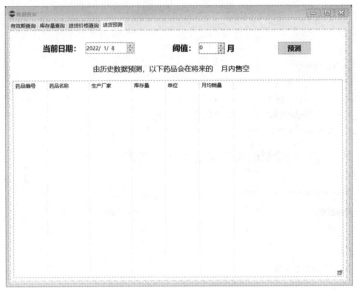

图 12-13　进货预测选项卡

2. 功能实现

在本模块中，在用户设置日期和阈值之后，单击"预测"按钮，即可在表格中显示未来几个月中即将售空的药品，因此仅需要添加一个鼠标单击事件监听器即可，并跳转到相应代码块中，输入以下代码：

```
int year = dateTime4.getYear();
int month = dateTime4.getMonth()+1;
int day = dateTime4.getDay();
int threshold = spinner4.getSelection();
table4.clearAll();
label4_4.setText("由历史数据预测，以下药品会在将来的"+ threshold +"月内售空");
String sql4 = "select vvv.code,name,producer,storage,sold,unit, 30.0 * sold / ( 0.01
+ datediff(day, minarrdate,'"+ year +"-" + month +"-"+ day+"')) as monthsell "
+ "from vvv,main where main.code=vvv.code and 30.0 * sold /   "
+ " ( 0.01 + datediff " + "(day,minarrdate,'" + year + "-" + month + "-" + day + "')) * "
+ threshold +" >= storage"+" order by monthsell DESC";
ResultSet rs4_1 = new InitDB().getRs(sql4);
users4_1 = new ArrayList();
String[] user4_1;
try {
    while(rs4_1.next()) {
        int i=0;
        user4_1 = new String[6];
        user4_1[0] = rs4_1.getString("code");
        user4_1[1] = rs4_1.getString("name");
        user4_1[2] = rs4_1.getString("producer");
        user4_1[3] = rs4_1.getString("storage");
        user4_1[4] = rs4_1.getString("unit");
        user4_1[5] = rs4_1.getString("monthsell");
        users4_1.add(user4_1);
```

```
    }
}catch(SQLException e1) {
    e1.printStackTrace();
}
tableViewer4.setInput(users4_1);
```

在本代码块中，有以下两处需要注意。

(1) 需要在数据库中提前创建视图，其 SQL 语句如下：

```
Create view vvv as
select code,unit,sum(storage),sum(sold),min(arrdate)
from data
group by code,unit
```

其中 min(arrdate)代表最早到货日期，且不宜将创建视图的 SQL 语言放入程序中，否则会多次创建同名视图从而引发数据库报错。

(2) 对于代码中的 sql4 语句，通过计算最早到货日期与设定日期中的天数差，再用销量除以天数差，乘以 30.0，将结果自动转换为浮点型，即可得到近似的月均销量；再乘以设定的阈值，与库存量进行比较，即可查询出在设定时间内面临售空的药品。

至此，药品查询模块已经全部编写完成，下面开始介绍系统主菜单和登录模块的设计与实现。

12.9　系统主菜单的设计与实现

对于主菜单模块，需要提供数据更新模块与数据查询模块的入口以及关闭系统的功能。

1. 创建窗体

选中 medicine 包并右击，选择"新建"|"其他"命令，搜索 Application Window，在搜索出的结果中选择 WindowBuilder | SWT Designer | SWT | Application Window，单击"下一步"按钮，将名称设置为 main，单击"完成"按钮。在 Compenents 面板中单击 Shell，修改 Properties 中的 text 为"药店管理系统登录"。

2. 界面布局

本模块由三个 Button 组件组成，参照图 12-14 进行页面布局。

图 12-14　药店管理系统主菜单界面

3. 添加事件监听器

为"数据录入修改"按钮添加鼠标单击事件监听器，并转到代码块中添加以下代码：

```
DataInUpdate datainupdate = new DataInUpdate();
datainupdate.open();
```

为"数据查询"按钮添加鼠标单击事件监听器，并转到代码块中添加以下代码：

```
Jface jface = new Jface();
jface.open();
```

为"退出系统"按钮添加鼠标单击事件监听器，并转到代码块中添加以下代码：

```
shell.dispose();
```

至此，系统主菜单模块编写完成。

12.10 登录模块的设计与实现

登录模块提供一个简易的密码输入界面。该界面将用户输入的密码与设定的密码进行比对，若密码一致则打开主菜单，不一致则提示密码错误。

1. 创建窗体

选中 medicine 包并右击，选择"新建"|"其他"命令，搜索 Application Window，在搜索出的结果中选择 WindowBuilder | SWT Designer | SWT | Application Window，单击"下一步"按钮，将名称设置为 login，单击"完成"按钮。在 Compenents 面板中单击 Shell，修改 Properties 中的 text 为"药店管理系统登录"。

2. 界面布局

本模块由 Label、Text、Button 三个组件组成，参照图 12-15 进行页面布局。将 Text 组件的 Variable 属性修改为 password，并展开 Constructor | style 选项，将 password 属性设置为 TRUE。

图 12-15　登录模块界面

3. 添加事件监听器

为"确定"按钮添加鼠标单击事件监听器，并转到代码块中添加以下代码：

```
String input = (String)password.getText();
if(pass.equals(input))
{
    shell.dispose();
    main ma = new main();
    ma.open();                        //打开主菜单
}
else
{
    MessageBox messageBox = new MessageBox(shell);
    messageBox.setMessage("密码错误");
    messageBox.open();
    password.setText("");
}
```

至此，登录模块界面编写完成。

12.11　系统部署

本书开发的演示性项目——药店药品管理系统的主要模块全部开发完成，在交付用户之前应该进行测试，之后打包程序。

(1) 设置运行配置。

单击 Eclipse 的"运行"|"运行配置"菜单项，在"运行配置"对话框找到本项目 medicine 的运行配置，并查验和修改"主要"选项卡的项目为 medicine，主(Main)类为 medicine.login，如图 12-16 所示。

图 12-16　药店药品管理系统的"运行配置"对话框

(2) 单击 Eclipse 的"文件"|"导出"菜单项，在"导出"对话框中选择 Java 组下的"可运行的 jar 文件"，单击"下一步"按钮，在出现的对话框中选择"启动配置"，选择上一步设置的运行配置(即 login)，在"导出目标"选项指定导出文件存放的目录和文件名，单击"完成"按钮，即可导出一个可执行 jar 文件。

12.12 小结

本章通过项目的编程实践学习，完成了药店药品管理系统的基本页面布局、数据库存储以及部件的应用，实现了基本的药品信息存储、购进药品、出售药品、药品保质期预警、进货价格曲线图等功能。

从案例可以看出项目实践的基本流程：首先确定开发方向，分析开发的基本需求，根据需求查找资料部署；然后开始设计整个项目的基本框架，包括界面设计和功能实现；随后对工程文件的层次分析，将各类型代码分类分块，并开始进行代码构建；基本代码形成后进行优化调整，并进行 bug 调试，测试基本功能是否正常，最终完成整个项目。

12.13 思考练习

1. 对于结果集中的 getString()方法，参数为整型和字符串有何区别？
2. 在 Canvas 中如何清除画布内容？
3. 对于 Tableviewer 组件来说，如果不设置 LabelProvider，将会在表格中显示什么内容？为什么？
4. 编写程序，实现一个需要连接数据库的管理系统。

参考文献

[1] Walter Savitch. Java 完美编程[M]. 2 版. 北京：清华大学出版社，2006.

[2] Sharon Zakhour, Scott Hommel. Java 教程[M]. 4 版. 北京：人民邮电出版社，2007.

[3] Bruce Eckel. Thinking in Java[M]. 4th Edition. President, Mindview, Inc., 2006.

[4] Cay S Horstmann, Gary Cornell. Core Java(TM), Volume I-Fundamentals[M]. 8th Edition. Prentice Hall, 2007.

[5] Walter Savitch. Absolute Java[M]. 3rd Edition. Addison Wesley, 2007.

[6] Harvey M Deitel, Paul J Deitel. Java How to Program[M]. 8th Edition. Pearson Education, Inc., 2009.

[7] Herbert Schildt. Java, A Beginner's Guide[M]. 5th Edition. McGraw-Hill Companies, Inc., 2011.

[8] Barry A Burd. Beginning Programming with Java for Dummies[M]. 3rd Edition. John Wiley&Sons, 2012.

❧ 附录 ❧

ASCII码表

目前使用最广泛的西文字符集及其编码是 ASCII 字符集和 ASCII 码(ASCII 是 American Standard Code for Information Interchange 的缩写)，它同时也被国际标准化组织(International Organization for Standardization，ISO)批准为国际标准。标准 ASCII 码使用 7 个二进制位对字符进行编码，对应的 ISO 标准为 ISO 646 标准。

基本的 ASCII 字符集共有 128 个字符。前 32 个一般用来通信或作为控制之用，它们中的多数无法显示在屏幕上，只有少数能在屏幕上看到效果(如换行字符、归位字符)。前 32 个字符如附表 1 所示。

附表 1   前 32 个 ASCII 字符

十进制值	十六进制值	终端显示	字符	备注
0	00	^@	NUL	空
1	01	^A	SOH	文件头的开始
2	02	^B	STX	文本的开始
3	03	^C	ETX	文本的结束
4	04	^D	EOT	传输的结束
5	05	^E	ENQ	询问
6	06	^F	ACK	确认
7	07	^G	BEL	响铃
8	08	^H	BS	后退
9	09	^I	HT	水平跳格
10	0A	^J	LF	换行
11	0B	^K	VT	垂直跳格
12	0C	^L	FF	格式馈给
13	0D	^M	CR	回车
14	0E	^N	SO	向外移出
15	0F	^O	SI	向内移入
16	10	^P	DLE	数据传送换码
17	11	^Q	DC1	设备控制 1
18	12	^R	DC2	设备控制 2

（续表）

十进制值	十六进制值	终端显示	字符	备注
19	13	^S	DC3	设备控制 3
20	14	^T	DC4	设备控制 4
21	15	^U	NAK	否定
22	16	^V	SYN	同步空闲
23	17	^W	ETB	传输块结束
24	18	^X	CAN	取消
25	19	^Y	EM	媒体结束
26	1A	^Z	SUB	减
27	1B	^[	ESC	退出
28	1C	^\	FS	域分隔符
29	1D	^]	GS	组分隔符
30	1E	^^	RS	记录分隔符
31	1F	^_	US	单元分隔符

后96个字符是用来表示阿拉伯数字、大小写英文字母和括号等符号，它们都可以显示在屏幕上，如附表2所示。

附表2　后96个 ASCII 字符

ASCII 码 Dec	ASCII 码 Hex	字符	ASCII 码 Dec	ASCII 码 Hex	字符	ASCII 码 Dec	ASCII 码 Hex	字符	ASCII 码 Dec	ASCII 码 Hex	字符
032	20	空格	056	38	8	080	50	P	104	68	h
033	21	!	057	39	9	081	51	Q	105	69	i
034	22	"	058	3A	:	082	52	R	106	6A	j
035	23	#	059	3B	;	083	53	S	107	6B	k
036	24	$	060	3C	<	084	54	T	108	6C	l
037	25	%	061	3D	=	085	55	U	109	6D	m
038	26	&	062	3E	>	086	56	V	110	6E	n
039	27	'	063	3F	?	087	57	W	111	6F	o
040	28	(	064	40	@	088	58	X	112	70	p
041	29	)	065	41	A	089	59	Y	113	71	q
042	2A	*	066	42	B	090	5A	Z	114	72	r
043	2B	+	067	43	C	091	5B	[	115	73	s
044	2C	,	068	44	D	092	5C	\	116	74	t
045	2D	-	069	45	E	093	5D	]	117	75	u
046	2E	.	070	46	F	094	5E	^	118	76	v
047	2F	/	071	47	G	095	5F	_	119	77	w

ASCII 码		字符	ASCII 码		字符	ASCII 码		字符	ASCII 码		字符
Dec	Hex		Dec	Hex		Dec	Hex		Dec	Hex	
048	30	0	072	48	H	096	60	`	120	78	x
049	31	1	073	49	I	097	61	a	121	79	y
050	32	2	074	4A	J	098	62	b	122	7A	z
051	33	3	075	4B	K	099	63	c	123	7B	{
052	34	4	076	4C	L	100	64	d	124	7C	|
053	35	5	077	4D	M	101	65	e	125	7D	}
054	36	6	078	4E	N	102	66	f	126	7E	~
055	37	7	079	4F	O	103	67	g	127	7F	Del